シリーズ
地域の再生 8

復興の息吹き

人間の復興・農林漁業の再生

田代洋一
岡田知弘
編著

農文協

まえがき

経済の先端を走っていた先進国・日本における東日本大震災・原発事故は、日本のみならず人類史的な転換点になるだろう。人類史とは、人と自然の関わり合いの歴史だとすれば、その交点に位置するのが食料・農漁業である。原発事故を伴う東日本大震災は、まさにその食料と農漁業を直撃した。

災害は自然的一律性ではなく社会的脆弱性に応じて被害をもたらす。そもそも日本の原発は、浜岡原発を除き、見事に太平洋ベルト地帯を避けて立地している。なかでも東北への立地は3分の1を占め、さらに福島双相地域に集中している。東日本大震災の被害は、そしてその問題性は、本書で指摘するように東日本・東北に限定されるものではないが、されど東北であるのも事実である（第1章で詳述するが、本書ではさらに、被災地を「東北」とひとくくりに見ず、集落、昭和旧村地域を基本に見ていくことの大切さを強調する）。

東日本大震災をめぐって厖大な書物が刊行されている。他方で報道は徐々に原発・放射能問題に収斂し、津波被害に関する報道はエピソード的な扱いになりつつある。とくに新聞がそうである。それがニュース性というものかもしれない。

そのような書物や報道のなかにあって農漁業の被害、復興については、意外にまとまったものが少ない印象を受ける。とくに土地利用型農業についてはそうである。

農業は用排水路、排水機、圃場といったインフラを不可欠とし、しかも一企業としてではなく地域的面的な社会共通資本の整備が必要である。したがって再生の取組みは地域合意に基づいてじっくり進める必要がある。同時に農業者は日々土に触れていなければ農業へのモチベーションを失ってしまう。漁業者もそうだろう。じっくりと頭で考えつつ、体は休むことなく動かし続けてこそ、「なりわい」としての農漁業は持続する。

これらの状況を念頭に置きつつ、農漁業の被災の実態と再生の課題に迫りたい。

とはいえ農漁業の再生それ自体は当事者の課題であって、外部の人間がまことしやかな計画を押しつけるのは論外だ。「創造的復興」が叫ばれるが、第1章で指摘するように、「創造的」とは、被災地の長い歴史的営みを「非創造的」なものとみなし、そこに戻る「復旧」を排して、自分たちが前々から描いていた設計図を「創造的」だとして押しつけ、災害による更地化を奇貨として被災地を営利の場に転じようとする災害資本主義の一環に他ならない。

他方で被災地は、高度経済成長による地域再編のなかで過疎化と高齢化を余儀なくされてきた。その元に「復旧」してどうなるものでもない。またインフラ再建には相当の時間がかかるが、高齢化が進んでいるもとでは営業再開は世代交代も視野に入れざるをえない。そういう時間の経過の中で、復興構想会議などが言うのとは違う意味で、誰もが元には戻れない。求められているのは「再生」であり「再構築」である。

現地では、あるいは夫を、あるいは妻子を、あるいは縁者友人知人を亡くしながら、瓦礫の中から、一人、二人と、「これまで地域が取り組んできたことを再開しようじゃないか」「地震で断ち切られた思いを再び追求しようではないか」「地域の農業に責任のもてる器をつくり、次の世代に渡そうじゃないか」という再生の動きが出てきている。

それは歴史を断ち切り、あるいはチャラにするのではなく、地域自身の歴史的な動態と営為の中から将来を描き出そうという動きである。第5章で先人の言葉を引いたように、「時計の針を止めないで時計を修理する」ことこそが課題である。

本書の構成は以下のとおりである。

第1章は、地域社会、地域経済の視点から本書の基本的な考え方を示した。そこでは地域階層構造的な分析と前述の歴史的視点を強く打ち出している。

第2～第4章は、岩手・宮城・福島という中核的被災地をとりあげ、その被害実態と再生の課題を論じている。また、この3県の被災地の現場からの生の声をコラム的に挿入した。

第5章は、宮城・福島の土地利用型農業の再生への動きを個別事例として紹介した。状況からして第4章の福島は放射能汚染の問題が中心となり、また第2章の岩手、第3章の宮城も陸前高田市あるいは宮城沿岸部を広域的に概観しているので、それらを個別事例の点から補足した。

第6章は、農業と並ぶ地域産業である漁業をとりあげ、その被害実態と再生の道筋をえがいた。漁業は、「創造的復興」の「好例」としていち早く論議されたが、本章はその虚妄を突いた。

第7章は、世界的視野から東日本大震災を捉えようと試みた。福島はすでに世界のフクシマになってしまった。事態を人類史的な転換点と捉えれば、当然に世界的な視野での位置づけが求められることになる。

第1章やこの第7章も含め本書では、TPP推進に象徴される誤った国際化路線や地域破壊の原発が、自然災害を社会災害に転化・増幅し、今後予想される大地震等による災厄をより一層危険なものにする可能性があることに警鐘をならしてもいる。

本書は地域経済、農漁業の被災と再生に関する研究者サイドからの接近の一歩に過ぎない。いろいろと物足りない点についてご注文をいただくなかで、さらに前進したく思う。

2012年6月

編者を代表して　田代洋一

シリーズ　地域の再生　8

復興の息吹き

——人間の復興・農林漁業の再生

目　次

第4章　福島県における放射能汚染問題と食の安全対策　151

第1章　広がる復興格差と地域社会経済再生の基本視角
——TPP、消費増税、原発再開、道州制と一体になった惨事便乗型「創造的復興」論批判と対抗論理

1　本章の課題

(1) 東日本大震災と復興問題をどのようにとらえるか

2011年3月11日に東日本を襲ったマグニチュード9・0の巨大地震は、大津波を引き起こして、1995年の阪神・淡路大震災をはるかに上回る2万人近くの死者・行方不明者をだす戦後最悪の惨事となった。さらに、この東日本大震災は、東京電力福島第一原発の炉心溶融事故や石油貯蔵所、市街地の火災を誘発し、とくに原発事故は放射能の大気、海洋への拡散を通して、土壌、飲料

水、農畜産物、水産物を広域的に汚染し、発災後1年半が経過した時点においても、未だ放射性物質を完全に封じ込める見通しが立たない状況にある[1]。

このため、1年経過した時点でも、34万人以上の被災者が、長期にわたる過酷な避難生活を強いられている。そのなかで、孤独死・自殺等の「震災関連死」も増えつつあり、激甚被災地である宮城県、岩手県、福島県の3県で、阪神・淡路大震災を上回る1438人に達している[2]。福島県では、太平洋岸の原発立地自治体だけでなく、放射能汚染のホットスポットとなり「計画的避難区域」に指定された飯舘村など内陸部自治体を含めて内部被曝の危険が高まり、地域社会全体の分散避難が強いられる最悪の事態となっている。

しかも、仕事や所得機会、病院や介護施設の再建が不十分ななかで、多くの被災者が住み慣れた土地を去りつつある。2012年1月30日に発表された総務省「住民基本台帳人口移動報告　平成23年結果」によると、福島、岩手、宮城の3県で合計4万1226人の転出超過を記録した。このうち福島県は3万1000人を超える県外転出超過であった。同時に、同一県内での移動も激しく、郡山市、いわき市、石巻市、福島市、南相馬市では3000人を上回る転出超過となっている。留意すべきは、これらは住民票を移した人々の数であり、実際には被災者支援を受けるために住民票を残しながら、他所で避難生活を送る人も多く、実数は数倍になると予想される。ともあれ、震災と原発事故によって、人々の暮らしが破壊され、生活するために故郷を離れざるをえなくなった人々が少なくないことを示している。

他方で、20数兆円に達すると予想される復旧・復興市場に内外の復興ビジネスが参入し、それらの支店が集中する仙台市の繁華街は復興景気に沸いている。さらに今回の震災においては、財界が要求した「開かれた復興」論に沿って「復興特区」方式によって農業、漁業分野、医療分野での「規制緩和」がなされ、そこに外資系企業も含む多国籍企業やアグリビジネス、環境・医療関連ビジネス資本が進出し、被災者が手放した土地を自らの資本蓄積の手段として活用しようとしている。これは、菅直人内閣時代に方向づけがなされた「創造的復興」政策の一環であり、村井嘉浩宮城県知事が強く求めた政策方向であった。

２０１１年7月29日に定められた「東日本大震災からの復興の基本方針」では、「創造的復興」を基本理念とし、東日本大震災を「日本経済」のさらなる「経済成長」や「構造改革」の好機とみなす考え方を強く押し出していた。同年９月に発足した野田佳彦内閣は、菅内閣の方針を踏襲しながら、大衆課税をベースにした復興増税の導入やＴＰＰ（環太平洋経済連携協定）参加協議の開始、消費税増税を宣言するに至る。震災前からの懸案を東日本大震災と福島第一原発事故という二つの大惨事に便乗して一気に遂行しようというものである。

このような事態は、「ショック・ドクトリン」[3]（惨事便乗型資本主義）という言葉によって表現されている。この言葉を援用すれば、現在進行中の「創造的復興」は、「惨事便乗型復興」と名づけることができる。だが、これでは、非被災地の復興ビジネスや規制緩和ビジネスの利益や為政者が考える「国益」につながったとしても、災害の最大の犠牲者である被災者の生活再建や被災地域社会の復旧、復興にはつながらないことは必然である。

自然災害は避けがたいものであるが、その後の被災者の生活難や困窮、そして「復興格差」は、明らかにこの1年間の復興政策とそのあり方が生み出した人為的な問題である。政策的要因であるならば、これから政策を見直すことにより改善、解決できる問題も多いといえよう。

他方で、日本列島周辺の地殻変動が活発化しており、政府の地震調査委員会によると、向こう30年間におけるマグニチュード8以上の東海大地震の発生確率は87%に、同じく東南海、南海大地震の発生確率は70~60%に高まったと予測されている[(4)]。同時に、海溝型地震によって、今回も長野県北部の栄村で直下型地震が起きており、内陸部での地震が誘発される危険性も高まっている。連鎖性の巨大地震の危険を考えるならば、東日本大震災の被災地の復旧・復興は、ひとり被災地だけの問題ではない。むしろ、大震災はグローバル企業重視型の経済成長戦略や、それに対応した東京一極集中型の国土政策、原子力に依存したエネルギー政策、地方自治制度改革等、日本の政策、制度、社会のあり方に関わる根本問題を私たちにつきつけたといえる。

(2) 本章の課題

ともあれ、大規模災害からの復旧・復興にあたっては、災害の実態を科学的・客観的に把握するところからはじめなければならない。その把握の仕方が誤っておれば、当然、間違った処方箋となり、被災した住民や地域の状態は、さらに悪化することにもなろう。そこで、本章では、第一に、東日本大震災の被害構造を客観的に明らかにすること、第二に、復興をめぐる政策対抗の背後にある政治経済的要因を分析すること、第三に、被災者の生活再建と被災地域社会の再生をめぐる政策的課題と展望を示すことを課題としたい。

これらの課題を明らかにするために、本章では、地域経済論の視角から、分析を試みたい。より具体的には、第一に大地に固着した集落・コミュニティレベルからはじまり基礎自治体レベル、県レベル、「東北」レベル、国レベルへと重なる地域の階層構造論を被害構造分析に適用することであり、これにより「被災地＝東北論」を批判的に検討してみたい。第二に被災地における災害現象の地域性と歴史性を、戦前以来の日本資本主義の地域構造と現代のグローバル経済段階での自治体再編を含む地域経済・社会構造の変化の帰結としてとらえることであり、とくに昭和の三陸津波と冷害凶作を機に国策として展開された戦前・戦時期の東北振興事業からの歴史的教訓をくみ取ってみたい。第三に、地域経済・社会の再建を被災者の生活領域としての地域から成し遂げるために、被災地における地域内再投資力と地域内経済循環の再形成こそが必要であり、そのための自律的取組みが現に広がってきていることを示してみたい。これにより、非被災地に本拠を置く復興ビジネスや多国籍企業のための「惨事便乗型復興」ではなく、何よりも被災者の生活再建とそれを支える被災地の地域産業の再生を最重要視した「人間の復興」の道こそ、求められていることを示してみたい。

2 東日本大震災と被害の概要

(1) 東日本大震災の地域性と歴史性

いかなる災害も、地域性と歴史性を有する。災害は、特定の自然現象が、特定の地域空間の人間社会に与える、人的・物的な損失であり、とりわけ震災や津波災害は、特定の場所に限定されて発生するために強い地域性を帯びる[5]。同時に、例えば江戸時代の地域経済や社会、住宅等の建造物の形状、量と質と、現代資本主義のもとにおけるそれとは大きく異なり、したがって被害の現われ方は歴史性を伴う。原発事故による放射能汚染やコンビナート火災は、明らかに現代に固有な災害現象である。

さらに、地域にはいくつかの階層レベルがあることを認識しなければならない。人間が生活するための最も本源的な領域が、前資本主義時代から続く人間が歩いて暮らせる本来の地域の広がりである。現代日本においては農山漁村の集落や、都市における小学校区の単位にあたる。だが、人間の経済活動領域の拡大とともに政治的領域も拡大し、本源的な生活領域のうえに、例えば、市町村という基礎自治体の領域が重なり、さらに都道府県という領域が重なり、そして日本、アジア、世界という領域が階層をなしながら重なっているのである。地域再生や被災地復興をいう場合、どの地域階層を対象にしているかを明確にしておく必要がある[6]。

表１−１　東日本大震災の都道府県別被害状況（2011 年 6 月 16 日時点）

	死者数（人）	行方不明者数（人）	全壊住家数（棟）	半壊住家数（棟）	一部破損住家数（棟）	実数		構成比（%）	
						死者・行方不明者（人）	全半壊棟数（棟）	死者・行方不明者	全半壊棟数
北海道	1	0	0	0	5	1	0	0.0	0.0
青森県	3	1	281	1,020	78	4	1,301	0.0	0.7
秋田県	0	0	0	0	4	0	0	0.0	0.0
山形県	3	0	0	1	37	3	1	0.0	0.0
岩手県	4,538	2,625	20,990	3,118	3,093	7,163	24,108	31.0	12.2
宮城県	9,151	4,742	71,764	36,138	47,962	13,893	107,902	60.1	54.7
福島県	1,617	360	15,500	25,060	69,875	1,977	40,560	8.6	20.6
茨城県	24	1	2,052	13,823	127,544	25	15,875	0.1	8.0
栃木県	4	0	253	1,936	54,944	4	2,189	0.0	1.1
群馬県	1	0	0	1	15,434	1	1	0.0	0.0
埼玉県	1	0	7	41	13,863	1	48	0.0	0.0
千葉県	19	2	752	3,906	21,182	21	4,658	0.1	2.4
東京都	7	0	9	114	2,953	7	123	0.0	0.1
神奈川県	4	0	0	11	168	4	11	0.0	0.0
新潟県	0	0	31	203	1,765	0	234	0.0	0.1
長野県	0	0	34	169	495	0	203	0.0	0.1
静岡県	0	0	0	0	523	0	0	0.0	0.0
全国計	15,373	7,731	111,673	85,541	359,925	23,104	197,214	100.0	100.0

資料：消防庁「平成 23 年 6 月 16 日　平成 23 年（2011 年）東北地方太平洋沖地震（東日本大震災）（第 128 報）」。
注：表出の被害以外に、三重県で負傷者が 1 人出ており、被害都道府県数は 18 となる。

これらの点を確認したうえで、改めて、今回の大震災の被害状況の地域性を確認しておきたい。というのも、震災直後に報道された映像等によって、東北全体が被災地であったとか、「壊滅的打撃」というイメージが流布され、それが復興政策を考えるうえで非科学的な判断を生む根拠のひとつにもなっているからである。

今回の大震災の発生源は、牡鹿半島沖130kmのプレートの合わせ目であり、南北500km、東西200kmの断層面が最大20m程度ずれたという。そのためにマグニチュード9・0の大地震と大津波が東北から北関東の太平洋岸一帯を襲うことになる。2011年6月16日時点での消防庁の被害状況調査によると、表1-1で示したように死者・行方不明者等の人的被害や建物の損壊が出た範囲は、北海道から三重県、長野県、静岡県にいたる18都道県に及ぶ。この被害の超広域性が、第一の特徴である。被災地域は、東北だけではなく、全国に広がっているのである。また、死者・行方不明者は、宮城県が60・1%を占めるのをはじめとして岩手県および福島県の3県で全体の99・7%を占めており、東北のなかでもこの3県に集中していることが確認できる。一方、住宅の全半壊棟数は、この3県のほか茨城県や千葉県でも比較的多くなっており、被災地域が東北だけであるとして震災復興にあたって東北州を導入すべきだという議論がいかに根拠のないものであるかが了解できよう。

第二に、表1-2によって、人的、物的被害が大きかった3県に絞り、市町村別にさらに詳しく見ると、被害が特定自治体に集中していること、さらにその被災内容も異なっていることがわかる。同表によると、5月19日時点での死者・行方不明者は、宮城・岩手・福島の3県のなかでも、石巻市、気仙沼市、名取市、東松島市、女川町、南三陸町（以上、宮城県）、陸前高田市、釜石市、大槌町（以上、岩手県）で、1000人を超えていたことがわかる。いずれも、三陸沿岸の自治体であり、津波被害による沿岸部の市街地や集落で生活していたり、そこで昼間働いていた犠牲者がほとんどであった。

津波の浸水域に住んでいた人口は、女川町や南三陸町で8割、陸前高田市や大槌町では7割を超えた。人口当たりの死者・行方不明者比率が最も高かったのは大槌町の11・2％であり、これに女川町の10・9％、陸前高田市の9・4％が続く。これらの自治体では、住民のうち10人に1人が犠牲になったのである。

とはいえ、三陸沿岸の激甚被災自治体でも多くの人々は生き続けることができ、津波が届かなかった家や集落、産業用施設、公共施設はライフライン以外の被害は相対的に少なく、「壊滅」という表現が妥当しないことも冷静に見ておく必要がある。例えば、「平成の大合併」によって近隣の唐桑町と本吉町を合併した気仙沼市の「平成旧市町」および「昭和旧村」単位での被災状況を見てみよう。気仙沼市の主要な災害形態は、沿岸部における地盤沈下・津波被害と気仙沼湾沿岸の大規模火災の併発であった。津波浸水面積は、市内面積の5・6％にあたる18・7㎢に及んだ。家屋被害は、全壊1万6438棟、大規模半壊2299棟、半壊1805棟、一部損半壊4551棟の合計2万5093棟に及び、全棟数の39・3％に相当する。

だが、これはあくまで市合計の数値である。被災者住民の生活領域に近い地域単位に観察の焦点を

表1-2　岩手・宮城・福島3県の主要市町村別被災状況（2011年5月19日時点）

	人口総数（人）	総住宅数（住宅）	実数		比率（%）		
			死者・行方不明者（人）	全半壊棟数（棟）	死者・行方不明者 対2010年人口（%）	全半壊棟数 対2008年総住宅数	浸水域人口 対2010年人口
岩手県	1,330,530	549,500	7,444	19,764	0.6	3.6	8.1
宮古市	59,442	25,010	767	4,675	1.3	18.7	30.9
大船渡市	40,738	16,580	464	3,629	1.1	21.9	46.8
陸前高田市	23,302	8,550	2,191	3,341	9.4	39.1	71.4
釜石市	39,578	18,420	1,347	3,723	3.4	20.2	33.3
大槌町	15,277	6,130	1,718	−	11.2	−	78.0
山田町	18,625	7,950	865	2,983	4.6	37.5	61.3
田野畑村	3,843	−	36	268	0.9	−	41.2
普代村	3,088	−	1	0	0.0	−	36.1
野田村	4,632	−	38	476	0.8	−	68.6
洋野町	17,910	6,650	0	26	0.0	0.4	15.3
宮城県	2,347,975	1,013,900	14,395	78,839	0.6	7.8	14.1
仙台市	1,045,903	530,660	865	12,370	0.1	2.3	1.0
石巻市	160,704	64,870	5,734	−	3.6	−	69.9
塩竈市	56,490	23,250	22	1,748	0.0	7.5	33.1
気仙沼市	73,494	25,670	1,534	10,244	2.1	39.9	54.9
名取市	73,140	25,820	1,046	−	1.4	−	16.6
多賀城市	62,979	26,810	190	4,500	0.3	16.8	27.2
岩沼市	44,198	17,010	184	−	0.4	−	18.2
東松島市	42,908	15,450	1,426	6,758	3.3	43.7	79.3
大崎市	135,127	54,030	4	417	0.0	0.8	0.0
亘理町	34,846	11,520	270	2,594	0.8	22.5	40.4
山元町	16,711	5,310	747	2,846	4.5	53.6	53.8
松島町	15,089	5,560	4	493	0.0	8.9	26.9
七ヶ浜町	20,419	6,650	76	−	0.4	−	44.8
女川町	10,051	−	1,093	3,067	10.9	−	80.1
南三陸町	17,431	5,540	1,178	−	6.8	−	82.5

福島県	2,028,752	808,200	2,060	16,150	0.1	2.0	3.5
郡山市	338,772	145,870	1	3,432	0.0	2.4	0.0
いわき市	342,198	147,740	385	−	0.1	−	9.5
須賀川市	79,279	27,250	11	1,193	0.0	4.4	0.0
相馬市	37,796	15,030	457	1,512	1.2	10.1	27.6
南相馬市	70,895	25,050	765	5,657	1.1	22.6	18.9
広野町	5,418	−	3	140	0.1	−	25.6
楢葉町	7,701	−	14	50	0.2	−	22.7
富岡町	15,996	6,880	19	0	0.1	0.0	8.8
大熊町	11,511	−	44	30	0.4	−	9.8
双葉町	6,932	−	35	63	0.5	−	18.4
浪江町	20,908	7,830	186	0	0.9	0.0	16.1
新地町	8,218	−	114	548	1.4	−	56.8

資料：総務省統計局、ホームページ。原資料は「社会・人口統計体系」、「住宅・土地統計調査」および消防庁、各県発表資料。
注：－印は標本数が少ないため不明値として扱っていることを意味する。

あててみよう。まず、表１－３によって、家屋被害割合を「平成旧市町」単位で見ると、気仙沼地区で42・８％、唐桑地区で30・９％、本吉地区で31・２％となっている。さらに詳細に「昭和旧村」単位で見ると、例えば気仙沼地区では60・９％の鹿折地区から７・９％に留まる新月地区にいたるまで、大きな差異が存在していることが重要な点である。気仙沼市では、海側のほとんどの集落が甚大な津波被害を受けたが、同一集落のなかでも、高台にある住宅や施設は被害を免れた。これは、１４００人以上にのぼる死者・行方不明者の地域的分布を見ても同様である。

(2) 被害の広域性と複雑性

以上のように、三陸沿岸自治体では津波被害による人的・物的被害が大きかったわけであるが、表１－２からもわかるように福島県郡山市に代表

表1-3　気仙沼市地区別被害状況

旧市町名	地区名	建物被害（棟、%）			人口変化（2010年3月末～11年9月末）（人）			
		被害建物計	うち全壊	被害割合	2010年3月末	2011年9月末	増減数	減少率（%）
気仙沼	気仙沼	7,543	4,647	49.2	19,904	18,416	-1,488	-7.5
	鹿折《ししおり》	3,803	3,179	60.9	7,777	6,433	-1,344	-17.3
	松岩	2,185	1,245	34.5	8,755	8,474	-281	-3.2
	新月	402	2	7.9	5,170	5,382	212	4.1
	階上	2,668	1,746	60.4	4,834	4,465	-369	-7.6
	大島	1,366	775	36.5	3,303	3,085	-218	-6.6
	面瀬	1,213	578	33.8	6,205	6,219	14	0.2
	小計	19,180	12,172	42.8	55,948	52474	-3,474	-6.2
唐桑	中井	337	211	14.3	2,581	2,513	-68	-2.6
	唐桑	1,229	989	34.2	3,493	3,286	-207	-5.9
	小原木	767	664	47.8	1,656	1,495	-161	-9.7
	小計	2,333	1,864	30.9	7,730	7294	-436	-5.6
本吉	小泉	1,278	1,118	69.3	1,840	1,652	-188	-10.2
	津谷	664	175	11.3	5,305	5,252	-53	-1.0
	大谷	1,638	1,109	43.6	4,103	3,778	-325	-7.9
	小計	3,580	2,402	31.2	11,248	10682	-566	-5.0
合計		25,093	16,438	39.3	74,926	70,450	-4,476	-6.0

資料：気仙沼市「気仙沼市復興計画」2011年10月および「気仙沼市統計書」、気仙沼市ホームページ。
「気仙沼市の人口と世帯数（平成23年9月末日現在）」http://www.city.kesennuma.lg.jp/www/contents/1146185553349/index.html（2011年10月14日取得）。

注：気仙沼市内の死者・行方不明者数は1,409人（2011年9月末日までの判明数）。

される東北内陸部では地震動による建物の破壊が目立った。これは、岩手県から仙台市、福島県中通りにいたる東北新幹線沿いで共通して見られる被害であり、仙台市では住宅団地の盛り土が崩壊する被害が多発した。さらに、茨城県や千葉県では、北茨城市や大洗町、旭市、九十九里町などの沿岸部で津波による被害が目立つほかは、内陸部等での液状化にともなう被害が広がっている。

しかも、このような地震や津波による二次被害として、福島第一原発のメルトダウン事故、市街地火災、コンビナート火災、ダム崩壊による水害、産業廃棄物の流失等の多様な災害が、地域ごとに発生したのである。

農業・水産業、林業の被害（農水省調査、2011年5月末）についても同様のことが指摘できる(7)。農業被害では、内陸部を含む農地・農業施設の損壊3万3098カ所、7137億円、沿岸部の塩害農地面積2万3600ha、農作物被害505億円（原発関係風評被害を除く）であった。水産業の被害では、漁港施設319カ所、6513億円、漁船2万7227隻、1384億円、養殖施設・養殖物1000億円、水産加工施設126億円となっていた。また、林業被害は1191億円と推定されている。

これに加えて、福島県を中心に福島第一原発のメルトダウン事故による放射能汚染の被害が広がった。この結果、原発が立地している周辺地域30km内にある農家（米1・5万戸、野菜3400戸）は避難せざるをえなくなった。警戒区域、計画的避難区域そして緊急時避難区域には、牛の飼養農家が約1000戸あり、約2万頭の牛が出荷制限を受け、これら地域の農家延べ8万4000戸以上が実質的な被害を受けた。太平洋岸の漁業関係者も、福島県および茨城県の漁業就業者3000人が被害を受けた(8)。

つまり、被災地は各県に均等に広がり、同じ現象を引き起こしているわけではない。それぞれの地域の立地条件、地域社会の存在形態、そして各種インフラ施設のあり方等に規定されて、多様な個性をもった災害が、個々の住民の生活領域ごとに生じているのである。しかも、原発事故にともなう放射能被害は、ホットスポットのように極めて狭いエリアで時間経過とともに変化する。したがって、復興もまた、それぞれの災害の個性に合わせた形で、基礎自治体が主体にならなければならない必然性がある。

（3）構造改革の矛盾と原発安全神話の虚構が露呈

加えて、災害はいつでも、その時代の社会構造の弱い環を直撃し、解決すべき社会問題を露わにする。阪神・淡路大震災の際には、下町に住む低所得の高齢者が最も多く犠牲になった。今回の震災でも、宮城県警によれば、2011年4月10日までに確認された死亡者のうち半数以上が60歳代以上の高齢者であった。津波による死亡者が全体の95％を占めた。高齢者が逃げ遅れて、津波によって亡くなったケースが多いという(9)。その背景として、とくに三陸海岸域が、過疎化と高齢化が進行した地域であったことを見ておく必要がある。

このような過疎化と高齢化は、1980年代からの経済のグローバル化と2000年代に入ってからの構造改革政策の遂行のなかで加速した。農林水産物やその加工品の輸入促進政策の結果、農林水産業や水産加工業をはじめとする地域産業が後退し、過疎化と高齢化が進行し、「限界集落」という言葉に象徴されるように、コミュニティ機能が弱まり、買い物難民、医療難民、ガソリンスタンド難民が問題化していたのである。

しかも、小泉内閣下で推進された「平成の大合併」で基礎自治体の規模が広域化した石巻市や気仙沼市では、公務員数が削減され、旧役場が支所となり、旧町村地域では、震災直後の災害の把握からはじまり孤立集落、家屋の確認、救援物資の配給にも困難を来したところが多い。例えば、２００５年に７市町村が合併した石巻市の場合、２００１年度に１６２０人いた職員数が、10年度には１２４４人まで減少していた。職員数が減り、旧役場が支所や出張所となり、配置されている職員数が減り、行財政権限がなくなれば、行政の災害対応力が弱くなるのは必然である。筆者が11年５月中旬に訪ねた、気仙沼市と合併した旧本吉地域も、最南端の小泉地区等で大きな被害が出たが、合併前から津谷川の上流と下流のまちづくり交流をしていた一関市側からのサポートのほうが早く、気仙沼市役所の対応が大変遅いことや、旧本吉町役場に置かれた地区災害対策本部に行財政権限・能力がないことが、避難所の運営責任者となっていた自治会関係者から問題指摘されていた。合併して町役場がなくなったことの問題が災害によって浮かび上がったといえる。

他方で、原発の「安全神話」を信じ、電源立地交付金や電力会社の寄付金等に依存した地方財政、地域経済構造をつくっていた原発立地自治体だけでなく、飯舘村などの周辺自治体も、大量の放射能漏れ事故による強制退去という最悪の事態に陥り、原発周辺自治体に住む住民の暮らしの基盤が脆くも崩れた。しかも、セシウムの半減期は30年余りであり、除染を繰り返したとしても、かなりの長期にわたる「避難」「復旧」が強いられる事態となる。さらに、経済のグローバル化の利益を一身に受け、東北や関東地域から水、空気、食料、エネルギー、工業製品を得てきた東京圏の経済生活は、それらの供給がストップしたり、放射能汚染されることにより、大きく混乱し、東京一極集中という現代日本の地域構造の脆さを一気に露呈することになったのである。震災は、これまでの日本のエネルギー政策や国土政策の問い直しも迫ったといえる。

3 「創造的復興」論批判

(1) 政府・復興構想会議の提言、政府基本方針

菅・前内閣は、震災後1カ月目の2011年4月11日、「東日本大震災復興構想会議の開催について」と題する閣議決定を行ない、震災復興の基本方向について「未曾有の被害をもたらした東日本大震災からの復興に当たっては、……(中略—岡田)復旧の段階から、単なる復旧ではなく、未来に向けた創造的復興を目指していくことが重要である」と述べた。

注目されるのは、「創造的復興」という用語を使っている点である。これは、阪神・淡路大震災の

際に、当時の貝原俊民兵庫県知事が造った言葉であり、新自由主義的な経済政策思想が強まるなかで、空港や高規格道路、都市の再開発投資を先行させて、災害を奇禍として一気に産業構造の高度化を図るための基盤をつくるべきだという考え方であった。だが、ハード事業を優先した「創造的復興」の結果は、惨憺たるものであった。復興事業の多くが被災者の生活再建に結びつかないものであり、住宅復興の遅れもあって「震災関連死」は17年間に９４０人を数える一方、鳴り物入りで建設された神戸空港や新長田再開発ビルは悲惨な経営状況になっている[10]。しかも、兵庫県が推計したところ、震災後2年間に集中した復興需要14・４兆円（うち公共投資３割）の90％が被災地外に流出してしまったという。被災地外の企業が復興利得の大半を持ち去ったわけである。これについて、復興10年委員会は、「資金の被災地への循環も考慮に入れれば、地域の供給能力の向上が平時から政策的に意図される必要がある」と問題提起していたのである[11]。

だが、そのような「創造的復興」の歴史的な検証ぬきに、被災地内への復興資金の循環を考慮しない「創造的復興」論が強く押し出されたのである。阪神・淡路大震災時の復興計画策定に参加した五百旗頭真防衛大学校長を議長に、復興構想会議でほぼ３カ月間の議論を行ない、６月25日に「復興への提言～悲惨のなかの希望～」が答申された。

同提言は、「地域のニーズを優先」するとしながらも「来るべき時代をリードする経済社会の可能性を追求するものでなければならない」とし、経済成長戦略に沿った復興を強く求めた。具体的には、農林水産業の集約化や漁業権への民間企業の参入、企業誘致を「特区制度」の活用によって推進するとともに、消費税を含む「基幹税」を復興財源として位置づけた。また、被災地を「東北」としてとらえ、いたるところに叙情的修辞を散りばめており、被災者の生活再建や個別被災地の復興の客観的道筋が明示されていないという根本問題を含みこんでいた。

例えば、「破壊は前ぶれもなくやってきた。平成23年3月11日午後2時46分のこと。大地はゆれ、海はうねり、人々は逃げまどった。地震と津波との二段階にわたる波状攻撃の前に、この国の形状と景観は大きくゆがんだ。そして続けて第三の崩落がこの国を襲う。言うまでもない、原発事故だ。一瞬の恐怖が去った後に、収束の機をもたぬ恐怖が訪れる。かつてない事態の発生だ。かくてこの国の『戦後』をずっと支えていた〝何か〟が、音をたてて崩れ落ちた」といった具合である。原発事故についての原因分析についても、安全神話をとりあげて、せいぜい「その意味では、地震や津波災害の場合よりも、何か外の力が加わることによって閉ざされた構造になっていたのだ」という表現に留まっているうえ、原発事故を「パンドラの箱」に例え、その箱に「たったひとつ誤ってしまわれていたものがあった。それは何か。『希望』であった。……だから、フクシマの復興は、『希望』を抱く人々の心のなかに、すでに芽吹き始めているに違いない」と、起草者自身がレトリックに溺れる表現で展望を語っているにすぎない。しかも、そのような叙情詩のあとに、「集落の高台への集団移転」、「漁業の構造改革」、「特区手法の活用」、「基幹税」を中心にした財源確保、「自由貿易体制の推進」等の具体的で恣意的な施策メニューが並ぶ。だが、両者をつなぐ媒介論理はない。

そもそも、震災復興政策を検討するためには、被害の構造をあらゆる角度から客観的に明らかにすることが大前提である。そこから、解決すべき課題や具体的な対応策も導きだせる。しかし、復興構想会議の提言を読む限り、そのような検討の痕跡は見当たらない。むしろ、叙情的な表現によって、客観的な被害構造分析を回避しているとも受け取れる。

そのひとつの証左として、被災地があたかも「東北」という領域で起こっていたという認識を示している叙述が、いたるところに目立つことがあげられる。

いわく「東京は、いかに東北に支えられてきたかを自覚し、今そのつながりをもって東北を支え返さなければならぬ」（前文）、「地震と津波と原子力災害の三重苦が、東北の文化をなぎ倒した」（第2章）、「東北地域の製造業は、国内外の製造業の供給網（サプライチェーン）のなかでも重要な役割を果たしている。今回の震災はわが国経済に大きな影響を及ぼした」（同右）という認識である。加えて、同会議が掲げた「復興構想7原則」のなかの原則3には、「被災した東北の再生のため、潜在力を活かし、技術革新を伴う復旧・復興を目指す。この地に、来たるべき時代をリードする経済社会の可能性を追求する」と明記しているのである。ついでにいえば、その原則5には、「被災地域の復興なくして日本経済の再生はない。日本経済の再生なくして被災地域の真の復興はない。この認識に立ち、大震災からの復興と日本再生の同時進行を目指す」とされており、上述してきた「創造的復興」の考え方が如実に示されている。

これらの言説からは、この提言の起草者の目に映る「被災地」は、個々の被災現場そのものではなく、もっぱら「日本経済」の担い手である輸出産業の「サプライチェーン」を担う生産拠点エリアとしての「東北」であることがうかがえる。だが、被災地は東北だけにとどまらない一方、死者・行方不明者は東北のなかでも岩手、宮城、福島3県に限られており、被災地＝「東北」認識自体が誤りなのである。

（2）財界・構造改革推進論者の言説

ともあれ、このような被災地＝「東北」論は、財界や構造改革推進論者に共通した認識であることに注目したい。

例えば、2011年4月6日に発表された経済同友会の「東日本大震災からの復興に向けて〈第二次緊急アピール〉」では、「震災からの『復興』は震災前の状況に『復旧』させることではない。まさに、新しい日本を創生するというビジョンの下に、新しい東北を創生していく必要がある」という、「創造的復興」論と同じ立場から、被災地＝「東北」という認識を示す。そのうえで、「東北の復興」にあたっては、「道州制の先行モデル」をめざすべきであり、「規制緩和、特区制度、投資減税、各種企業誘致策などあらゆる手段を講じ、民の力を最大限に活か」しながら、第一次産業については、「農地の大規模化、他地域の耕作放棄地を活用した集団移転、法人経営の推進、漁港の拠点化など大胆な構造改革を進めることによって、東北の強みを活かしながら、『強い産業』としての再生をめざす」べきだとしたのである。その具体的施策の多くが、復興構想会議の提言に盛り込まれることになった。

日本経団連も、5月27日に「復興・創生マスタープラン」を発表、そのなかで「被災地域の活力なくして、日本経済の再活性化はあり得ない。その逆もまたしかりである」として、「国全体としての産業競争力の底上げ」論の一環として、「特区を用いて工業団地を設けることによって東北地方の強みを活かした産業集積と高付加価値化を図る」ことを強調している。同提言では、さらに、「日本経済の再生のためには、今回の震災からの復興を踏まえた新成長戦略の加速が求められる。とくに震災前からの懸案である社会保障と税・財政の一体改革の推進やＴＰＰ（環太平洋経済連携協定）への参加をはじめ諸外国・地域との経済連携が不可欠であり、震災により後退させることなく推進する必要がある」と指摘する。震災前からの新成長戦略やＴＰＰを加速させるような震災復興を進めるべきだとしているのである。そして、「東北」復興にあたって、「震災復興庁」の設置を要求し、「設置期限終了時には震災復興庁及び関連の全ての権限を広域自治体に移管し、道州制につなげていくものとする」と、財界の宿願であった道州制の導入を求めることも忘れていない。

同様に、構造改革論者の竹中平蔵氏も、「ＴＰＰ交渉の議論を先送りするのではなく、今こそ、ＴＰＰ対応型に農業を復興するという発想が大事だ」として、「具体的には、農地を集約化し、民間の資本が農業分野に入っていけるような農地法の改正、流通経路などで独占状態となっている農業協同組合の改革をすすめるべきだ」と述べると同時に、「農業や水産業では、震災前と同じように復元するのが難しい地域もある。この際、一気に市町村の合併を進めて、強力な自治体をつくる必要がある。仙台に復興本部を設置して、道州制に踏み込むのが理想的だ」とし、「全体状況が良くなるためには、クールな目による構想力が必要だ。だからこそ『痛みを超えてやっていこう』と指導者が発信しなくてはならない」（傍線・岡田）と、小泉構造改革の再始動を露骨に提案している[12]。ここで注目したいのは、傍線部分である。「全体状況が良くなるためには」という優先目標が掲げられ、それを達成するためには再び「痛み」をともなってもしかたがないというレトリックである。しかし、その「全体状況」とは何か。これまでの財界からの提言にも明らかなように、それは東京に本社をおくグローバル企業の経済的利益を意味するといえる。他方、「痛み」をともなうのは誰か。太平洋岸の津波被災者であり、原発事故によって無理やり住み慣れた地域から引き離された福島の被災者ではないのか。

以上の言説のなかで、被災地＝「東北」という共通の認識があることも、決して偶然ではない。日本経団連が「究極の構造改革」と位置づけた道州制の導入を、「東北」一帯の広域災害という架空の絵を描くことにより、根拠づけようとしているのである。

4　広がる「復興格差」と惨事便乗型復興施策の問題

（1）被災地での「復興格差」の拡大

誤った見立てに基づく、間違った処方箋は、問題をさらに深刻なものにする。日本銀行仙台支店が

２０１１年12月15日に発表した「２０１１年の東北経済の動向」によると、「復旧過程の様々な特需の発生もあって、東北経済全体としては震災前の水準を回復する経済指標が多く見られるようになった一方で、太平洋沿岸部の被災地においては復旧作業が続いており、震災が残した傷跡は今なお深い」と概括している。とくに、東北内陸部の自動車、電子部品等のサプライチェーンの寸断については、２０１１年夏の時点で解消に向かう一方で、津波被害地域や福島第一原発周辺地域では経済活動が大きく損なわれ「建設業を中心とする人手不足と大量の失業者が併存している」と指摘している点が注目される。

では、なぜこのような事態になったのか。復興構想や方針では、もっぱら東京等に本社を置くグローバル企業の視点から、被災地内陸部の自動車・電子部品関係のサプライチェーン関連工場および高速道路網等のインフラの復旧に力点が置かれた。もともとこれらの内陸部は、地震動被害が主であり、前述したような津波被災地域のような激甚被害地域ではなかったこともあり、取引先等からの支援も入り、復旧がいち早くなされたのである。

しかし、激甚被害地の三陸海岸地域や福島県の原発事故被災地への復旧投資は大きく立ち遅れた。三陸海岸地域では、一部の市街地を除き、漁業―水産加工業―水産関連製造業（造船、漁網・漁具、水産加工機械・器具等）―物流業―卸小売業・飲食店―サービス業連関といった地域産業複合体が形成されていた。例えば宮城県気仙沼市は、製造業従業者の7割近くが水産加工関係の食品製造業であり、漁港を中心とした水産業の街であった。今回の震災によって、同市の基幹産業の漁港と水産加工

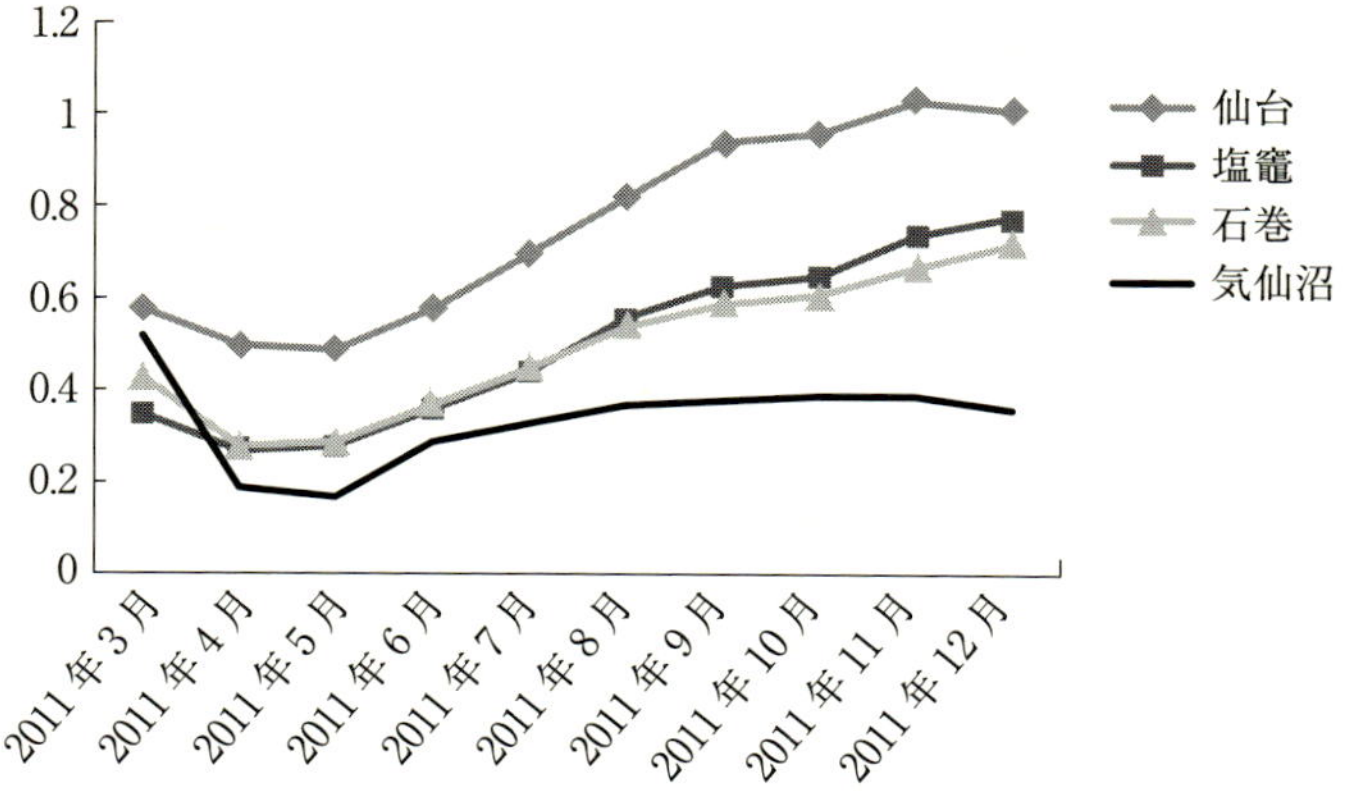

図1−1　宮城県内主要ハローワーク別有効求人倍率の推移

資料：宮城労働局「安定所別求人・求職バランス」。

業が集積する気仙沼湾岸の埋立地が、津波と広範囲な地盤沈下に襲われ、決定的な打撃を受けた。これらの地盤の嵩上げなしには、水産加工業の復興もできないにもかかわらず、政府の補正予算の決定の遅れと、建築制限のため、漁港関連施設や水産加工場、商店、住宅の再建ができない状況が1年半近くも続いているのである。

この結果、例えば宮城県内の主要ハローワーク別有効求人倍率は、図1−1のように推移した。復興需要の効果によって、仙台や塩竈、石巻では2011年夏以降、震災前の水準を上回るようになっているのに対して、気仙沼の場合はそれを下回ったままの状態が続き、しかも12月に入って逆に悪化していることがわかる。水産加工業の再建の遅れによって求人数が伸び悩むとともに、求職者が気仙沼での就職活動に見切りをつけて他所に移動しているからである。震災から1年経過した時点で、

「復興格差」が目立ってきている。これは、産業面での復興が早くなされた地域と、それが遅れて就業と所得機会を失った被災者の生活再建が遅れている地域との問題として表面化している。

(2)「復興格差」を助長した惨事便乗型復興政策

問題は、以上のような「復興格差」を、「創造的復興」論に基づく施策が助長している側面がある点である。ここで取り上げるのは、東日本大震災ではじめて実現した中小企業の再建投資に対する国庫補助事業である「中小企業等グループによる施設・設備復旧整備補助事業」である。政府は、第１次補正予算として、２０１１年6月に宮城、岩手、青森の３県を対象に同事業を設けて中小企業等の復興事業計画を公募し、8月5日に3県合計28件、補助金総額１７９億円の事業を1次分として採択した。中小企業庁管轄の国の事業ではあるが、事業認定は県の担当窓口が行なった。第１次の認定結果を表１－４で見ると、岩手県の場合は認定された8グループのうち4グループが水産関係、2グループが造船関係、1グループが小売業関係で、サプライチェーン的な電子部品関係は1グループに留まっている。これに対して宮城県の場合は、自動車・ＩＴ家電の部品などの「サプライチェーン型」が全14認定事業のうち半数の7事業を占めたほか、「地域に重要な企業集積型」として大手企業の下請けグループの2事業を認可し、地場産業系のグループ支援は南三陸町と女川町の水産加工業、気仙沼市と石巻市の造船業、仙台市の金属加工業に留まり、気仙沼市等の水産加工関係は入ってはいなかった。岩手県と比較すると、宮城県では明らかにサプライチェーンが優先され、この時点で基幹

表1―4　中小企業グループによる施設・設備復旧整備補助金の第1次認定グループ一覧

	グループ名	グループ類型	主な構成員	主な業種
宮城県 14グループ 65億円 国43億円	アルプス電気グループ	サプライチェーン型	アルプス電気等8社	電子部品製造
	岩沼工業団地自動車部品供給グループ	サプライチェーン型	ウチダ等2社	自動車部品
	共和アルミニウム工業グループ	サプライチェーン型	共和アルミニウム等2社	アルマイト処理等
	スマートフォン用中小型ディスプレイガラス基板等供給グループ	サプライチェーン型	倉元マシナリー等2社	ガラス基板の加工販売
	ダイカスト山元地域復興	サプライチェーン型	岩機ダイカスト工業等3社	非鉄金属加工業
	東京エレクトロン宮城サプライチェーングループ	サプライチェーン型	東京エレクトロン宮城等4社	電気機器
	古川NDKグループ	サプライチェーン型	古川エヌ・デー・ケー等2社	電子部品製造
	石巻市の船舶建造・修繕に関する産業集積	経済・雇用効果大型	株式会社ヤマニシ等10社	造船及び船舶修理業
	東洋刃物グループ	経済・雇用効果大型	東洋刃物等4社	工業用機械刃物製造
	岩沼臨空地域中核企業グループ	地域に重要な企業集積型	アルテックス等8社	自動車部品等
	気仙沼漁港機能再建対策委員会	地域に重要な企業集積型	木戸浦造船等8社	造船及び船舶修理業
	日本製紙石巻グループ	地域に重要な企業集積型	日本製紙等2社	紙・パルプ紙製造
	女川魚市場買受人協同組合	水産（食品）加工業型	女川魚市場買受人協同組合	氷雪製造業
	南三陸地区水産加工業復興グループ	水産（食品）加工業型	カネキ吉田商店等8社	水産加工業
岩手県 8グループ 77億円 国51億円	県北水産加工業拠点整備	（久慈市）	マルサ嵯峨商店等10者	水産加工業
	宮古・山田地域水産加工業グループ	（宮古市、山田町）	川秀等39者	水産加工業
	釜石地域水産物流通加工グループ	（釜石市）	小野食品等17者	水産加工業
	大船渡地域水産・食品加工グループ	（大船渡市）	及川冷蔵等36者	水産加工業
	久慈地域造船グループ	（久慈市）	北日本造船等4者	造船業
	釜石・大槌地区造船関連グループ	（釜石市）	小鯖船舶工業等8者	造船業
	沿岸電子機器・精密機器グループ	（宮古市、釜石市）	東北ヒロセ電機等17者	電子部品製造
	シーサイドタウンマストグループ	（大槌町）	大槌商業開発	小売業

資料：宮城県新産業振興課ホームページ http://www.pref.miyagi.jp/shinsan/shinsan-d/2011hojyo/20110805koufu.htm、および岩手県ホームページ http://www.pref.iwate.jp/view.rbz?of=1&ik=0&cd=33894 による。

産業である水産加工業への手当がなされていないことがわかる。それは、宮城県の「選択と集中」論に基づく復興方針に基づくものであり、県にとっての重要度を考慮した結果であった[13]。

村井嘉浩宮城県知事は、野村総研の提案を受けて「創造的復興」論をブレークダウンした「再構築」論に基づく独自の県復興計画を推進している。とりわけ「特区」によって漁業権の民間開放や農地法の規制緩和を強く求める一方、「選択と集中」方式による漁港や水産施設の復旧・復興方針を推進している。すなわち、漁港や水産加工施設の復興については、被災１４２漁港のうち60漁港を拠点港として優先整備しようというものであり[14]、岩手県が被災１０８漁港全ての復旧方針をいち早く発表したことと比べると、極めて対照的である。三陸海岸地域では小さな浦も漁港を中心に一次産業から三次産業までが結合した産業複合体ができており、漁港が再建されなければ生活手段を失う人々が多いにもかかわらず、である。

他方で、宮城県は新産業の誘致に積極的に取り組んでいる。農業分野では、野村ホールディングスの子会社である野村アグリプランニング＆アドバイザリーがいち早く２０１１年5月に農業復興の提言を発表し、仙台市以南地域でアグリビジネスの施設園芸農場の誘致、立地が続いている。サイゼリヤが系列の農業生産法人を中心に仙台市若林区に塩害農地を活用したトマト等の水耕栽培施設を建設したほか、さらにカゴメやＩＢＭ等も加わった「仙台東部地域6次化産業研究会」も設立された。ＩＢＭと同様、米国の多国籍企業であり、事故を起こした福島第一原発の製造元であるゼネラル・エレクトリック（ＧＥ）の日本法人、日本ＧＥも宮城県内に植物工場の設置を計画しているという[15]。

実は、GEと宮城県とは、震災前から深い関係にあった。平野健氏によると、日本GE社は2000年代半ばから環境、自然エネルギー、医療分野に進出し、日本の地方自治体とのパートナーシップを強め、「サスティナブルシティ」プロジェクトを宮城県と連携しながら進めていた。震災直後、まず福島県ではなく宮城県に1億円の寄付を行なったという。あるいは岩手県では、医療支援プロジェクトに医療系アグリビジネスであるジョンソン・アンド・ジョンソン社が関与しているといわれている。[16] このように、「創造的復興」「開かれた復興」論の背後で、現に米国系多国籍企業が復興特区や規制緩和を活用して復興ビジネスを展開しつつあるというわけである。震災復興に乗じてTPPを推進しようとする動因のひとつがここにある。

5　大規模災害と復興の歴史から学ぶ

(1) 関東大震災と福田徳三の「人間の復興」論

すでに述べたように、「創造的復興」の帰結については、この言葉をはじめて掲げた阪神・淡路大震災の復興の現実を見れば明らかである。その「惨事便乗型復興」の苦い歴史的経験から学ぶならば、被災者の生存権を保障するために、住宅と生業、雇用、所得の確保を最優先した復興策こそ求められるのである。

古くは、関東大震災の際にも「帝都復興」を最優先すべきだとする、後藤新平らの為政者の考え方があった。だが、これに対峙する形で、「人間の復興」という復興理念が提唱されたことに注目したい。これは、福田徳三・東京商大教授が使った言葉である。福田は、『復興経済の原理及若干問題』のなかで、被災地踏査を踏まえて「私は復興事業の第一は、人間の復興でなければならぬと主張する。人間の復興とは、大災によって破壊せられた生存の機会の復興を意味する。今日の人間は、生存する為に、生活し、営業し労働しなければならぬ。即ち生存機会の復興は、生活、営業及労働機会（此を総称して営生の機会という）の復興を意味する。道路や建物は、この営生の機会を維持し擁護する道具立てに過ぎない。それらを復興しても、本体たり実質たる営生の機会が復興せられなければ何にもならないのである」と明快に述べた[17]。この「人間の復興」という考え方は、時代を超えた普遍性を有しており、東日本大震災からの復興における基本思想として据えなければならない絶対的原理ではないだろうか。

だが、関東大震災や阪神・淡路大震災、さらに東日本大震災等の大規模災害からの復旧・復興は、資本主義社会においては、ビジネスチャンスの一挙的創出という側面をもつ。すなわち、東日本大震災の場合、20数兆円といわれる道路、住宅、工場、商店、公共施設の再建が比較的短期間の間に一気に進み、その市場創出、復興ビジネスへの期待が否応なしに高まることになる。また、震災復興という国難を打開するための挙国一致的で集権的な政権への待望論が強まり、国民意識の統合によって、これまでできなかった思い切った制度改革や行財政の再編への動きも加速する。「ショック・ドクトリン」あるいは「災害資本主義」といわれるゆえんである。

今回の激甚被災地であった東北3県の歴史を見るとき、実は、同じような問題構図が表面化した災害と、そこからの復興過程があったことを想起しなければならない。すなわち、昭和恐慌期の2度の冷害凶作と1933（昭和8）年の「昭和三陸津波」によって東北地方の6県が疲弊した際に、国家事業として立案、実行に移された「東北振興事業」である。この事業についての歴史的教訓を、私たちは学ぶ必要がある。

（2）東北振興事業の歴史的教訓

東北地方は、1931（昭和6）年と34年の冷害凶作に加え、33年に昭和三陸津波に襲われた。これを機に、34年12月に岡田啓介首相の諮問機関として東北振興調査会が設置され、その答申に基づき、応急的な救済策とあわせて、「恒久策」が検討される。その結果、米国のTVA（Tennessee Valley Authority：テネシー川流域開発公社）に倣って、東北興業株式会社（後の東北開発株式会社）および東北振興電力株式会社（後の東北電力株式会社）の二つの国策会社が設立（1936年10月）されるとともに、政府によって「東北振興綜合五カ年計画」が樹立（1937年度）され、各省庁が東北振興枠を設定して事業を推進する体制を構築する。[18]
しかし、ここで留意しなければならないことは、東北振興事業が国策として推進された真因が、東北の農漁民の救済や東北地域と他地域との格差是正にあったわけではなく、むしろ日中戦争が開始されるなかでの国家総動員資源政策の一環として位置づけられたことにあった点である。これは、国家総動員機関である内閣資源局の局長と東北振興事務局（のち東北局）長を兼ねた松井春生が、率直に語っているところである。彼によれば、東北振興の根本方針は、「東北地方の疲弊を改善して、国内の他の地方と略略同一の水準にし、其の経済生活・社会生活を引き上ぐることに」あるのではなく、「国が要求する各種重要資源の給源」として東北地方を位置づけ、「其の域内に包蔵する人的・物的資源の利用開発を企図」することにあったのである。(19)

実際、戦時期にかけて遂行された東北振興事業の実績を見るならば、東北振興電力は5年間に発電所11カ所と８００kmにわたる送電線網を十和田湖から福島にいたるまで建設し、動力用電力を東北興業株式会社の合弁会社や直営事業に優先的に供給した。東北興業は投資会社としての機能を果たし、王子製紙との合弁で東北振興パルプ、日満アルミニウムとの合弁で東北振興アルミニウム、電気化学との合弁で東北振興化学等を次々に設立したほか、金属鉱山開発から農畜水産加工業にいたる多方面の事業に参入する。ここで注目したい点は、東北興業の出資先の多くが三井系の重化学工業資本だったことであり、東北興業の株主や役職ポストにも三井財閥が進出し、東北振興事業を通してその資本蓄積を図ったことである。

事業実施過程で、上述の事実が明らかになるなかで、当初、東北興業に出資していた地元産業組合が事業競合を理由に出資金を引き揚げたり、東北振興電力の建設工事にともなう地元発注率の低さを福島商工会議所が批判して地元企業活用を求める要望書を提出する事態にもなる。さらに福島県で発電される電力の3分の2が東京に送られていることへの批判も強まるが、東北振興電力は結局、国策会社である日本発送電に統合されて、東北振興事業は国策遂行に解消されてしまうことになる。しかも、東北振興事業の結果、確かに製造品出荷額ベースでは重化学工業化が進行するものの、雇用効果は少なく、むしろ大量の労働力や物的資源、電力エネルギーが、東京に向かって流出する構造が形成されていったのである。ちなみに、1936年から42年の間に78万人の人口が東北の各県から移動、流出した。

東京電力福島第一原発事故とそれによる東京圏の大混乱を例に引くまでもなく、戦時期に形成された東北と東京との地域間関係は、戦後から現代にいたるまで通底する地域構造となる。もちろん、東北振興事業の時代と現代とは、被災地をめぐる政治、経済、社会環境は大きく異なっている。しかし、グローバル経済下における震災復興を考える際に、災害救済を目的に被災地外に本社機能をおく内外の資本を誘致したとしても、それがただちに被災地の持続的な復興・復旧に結びつくことにはならないこと、また東京や海外に本社をもつ巨大資本にとって、「東北」はいまも「サプライチェーン」言説に代表される資本財、エネルギー、食料・水、そして労働力の給源として位置づけられていることに注目しなければならない。

逆にいえば、災害からの復旧・復興にあたっては、被災地において被災者の生活を支える地域産業と雇用、生業を再建すること、すなわち被災者が主体として直接関わる地域内再投資力の再建こそが必要だということである。その際、「被災地」とは、決して、「東北」とか、「県」とか、あるいは合併して広域化した「市」ではない。基本は、被災者の生活領域であり、農山漁村では集落や昭和旧村の広がり、市街地では小学校区の広がりである。そこでの生産と生活の再建、その基盤となるインフラストラクチャの再建を国、県、基礎自治体がその行財政力を活かして協同で行なう必要がある。その際、復興資金や義捐金等が被災地域内に経済循環するようにすること、そして被災地外からの資本参入を規制・管理して被災地の地域内再投資力と地域内経済循環の形成・強化に寄与する仕組みをつくり、被災地域の自律的発展を促すことが、政策論的には問われているといえる。

（3）中越大震災・山古志の復興から学ぶ

さらに、「人間の復興」理念に基づいて震災から再生した地域として、2004年の中越大震災の際に全村離村を強いられた山古志村（現・長岡市）の経験について述べておきたい。中越大震災のときも、「創造的復旧」という言葉が用いられ、長岡市や新潟市の中心部における大規模プロジェクトや集落の平坦地への大規模移転の構想が浮上した。

だが、山古志村では、長岡市との合併前に「山古志に帰ろう」というスローガンのもとに、集落ごとにつくった仮設住宅での話し合いを繰り返し、昭和旧村単位の復興ビジョンを策定していった。結果的に、7割の人が山古志に戻り、生活と生業を再建した(20)。

そこでの復興の考え方は、安全な国土基盤や道路、インフラの整備、住宅の再建と生業としての農業、養鯉業、林業等の地域産業の再生を、村民の生活領域である昭和旧村単位で一体のものとしてとらえ、計画的に再建するというものである。仮設住宅に住みながら、冬場の除雪作業を山古志で行ない賃金機会をつくって所得を確保し、新たな農産加工品の製造をボランティア団体の協力を得て行なうなど、新たな生活再建への工夫が積み重ねられた。また、危険地域への住宅の再建は避けて、より安全な土地を確保し住宅を建設する一方、住宅建設資金の見通しが立たない高齢者独居世帯は復興住宅に住んでもらい、将来的にはその施設をパブリックスペースに転換することも話し合いで決めながら、生活の再建が行なわれたのである。住民と村(のちに長岡市役所山古志支所)、そして県と国との協同の取組みの成果であった。

山村の暮らしは、不便そうであるが、山古志の人々から見れば、現金支出が必要な都市での生活のほうが厳しい。山村であれば、素晴らしい自然景観のもとで、傾斜地を歩きながら元気に働き、集落のなかの助け合いや楽しみもある。農産物は互いに融通しあうことで豊かな食生活ができるし、年金と他の現金収入によってそれほど不自由なく生活できるのである。つまり、自然と一体となった生活と生産活動の復興が、集落単位、そして昭和旧村という生活領域で、住民が主体となり、行政と協力しながら、地域内再投資力の再生を行なっている点が、ポイントであるといえる。

東日本大震災の被災地域のなかでも、農山漁村部においては、この山古志の経験が貴重な指針になると考えられる。また、都市部、市街地においても、小学校区などのコミュニティ単位での復興計画づくり、そこでの住宅を中心とした生活基盤と経済活動の再建を一体としてすすめていくことが求められているのではないだろうか。

6 「人間の復興」を第一にした被災地の復興を

(1) 被災地の復興と地域内再投資力の再形成

被災地が災害から復旧・復興するとは、どういうことか。もともと、地域社会が成り立つということは、そこに土地と一体となった道路・港湾、鉄道、工場、農地、商店、住宅、学校、医療・福祉施設等の「建造環境」、すなわち「ハード」といわれるインフラストラクチャが存在し、それを利活用して産業活動や生活の営み、社会関係が「ソフト」として日々再生産されていることを意味している。災害とは、一瞬にして、この再生産が寸断され、その物的基盤が破壊される事態である。したがって、復旧、復興は、「建造環境」と住民の生活を支える地域産業の再建を同時にすすめるということでなければならない。福田が批判するように、被災者の生活の復興を抜きにした「ハード」の復興はナンセンスである。

しかも、その再建過程において重要な点は、これまでその地域の産業と暮らしを支えていた農家、漁家、中小企業、協同組合、ＮＰＯ法人、そして地方自治体の地域内再投資力を再形成することが何よりも重視されなければならないということである。宮城県のように安易に企業誘致政策に走りがちな自治体が多いが、現在の多国籍企業のグローバル競争のなかで、自動車、ＩＴ家電産業ほど国内立地よりも海外立地を選択する傾向があり、ソニーのように災害を機に工場の縮小・閉鎖に走る多国籍企業も出現するのは、ある意味必然である。「復興特区」によって、外資系企業を含む企業誘致に取り組んだとしても、例えば三陸海岸地域にこれらの企業が事業所を立地させる可能性は、極めて低い。そのような企業誘致政策や、その基盤整備としての高規格道路等の整備に復興資金の多くを費消しても、公共事業を受注するのは域外のゼネコン等であれば、阪神・淡路大震災と同様、被災地の企業に復興資金が循環せず、被災地の企業の復旧が遅れ、被災地の地域社会再建がなかなかすすまない事態を繰り返すだけである。

このような方向ではなく、地域の産業と住民の暮らしをつくり、維持してきた経済主体の地域内再投資力の形成と、地方自治体を中心に、復興資金を地域内の多様な業種、広い地域に循環させる、地域内経済循環の構築を意識的に行なう必要がある。その具体的なあり方を、山古志村の経験は示しているといえる。

東日本大震災の被災地域においても、この山古志の経験が生かされている地域がある。実際、被災地において、発災直後に人々の命を救い、避難所での運営に力を発揮したのは集落等のコミュニティであった。仮設住宅建設にあたっても新たな工夫が始まった。宮城県のように大手プレハブメーカーに丸投げするのではなく、岩手県大船渡市や陸前高田市に隣接する住田町では、町と第三セクターが主導して、地元産材を生かした木造戸建て仮設住宅を、廉価に、被災者を雇用しながら建設した。同様の取組みは福島県で大規模に行なわれた。これは、地方自治体が地域内経済循環を組織化している実例である。また、三陸海岸のいたるところで、自治体が湾内の瓦礫処理を漁業協同組合に発注し、船等の生産手段をなくした漁師の仕事づくりと、漁場の再建をすすめる重要な手段とした。さらに、多くの被災した漁村で、協同の養殖筏を組んだり、数少ない漁船を協同で活用したりする方法で、地域単位で水産業の復興に向けた地域内再投資力形成の取組みが広がっている。

(2) 被災地で広がる自律的な復旧・復興の動き

気仙沼市内でも、その取組みが各所で開始されている。震災前の時点でイカの塩辛を中心に年商40億円をあげていたH水産社長は、保有していた6工場全てが被災して操業不能状態に陥った。しかし、協力工場で品目を絞って生産を再開する一方で、仲間の社長と共同出資で「気仙沼の種を植え、育てる」オープンな地域会社として「ＧＡＮＢＡＡＲＥ」を設立する。まず「縁」ブランドの気仙沼帆布の商品を製造販売（魚市場の前掛けと気仙沼の地域イメージをブランド化）することから開始し、順次、宿泊、飲食業にも事業拡大して、工場や商店、民宿、船を失った被災者の働く場と「生きがい」をつくることをめざしている。同社長は、市の復興計画策定委員のひとりとして、産業復興の先頭にも立っている。また、気仙沼市中心市街地の南町では、商店街の再建を商店主や2代目が中心となって地域内の避難所を拠点に自主的に開始し、２０１１年12月に仮設商店街をオープンさせた。その構想には気仙沼市の農林水産資源を活用・結合した「スローフードのまち」をめざすことを入れ込み、他の仮設商店街づくり運動との連携も図りながら地域内経済循環の構築を図っている。

また、唐桑地区では、550基の牡蠣養殖筏を失ったが、利用可能な資材を活用し、順次筏の再生に取り組んでいる。その主体のひとつが、漁協関係者と支援団体を中心とした気仙沼市唐桑地区復興支援協同体であり、観光、飲食業との連携を含め、市外から寄付金や出資を募りながら、長期にわたる復興資金の獲得と活用を図っている。さらに、合併して周辺部になった本吉地区では、形式的な存在に過ぎなかった地域協議会が復興に向けて頻繁に会議を開催するなど、地域自治組織の活動が実質化している。これらの取組みの結果、要望の一部が市の復興計画にも盛り込まれることになった。ここに、「人間の復興」の理念に基づいた、被災者の暮らしと被災地域社会再建の可能性と展望を見出すことができよう。

7 おわりに

東日本大震災は、人間社会にとって何が一番重要なのかを、多くの犠牲者を出すことによって改めて私たちに示した。いうまでもなく、人間の命、生存の機会の確保こそが、最優先すべき課題であり、そこに国や地方自治体の最大の責務があるということである。それは、憲法25条と地方自治法の基本理念でもある。

しかも、「絆」という言葉が頻繁に用いられているように、「人間は一人で生きられる存在ではない」という当たり前のことの重さを誰もが思い知ったといえる。実際に被災地で連絡が取れない、あるいは食料や水、ガソリンや灯油が途切れたというときに、集落や学区等のコミュニティ、そして農協、漁協、生協のような協同組合や地場中小企業のネットワークが重要な役割を果たしたことが、のちに明らかになった。

それは逆に、市町村合併で周辺部になった気仙沼市本吉地区や、自治体職員や役場が被災し機能を麻痺させた陸前高田市や大槌町では、コミュニティや民間企業、農林漁家が最終的に人々の安否確認と生活物資の確保と配分をしなければ、生きていけない状態を生み出したということでもある。

前述した、気仙沼市の本吉地区のように、このような事態に対応して、形式的な存在にすぎなかった地域自治組織を実質化する動きが強まったり、あるいは地方自治体と協同組合、地域中小企業が連携しながら、復旧、復興の各種事業を展開していく自律的な動きがでてきたことは、人間の生存を確保し、維持していくための必然的な産物であるともいえる。

このような人間の生活領域としての地域における人間関係は、残念ながら農村部だけでなく、大都市部においても、とくに小泉構造改革期に希薄化し、かつ「自立・自助」論の流布によって、互いに助けあう、協同原理の基礎にある互助精神が破壊されてきていることに留意する必要がある。表１－5は、２００８年に、全国4カ所を対象に暮らしの変化について調査した結果の一部である。地域で暮らしていくうえで最も困っている問題を尋ねたところ、守口市、東大阪市という大都市圏の衛星都市においても、北秋田市、唐津市といった地方の広域合併自治体においても、「隣近所のつながりが弱くなった」が、災害の危険を上回りトップになっているのである。今後、首都直下型地震や、名古

表 1-5　地域で暮らしていく上で一番困っている問題（複数回答、％）

	北秋田市	守口市	東大阪市	唐津市
買い物が不便になった	15.4	11.7	10.4	23.8
交通が不便になった	20	5.3	9.8	15.9
病院が遠くなった	22.3	13.6	10.5	7.9
福祉サービスが受けられない	3.2	3.3	3.3	5.1
郵便局が不便になった	9.7	5.6	4.7	10
金融機関が不便になった	15.5	16.3	12	14.5
学校・保育園が遠くなった	6.6	1.7	2.6	4.4
消防・救急体制が弱くなった	7.7	6	14.1	5.6
災害の危険が増している	21.4	28.9	27.4	18.2
隣近所のつながりが弱くなった	26.6	40.1	41.7	34.4
その他	9.2	15.9	13.5	16.6
総計	100	100	100	100
サンプル数（％ベース）	907	753	569	572

資料：地域循環型経済の再生・地域づくり研究会「みんなで見つけた　この地域のたからもの」2009 年 3 月。

屋、大阪も襲うといわれる東海、東南海地震が起きた場合、大都市部における災害対応力の脆弱性は、東日本大震災の被災地域の比ではないであろう。むしろ、日常的に、地域の産業と住民の暮らしを、自治体を中心にきめ細かな地域内産業連関の形成によって、維持することが必要になってきているといえる。これは、中小企業振興基本条例や公契約条例の制定によって、地方自治体の行財政権限を地域内再投資力育成のために活用する制度をつくり出す運動によって、具体化しつつある。(21)

実は、このような政策方向は、「開かれた復興」という名のもとで野田内閣が推進しつつあるTPP参加路線とは、真っ向から対立する方向である。後者は、すでに述べたように、米国系多国籍企業とともに日本のとくに自動車・IT家電、商社を中心とした多国籍企業が、自らの貨幣的な短期的利益を最大化するために、震災復興事業をも「惨事便乗型」に活用して蓄積を図ろうという方向である。これでは、戦前・戦時の東北振興事業と同様に、多くの被災者は棄民化され、生活の基盤を失うだけである。ＴＰＰに参加すれば、地方自治体の建設や物品、サービスの調達を地元優先で行なうことはできなくなるし、様々な非関税障壁が撤廃されることにより、地域の農林漁業だけでなく中小企業の生産、販売活動も困難になることは自明である。さらに、地域金融も、米国が強く要求している共済制度の破壊によって、自らの労働の果実である預金資源を地域に循環させることも困難を来すことになる。そうなれば、被災地域の復旧・復興の極めて大きな障害になることは必然である。これに消費税増税が加われば、所得や生業の機会を失った多くの被災者にとっては、収奪の強化、追い打ちにしかならない。

しかも、国や宮城県は、被災者の生活再建を最優先することよりも、一部の大企業の経済成長に貢献する復興政策に力点を置いており、漁港や地場産業、そして鉄路等の地域交通の再建で国や自治体が即座にやるべき責務を果たしていないという問題も、震災後1年半を経過するなかで、ますます明確になってきている。

そのような惨事便乗型復興を許せば、ことは被災地だけに留まらず、日本全体の地域の将来の持続可能性を失わせる問題へとつながる。とりわけ、福島第一原発事故被災地においては、除染をしたうえでの復旧、復興過程は極めて長い時間がかかると予想されている。子どもたちをはじめとする住民の健康の維持、管理を国家的にどのように保障するのかという問題とあわせて、国や東京電力の賠償金が、いつ、どのような金額で、どれだけの期間、誰に対して支払われるかも、大きな問題としてのしかかっている。原発依存のエネルギー供給構造から脱して、いかに地域ごとに自然エネルギーを活用した新たな地域エネルギー政策を創造するかも焦眉の課題である。東日本大震災の復興をめぐる対抗は、日本の将来をめぐる対抗であることを、肝に銘じるべきであろう。(22)

注

(1) 野田佳彦首相は、2011年12月16日、福島第一原発が「冷温停止状態」になったとし、「原発事故収束宣言」を行なったが、原子炉の状況も把握できない状態下での収束宣言は、時機尚早といえる。

(2) NHKニュース、2012年3月8日付。

(3) ナオミ・クライン(幾島幸子・村上由見子訳)『ショック・ドクトリン』上下巻、岩波書店、2011年、参照。

(4) 「日本経済新聞」2011年6月10日付。

(5) 佐藤武雄・奥田譲・高橋裕『災害論』勁草書房、1964年。

(6) 岡田知弘『地域づくりの経済学入門』自治体研究社、2005年。

(7) 農林水産省「東日本大震災について～東北地方太平洋沖地震の被害と対応～」2011年6月1日。

(8) 文部科学省研究開発局「被害状況と政府等による対応の現状について」2011年4月13日(http://www.mext.go.jp/b_menu/shingi/chousa/kaihatu/016/attach/__icsFiles/afieldfile/2011/04/18/1305143_1.pdf)による。

（９）「毎日新聞」２０１１年４月17日付。
（10）塩崎賢明「阪神・淡路大震災の教訓と東日本大震災の復興」『法と民主主義』２０１１年12月号。
（11）復興10年委員会「阪神・淡路大震災　復興10年総括検証・提言報告」２００５年、３７３ページ。
（12）「信濃毎日新聞」２０１１年４月22日付。
（13）気仙沼市内の水産加工業者１２０社に対する補助金は、２０１１年末、第３次募集においてようやく認められた。
（14）「河北新報」２０１１年12月９日付。
（15）「ＳａｎｋｅｉＢｉｚ」２０１１年12月19日付、による。
（16）詳しくは、平野健「ＣＳＩＳと震災復興構想―日本版ショック・ドクトリンの構図」『現代思想』２０１２年３月号を参照されたい。
（17）福田徳三『復興経済の原理及若干問題』同文館、１９２４年。
（18）同事業の詳細については、岡田知弘『日本資本主義と農村開発』法律文化社、１９８９年、第５章、参照。
（19）松井春生『日本資源政策』千倉書房、１９３８年、第14章、参照。
（20）岡田知弘「中越大震災地域の復興をめぐる二つの道」『ポリティーク』第10号、２００５年、および岡田知弘ほか編『山村集落再生の可能性』自治体研究社、２００７年、参照。
（21）この点については、岡田知弘編『中小企業振興条例で地域をつくる』自治体研究社、２０１０年、参照。
（22）より詳しい展開については、岡田知弘『震災からの地域再生』新日本出版社、２０１２年、参照。

第2章　岩手県の復旧・復興をめぐる現状と課題
――津波被害に対する三陸沿岸部の取組みと県産農林水産物の放射能汚染への対応

1　はじめに

東日本大震災は、岩手県内にも多大の人的・物的被害をもたらした。それはまず、三陸沿岸部（以下、沿岸部）の津波被害として集中的に現われ、被害がとくに甚大であった沿岸南部の陸前高田市や大槌町では海岸部や市街地が壊滅状態となった。

住宅、事業所、諸々のインフラストラクチャーが流されて住民の生活基盤が消失し、地域経済が崩壊状態となり、行政機能も機能不全に陥ったことによって、大震災直後、沿岸部被災地域は「地域」としての存亡の危機に立たされた。

しかし、その後、被災住民・自治体による地域復旧・復興に向けた取組みや、各方面からの支援、国・県の復興支援策がとられるなか、沿岸部地域は一定程度の回復を見せている。同時に、そこでは様々な課題も明らかになりつつある。

また、大震災に伴う福島第一原子力発電所の放射性物質漏出事故は、福島県浜通り地方を中心に甚大な放射能汚染を引き起こしているが、その汚染は岩手県内にも及び、岩手県農林水産業に深刻な影響を与えている。それゆえ、岩手県についても大震災に関して放射能汚染問題を無視することはできない。

以上を踏まえ、本稿では、津波被害からの復旧・復興をめぐる岩手県沿岸部の現状と課題を陸前高田市を主たる事例として把握するとともに、岩手県における農林水産物の放射能汚染の現状とこれに対処する県内の動きを把握し、大震災からの復旧・復興に向けての課題の一端を明らかにしたい。

2　東日本大震災による岩手県内の直接的被害の状況

最初に東日本大震災における岩手県内の直接的被害（放射能汚染被害を含まない）について押さえておこう。(1)

まず、人的被害は死者４６７１人、行方不明者が１３００人であり（２０12年3月5日現在）、死者はすべて沿岸部（12市町村）で、行方不明者も内陸部の10名以外の１２９０名は沿岸部である。

表2−1　東日本大震災による岩手県の産業被害（2011年7月25日現在）

被害の区分	被害額（億円）	備　考
農業被害	589	農地・農業用施設544億円、農業施設28億円等
林業被害	250	林業施設199億円、森林37億円等
水産業・漁港被害	3,587	漁港2,782億円、漁船234億円、養殖施設132億円、水産施設等219億円等
工業（製造業）被害	890	津波による流出・浸水被害の推定額であり、地震による被害は含めていない
商業（小売・卸売業）被害	445	
観光業（宿泊施設）被害	326	
合　計	6,087	

資料：岩手県「岩手県東日本大震災津波復興計画　復興基本計画」（2011年8月）6ページ。

両者の合計は大震災前の岩手県総人口132万6600人の0・5%、沿岸部だけをとると同地域12市町村人口26万6200人の2・2%に相当する。

家屋被害は全壊・半壊が2万4747棟であり、そのうち内陸部の1318棟以外の2万3429棟が沿岸部で、そのほとんどは津波による被害である。

ここに、大震災での直接的被害≒津波被害という岩手県の特徴が端的に表われている。震災直後には沿岸部を中心に避難者が多く発生し、ピーク時の11年3月15日にはその数が約4万8000人にまで達した。

産業被害については表2−1を見てみよう。産業被害の総額は6087億円（工業・商業・観光業での地震そのものによる被害は含まない。地震後の生産・売上減の被害である）であり、被害は各産業分野にわたっているが、このうち水産業・漁港の被害が3587億円と突出している。いうまでもなく、これらはほぼすべてが沿岸部の津波被害である。例えば水産業では、岩手県の登録漁船1万4300隻のうち1万2870隻が使用不能となり、養殖施設はほぼ全滅、漁港・水産施設も相当程度破壊されたのである。

農業では、沿岸部の耕地のうち1838ha（田1172ha、畑666ha）が津波で冠水・流出し、その面積は岩手県の全耕地面積15万3900haの1・2％にあたる。

工業・商業・観光業でも、沿岸部の各企業は津波による事業所の損壊・流失の被害を受けた。そして、これによる各事業所の営業停止は、沿岸部の雇用に大きな影響を与えた。大震災発生直後から11年7月24日までの約4カ月半の間に沿岸部4カ所の公共職業安定所で交付された離職票等は、同4職安の前年度1年間の離職票等交付1万1185件を上回る1万2711件となった。

その他、河川・海岸・道路等施設、都市・公園施設、港湾関係施設なども津波によって大きな被害を受け、これら公共土木施設の被害総額は2573億円と算出されている。

日本政策投資銀行の試算では、大震災による岩手県内の推定資本ストック被害額は4兆2760億円で、推定資本ストック額33兆8180億円の12・6％となっている。このうち沿岸部だけを取り出してみると、推定資本ストック被害額は3兆5220億円（生活・社会インフラ1兆9430億円、住宅6070億円、製造業1910億円、その他7810億円）であり、これは推定資本ストック額7兆4490億円の47・3％に相当する。ここからも沿岸部の被害の大きさを確認することができる。

3　陸前高田市における復旧・復興をめぐる現状と課題

津波による甚大な被害が生じた中、沿岸部では復旧・復興のための取組みが行なわれてきている。以下では、その現状と課題について陸前高田市を中心に見ていく。

（1）陸前高田市の被害状況

①陸前高田市の概要

同市は岩手県沿岸部の最南部に位置し、唐桑半島へ続く海岸と広田半島に挟まれた広田湾に面する人口２万４２４６人（２０１１年３月11日現在。住民基本台帳による）の地方都市である（後掲図２－１参照）。

同市の産業別純生産（２００８年）は、第１次産業が29億８９６６万円、第２次産業が79億９６４９万円、第３次産業が２９７億６４６２万円である。(2) 第１次産業は広田湾でのわかめ・かきなどの海面養殖を中心とする水産業（19億９６９４万円）が主軸であり（農業は４億７７４４万円、林業は５億１５２９万円）、第２次産業・第３次産業でも水産物の加工や運送など水産業に関連する業種が多く、水産業は同市経済の要の位置にある。

②大震災による同市の被害の状況

大震災による同市の直接的被害（放射能汚染被害は含まない）は、ほぼすべてが津波によるものであり、とくに市街地は全域が浸水して壊滅的な打撃を受けた。その概要は以下のとおりである。(3)

まず、人的被害・家屋被害であるが、大震災によって同市では死者1555人、行方不明者289人の人的被害が生じ（2012年3月5日現在）、両者の合計は同市人口の7・6％に達する。家屋の全壊・半壊も3313棟に達した。そのため、避難者は最大時には市人口の半数近くの1万143人にのぼった。

次に行政＝市役所の被害である。津波は4階建ての市庁舎の4階まで達し、市役所の正規職員293人（うち、市庁舎配置は170人）中68人が死亡・行方不明、臨時職員を含めると100名以上の職員が死亡・行方不明となった。また、ほとんどの行政文書も流失した。これによって震災直後、行政機能は一時停止状態に陥った。

商工関係では市内の604事業所が被災し、多くの事業所で営業を停止せざるをえなくなった。これは雇用状況に深刻な影響を与え、同市と隣接の大船渡市・住田町の3市町を管内とする大船渡公共職業安定所が震災発生直後から11年7月24日までの約4カ月半の間に交付した離職票等は5132件となり、前年度1年間の同職安の交付件数2480件を大きく上回った。

水産業では、漁船1401隻中1358隻が被災、養殖施設3340台（わかめ838台、こんぶ268台、かき1300台、ほたて628台、ほや103台、その他203台）は全滅、その他、水産物、水産共同施設（定置、ふ化場、アワビセンターなど）、関連施設も大きな被害を受けた。また、防波堤や漁港が損壊したほか、地震の影響で一部の漁港では90cmから１m程度の地盤沈下が起き、漁船を港に繋留できなくなる事態も生じた。

農業では、津波で市内の水田６６３haのうち３３６haと、畑４２０haのうち47haが冠水するとともに、多くの農業用機械・施設が流出し、ため池・水路・揚水機・農道・海岸保全施設などにも多大な被害が出た。冠水した農地には瓦礫が堆積し、塩害も生じたため、作付け・栽培が困難な場所が広範囲で生じた。また、地震とその直後からの停電によって菌茸類の生産にも多大の被害が出た。同市と大船渡市・住田町を管内とする大船渡市農協の菌茸類の取扱高は10年度で約３億６６００万円あったが、11年度には１億４０００万～１億５０００万円へ落ち込む見込みとなった。

（2）復旧・復興に向けた地域の現状と課題

①行政機能をめぐって

津波被害で市庁舎がまったく使えなくなったため、震災後は高台にあって津波被害を受けなかった学校給食センターを仮庁舎として、市役所の業務が再開された。ただし、そこは自動車を利用しなければ市民が来庁するのに不便な場所であったにもかかわらず、駐車スペースがあまり取れなかったため、２０１１年５月半ばに駐車場が確保できる近隣の場所に仮庁舎が移転された。さらに同年７月下旬には別の場所にプレハブ２階建ての仮庁舎が建設され、現在はそこで市役所の業務が行なわれている。

先述したように津波によって多数の市役所職員が死亡・行方不明となり、またほとんどの行政文書が流されて市役所の業務に多大の支障が出たため、同市は県・国に対して職員の派遣を要請した。これに応えて、12年3月1日現在、長期派遣職員として岩手県10人、岩手県教育委員会11人、盛岡市7人、一関市11人、八幡平市1人、住田町2人、および県外の名古屋市17人の計59人の職員が応援に入り、また11年11月30日現在、岩手県3619人、関西広域連合414人、東京都1810人、北海道4人、名古屋市78人、長崎県域720人、千葉県域310人、総務省16人、上尾市1人の延べ6972人が派遣されるなど[4]、同市役所の業務をサポートする体制がつくられた。

しかし、震災前と比べて、市役所が扱わなければならない事務量は被災市民への対応業務を中心に飛躍的に増大しているため、さらなる応援態勢が求められている。

被災地の自治体職員に本当に必要とされている業務は、住民の中に入って復旧・復興に関する住民の声を聞き、その結果を反映させて復旧・復興計画を策定し、それを住民に提示して計画に対する住民の意見を汲み取り、計画をよりよいものに修正し、さらにそれを具体的に遂行していくことである。これに照らすならば、上述した応援はあるものの、被災関係の書類作成業務や税金課税等の業務に忙殺されているのが同市役所の職員の現状であり[5]、住民主体の復旧・復興を行なう点からも早急の改善が望まれる。

以下で触れる市の復興計画に住民の声をいっそう反映させ、その具体化を図っていくためには、書類作成業務やルーチンワークはできる限り応援部隊に任せ、同市職員が復興計画に係る仕事に専念できる体制をつくることが必要である。その点で、国・県・他自治体等からの職員派遣のさらなる充実が求められている。もちろん、この派遣職員のなかには、被災地の復興計画の策定を手伝うことができる土地利用計画・都市計画等の専門業務に詳しい職員も含められるべきである。

②市の復興計画をめぐって

同市では、2011年5月1日に市長を本部長とする「震災復興本部」とその事務局である「復興対策局」が市役所内につくられ、復興計画案の策定体制が整えられた(6)。それを受けて、市民の諸階層から選出された36名と専門家3名からなる「震災復興計画検討委員会」が組織され、市が作成する復興計画案の調査・検討が行なわれてきた。また、これと並行して市の主催で復旧・復興に向けた市民懇談会（「復興まちづくりを語る会」）および各地区での住民説明会が開催され、復興計画案に市民の声を反映させるための意見聴取・意見交換が行なわれた。

震災復興検討委員会は11年8月8日、8月29日、9月26日、11月8日、11月30日と5回の会合を開き、市から提案された復興計画案の検討を行ない、この検討結果を受けて、市は11年12月に「陸前高田市震災復興計画」を決定・公表した。

同計画は、今後の復興のあり方の方向性を示したものであり、そこで提示されている復興に係る諸施策・諸事業はまだ大枠・骨子にとどまっているが、それでも防災・土地利用・地場産業・コミュニティ・公共施設・公共サービスなど、市民生活に関わる基本的事項が網羅されており、とくに市内全11地区（津波浸水地区8、非浸水地区3）のすべてについて各地区の再生の方向が示されていることは注目に値する。

今後は同計画に沿って復旧・復興施策を具体化していくことになるが、これに際して重要なポイントとなるのは土地利用計画の扱いであろう。

同計画では「海岸地域の低地部は、東日本大震災による津波の浸水区域や防潮堤等の整備を考慮し、移転促進区域の設定を基本に非居住区域とするとともに、住居地域の高台への移転等を計画します」、「海岸部の低地部は、防災性や安全性、景観等に配慮し、産業用地、公園、緑地帯等の利用を基本に、公有地化を促進します」、「高田地区を中心とする新しい市街地は、東日本大震災の津波による浸水を免れるよう高さを確保し、低地部のかさ上げ等を行ったうえで、公共・公益施設、商業ゾーン、住宅街を配置、再開発します」、「学校、病院、消防署、文化施設、市役所等の公共施設は、施設の利便性や災害時における避難、機能の保全等を考慮し、高台や新市街地への配置を検討します」として、津波から住民を守るために、住居は原則として高台、海岸部は非居住地帯、商業施設や公共施設はかさ上げ地域や高台、という基本方向が示されている。

問題はこれをどう具体化していくかである。大震災以来現在まで、浸水地域については市が住民・企業に対して建築の自粛を求めてきている。ただ、浸水地区での店舗建設をいっさい禁止すると、市民への日用品の供給に支障が出るため、同市は特例として、浸水地区のうち非浸水地区に近い場所でスーパーマーケットやコンビニエンスストアの仮設店舗の建設を認めている。

しかし、土地利用計画が具体化されないと、住宅や事業所、公共施設などの再建・新設の見通しが立てられないため、住民生活や地域経済の再建に大きな支障が生じる。それゆえ、その早急な具体化が必要である。一方で、いったん土地利用のあり方が決まると、それは長期にわたって住民生活や地域産業のあり方を規定することになるために、計画の具体化にあたっては住民の中での徹底した話し合いと合意の追求が必要である。これを短期間に行なうことは困難であろうし、また好ましいことでもない。

同市には、復興計画の具体化について議論の余地を残しつつ、当面の暫定的な土地利用のあり方を早急に決定することが求められている。

③被災者の住宅問題をめぐって

被災者の住居については、２０１１年4月以降、市内の高台で仮設住宅の建設が急ピッチで進み、同年7月下旬には建設予定戸数２１６８戸すべてが完成して、多くの住民が仮設住宅に入居した。

同市の仮設住宅の建設は、当初、大手ハウスメーカーによって行なわれた。これは仮設住宅の発注元である岩手県が、大手ハウスメーカーを中心に構成されている（社）日本プレハブ建築協会との間で災害時の仮設住宅建設に関する協定を結んでいたことによる。しかし、その結果、被災を免れた地元の建設業者に仕事はほとんど回らなかった。その後、11年5月中旬からは公募選定された県内の事業者による建設が始まり、最終的に2168戸中520戸がこれによるものとなった(7)。

同市に隣接する住田町は林業が基幹産業の一つであるため、同市の仮設住宅の建設に際して町内産木材の提供を申し出たが、ほとんど使用されなかった。そのような折、森林関係のNPOから住田町に対して3億円の寄付の申し出があったことを受けて、同町は町内の公有地に町内産の木材を使用した仮設住宅を93戸建設し、陸前高田市の被災住民に対して入居募集を行ない、93戸全戸に被災住民が入居した(8)。

被災地の復旧・復興には同地域の経済再建が不可欠であり、それには周辺地域を含めて地域内での経済循環を構築していくことが重要である。岩手県沿岸部ではその重要なポイントとして地場産木材の使用があるが、現在はその位置づけがまだ弱い。この点、後述する岩手県の12年度予算案において住宅再建支援策の中に県産材使用への補助が盛り込まれたことは一歩前進である。今後、諸々の復旧・復興事業において地域資源をいかに利用するかが重要な課題になっている。

他の被災自治体では、仮設住宅の建設用地が公有地だけでは足りず、私有地も候補地とせざるをえなかったが、地代について所有者との折衝に時間がかかり、仮設住宅の建設に困難を抱えた事例がある(9)。仮設住宅については「資材調達は国、発注は県、用地交渉は市町村」という業務分担がなされているが、最も困難な業務である用地交渉を、ただでさえ膨大な事務量を抱える被災自治体の職員が行なうことには無理がある。この分担についても再考される必要がある。

被災者の住宅問題は、現在、仮設住宅退去後の問題へと重心が移っていっている。現段階では、仮設住宅退去後の見通しが不透明であるため、２年という仮設住宅の入居期限の延長が考えられているが、被災者としてもいつまでも仮設住宅にいるわけにはいかない。しかし、被災者が自宅を再建する際に利用することができる「被災者生活再建支援制度」は、全壊の場合でもその助成額は最高３００万円にとどまるため、これだけでは住宅再建はほぼ不可能である。また、同市は大震災前に市街地の区画整理事業が終了したばかりであり、新築住宅のローンを抱えている住民も少なくない(10)。

これに関して、岩手県は12年度予算案に県独自の住宅再建支援策を盛り込んだ。これは、被災者が住宅を新築する際に、（ア）135万円を上限とする住宅ローンの利子補給、（イ）バリアフリー化や県産材を利用した際の１３０万円を上限とする補助、（ウ）２００万円を上限とする宅地復旧費の補助、（エ）被災者生活再建支援金への１００万円を上限とする補助（市町村との共同、県が3分の２を支出）を行なうもので、「被災者生活再建支援制度」を補強する意義を持っている。ただし、県や市町村だけでの対応には限界があるのであり、被災地域の復旧・復興には「被災者生活再建支援制度」の交付額引上げや、被災者の住宅再建に伴って発生する二重債務問題への積極的対応が国の政策として求められている。また、仮設住宅退去後の入居先に関しては公営住宅の整備・新築も検討される必要がある。

④事業所の経営再開・雇用問題をめぐって

大船渡公共職業安定所管内の雇用保険受給者実人員は、２０１１年１月２７８人、２月３５３人、

3月4１１人であったが、大震災の影響でこれが4月には１７０７人、5月には３６９９人と大きく跳ね上がった(11)。その後、地域の復旧が一定程度進むもとで受給者数は若干減少するが、11年11月現在でも２０７５人となっていて、震災前と比較するとかなり高い水準にある。これは管内の各事業所が未だ本格的な営業再開にまで至っていないことが大きく影響している。

営業再開には、暫定的であれ、ともかく震災後の土地利用のあり方が決定されることが必要であるが、同時に建物の再建、機械・諸設備の整備・導入も不可欠である。しかし、震災前の債務を背負っている企業も少なからずあるため、これを放置するならば、営業再開にあたって二重債務問題が発生するおそれがある。これについては、債務の凍結・減免、助成金、無利子・低利融資など、国の対策が必要である。

失業手当給付については11年9月末に被災地における90日の再延長が決定され、一定の対策がとられた。しかしその後、政府は失業手当給付のさらなる再延長はせず、就労支援に切り替えるとしたため、12年1月から給付が切れる人たちが出てきた。

しかし、多くの事業所で経営再開の見通しがまだ立っておらず、雇用状況の好転が短期的には見込めないなか、被災住民の生活安定のためには復旧・復興対策事業の新規追加による雇用創出だけでは限界がある。何らかの形で失業手当給付の特例措置を実施することが必要になっている。

（3）農水産業の復旧・復興の現状と課題

①水産業をめぐって

先に触れたように水産業は陸前高田市経済の一つの要であり、その復旧・復興は市経済全体の復旧・復興の一つのポイントとなる[12]。

同市の水産業は津波によって壊滅的な打撃を受けたが、ただ一つ不幸中の幸いだったのは、広田湾内の海底の瓦礫の堆積が、漁船の航行や養殖施設の再建に支障をきたすほどではなかったことである。ただし、漁港やその周辺の陸上には膨大な瓦礫が堆積しており、これを除去することが水産業の復旧に向けての喫緊の課題であった。

これについて、同市では地元漁協が政府の2011年度第1次補正予算の「漁場復旧対策支援事業」の実施主体となり、漁業者を雇用して撤去作業にあたらせた。そこでは、津波で流された養殖施設の回収・分別も行なわれた。この事業は決して十分な予算規模ではなく、またこれによって漁港とその周辺の瓦礫がすべて撤去されたわけではないが、津波によってほとんどの生産手段が損壊・流出した漁業者にとっては、撤去作業への従事は水産業復旧への条件整備とともに当面の収入源となった。

地元漁協は漁船調達にも素早く動いた。すなわち、地元漁協が第1次補正予算の「共同利用漁船等復旧対策支援事業」（岩手県では県の補助を増やし、市町村も負担を行ない、補助比率を国9分の3、県9分の4、市町村9分の1、漁協9分の1として、漁協の負担を減らした）の実施主体となって、400隻余りの漁船の建造と90隻余りの中古漁船の取得・修繕に取り組んだのである（加えて定置網の復旧）。同事業は漁業者が共同利用する漁船の調達への助成であり、同市では新規に調達した漁船は漁協が所有し、漁業者の共同利用組織がそれを借り受けるというシステムで対応している。

多くの漁船が被災して漁船需要が急増したため、個人対応では漁船を調達することが極めて困難となり、また個人で漁船を新規取得すれば二重債務を抱えるケースも発生することになるなか、地元漁協が漁船調達に素早く動いたこともあって、従来個人で所有・利用していた漁船が共同利用になったことについて、現在のところ漁業者から不満の声はそれほど出ていないようである。しかし一方で、漁業者には早く自分の漁船を持ち、自由に漁船を使いたいという要望が根強くあることも事実である。

養殖に関しては、第1次補正予算の「養殖施設復旧支援事業」（これについても、岩手県では国・県9分の7、市町村9分の1、漁業者等9分の1として、漁業者の負担を減らした）のもとで、わかめやかきの養殖で復旧の動きが出てきている。

それらは震災前にはほぼ個人経営だったが、現在その復旧は協業化を軸に行なわれている。わかめ養殖については、以前から、養殖施設を固定するための海底へのコンクリートブロックの敷設作業を共同で行なう組織として、浜ごとに「わかめ養殖生産実行組合」がつくられていたが（各経営が個々に敷設作業を行なっていては時間もコストもかかることによる）、現在、これを母体として敷設以外の作業についても協業化が図られている。また、かき養殖はわかめ養殖以上に個別経営の独立性が強かったが、こちらも諸作業において協業化が急速に進んでいる。

その背景には、被災漁業者が個別で経営を復旧しようとすると莫大な資金が必要になるため、当面、個別での復旧は断念せざるをえないという事情がある。しかし、わかめ養殖もかき養殖も、漁業者個人の熟練・技術によって生産物の品質に大きな差が生じ、それが価格に跳ね返るという特徴を持っているため、とくに熟練度・技術水準の高い漁業者には協業化に対する強い抵抗感がある。現在の動きには「一定程度の復旧までの必要な範囲での協業」という部分が大きく、多くの漁業者はその先に個別経営への復帰を展望している。

また、水産業には、漁や養殖に係る諸作業を行なうための作業所、製氷・貯氷施設、冷凍・冷蔵施設、加工施設などが不可欠であるが、これらも津波で大きな被害を受けた。同市では市の独自助成が設けられたり、第１次補正予算の「水産業共同利用施設復旧支援事業」への助成の上乗せ（国・県９分の７、市町村９分の１、民間団体等９分の１）が行なわれたりするもとで、漁協の作業所としてのテントの設置、わかめ加工場の復旧、冷凍・冷蔵施設の修理などの取組みが進んできている。ただし、製氷施設・貯氷施設はまだ手つかずであり、加工場の多くもまだ復旧できていない。これら水産関連施設の復旧に係る助成をいかに高めるかは水産業復旧の大きな課題となっている。これは地域の雇用創出にも直結する問題である。

岩手県の大震災復興計画は、水産業に関して「漁業協同組合を核とした漁業、養殖業の構築」を掲げ、県独自の助成事業も漁協を軸に置いて設計しており、漁業権の見直しや漁港の集約化などを前面に出した宮城県の復興方針と対照をなしている。ただし、岩手県の復興計画は他方で、「共同利用システム」や「協業体の育成」など、将来的に個別経営の再建を希望する漁業者の意に必ずしも添わない方針も提示している。

しかし、漁業者の主体的な意思・判断を踏まえずに「共同利用システム」や「協業体の育成」を「上から」押しつけても、水産業の復旧・復興はうまくはいかない。復旧・復興にあたっては被災漁業者の意向をしっかりと把握し、それを最大限に尊重した施策を行なうことが必要である。

②農業をめぐって

リアス式海岸を特徴とする沿岸部に位置する陸前高田市では農地はそれほどはなく、地域経済における農業の比重も高くはないが、農業が地域経済の重要な一環をなしていることは確かである。それゆえ、農業の復旧・復興も同市の重要な課題になっている。(13)

陸前高田市では、この間第1次補正予算の「災害等廃棄物処理事業」によって、津波被害を受けた非農地・農地について瓦礫除去がかなりの程度進んできているが、それは地表の大きな瓦礫の除去にとどまっていて、農地に関してはガラスや金属などの細かい破片や地中に埋もれた瓦礫の除去までには至っておらず、これが営農を再開する際の支障の一つになっている。

これについて、陸前高田市を管内に含む大船渡市農協は、第1次補正予算の「被災農家経営再開支援事業」（農作物の作付け・栽培が困難になった農地での農業者の共同での復旧作業に対する面積に応じた支援金の交付等）を利用し、被災農家を作業主体として瓦礫除去作業を行なう方針を打ち出した。また、冠水した農地では営農再開に除塩が必要な箇所が多数あるが、除塩作業はまだほとんど手つかずの状況にある。同農協では冠水水田2haでまず除塩の試験を行ない、その効果が確認され次第、順次除塩作業を進めていくことにしている。ただし、被災農地すべてが短期間で復旧できる見通しはなく、被災農地の復旧と営農再開の完了には3～4年が必要とみている。

２０１１年度の米の作付けに関して、同農協は避難所・仮設住宅に移った農家についてその所在の確認を行なったうえで苗の注文をとったが、近年10万箱程度あった同農協全体の注文は今年度は6万箱程度にとどまった（陸前高田市に加えて大船渡市・住田町の分を含む）。

このように営農条件がまだ整わないなか、上述の「被災農家経営再開支援事業」は被災農家の当面の収入源の一つとして期待されている。同事業の助成を受けるには、各地域の農業者で組織される「復興組合」の設立が要件とされているが、陸前高田市では２０１１年も終わりに近づいた段階でやっと復興組合が設立された。この背景には、同じ集落の農家が大震災後いくつかの仮設住宅に分散して入居せざるをえなかったために、復興組合設立に向けた農家間の話し合いの場がなかなか持てなかったことがある。

同市では市街地およびその周辺部が多大の被害を受け、各地域・集落のコミュニティが崩壊したため、行政区や農家実行組合を単位としての復興組合の設立が困難であったことから、全市で水田作物関係の復興組合を一つ（構成員2358名）、果樹＝リンゴ関係の復興組合を一つ（同11名）とした。水田と果樹で復興組合を分けたのは、生産者が重ならないことと、支援単価が異なるためである（10a当たり水田作物は3・5万円、果樹は4・0万円。ただし、果樹は自力で施設の撤去等を行なう場合には9・0万円）。復興組合が設立されてはじめて、被災農家による農地の復旧活動が支援金の助成対象となるため、支援金の交付は12年3月になる予定である。

このように、大震災後の同市の農業はまだ営農再開の条件が十分には整っておらず、農家の当面の収入源の確保に関する施策も不十分な状況にある。また、大震災によって多くの企業が営業停止に追い込まれたため、兼業収入を断たれた農家も続出した。そのため、内陸部に職を求めて沿岸部を離れる農家も出てきている。

このような状況を見据えて、大船渡市農協は国・県に対して、（ア）被災した農地・資材・機械に対する助成である「農業者再建支援給付金」の設立や、二重債務への対応、（イ）農協や農業法人が被災農家を雇用した際の支援措置（賃金や事務費などへの補助）など、被災農家の営農再開までの雇用対策、（ウ）国による営農再開者への園芸施設・農業機械のリース、（エ）国による被災農地の早期買い上げと農地整備後の被災農家への貸し付け（将来的に農家が買い戻せるような措置も）、（オ）その他、諸融資制度における長期の返済据え置きや実質無利子化、などを要望している。ただし、とくに（エ）については土地利用計画との整合性が求められるのであり、このことからも、先述した陸前高田市の復興計画における土地利用計画について暫定的対応を早く行なうことが必要になっている。

4　岩手県における農林水産物の放射能汚染をめぐる動向

本節では、福島第一原発の放射性物質漏出事故による岩手県産農林水産物の放射能汚染問題について、2012年3月上旬までの状況とこれに対する県・農業団体の対応を見ていく。なお、本節で示す農林水産物の放射性物質の検査結果はとくに断らない限り岩手県の公表資料に基づく。(14)

(1) 牛に係る放射能汚染をめぐる動向

①牧草汚染をめぐる状況

△滝沢村での暫定許容値を超える放射性セシウムの検出▽

福島原発事故による放射能汚染問題は、同事故発生直後から岩手県内でも大きな関心を持って受け止められていたが、2011年3月22日に盛岡市の水道水から暫定規制値以下ではあるものの放射性ヨウ素と放射性セシウムが検出されたことをきっかけに、放射能汚染に関する県民の不安は一挙に高まった。

このようななか、民間事業者による検査で県内の公共牧場の牧草から粗飼料の暫定許容値(300Bq(ベクレル)/kg)を超える放射性セシウムが検出されたことを受けて、県は同年5月11日に「県北西部」1カ所、「県北東部」2カ所、「県南」2カ所、計県内5カ所で牧草の検査を行なった

（岩手県は国の指針に従い、農林水産物の放射能汚染調査に関して県内を大きく三つの地域に分けている。図2−1参照）。その結果、すべての検体から放射性セシウムが検出され、とくに県北西部の滝沢村の畜産研究所で採取された検体は暫定許容値を超える359Bq／kgであった（県北東部の1カ所の検体からは放射性ヨウ素も検出されたが、暫定許容値70Bq／kgを下回った）。

そして、これを初発として、以後、岩手県産農林水産物の放射能汚染問題が様々な部面で現出することになった。

〈県北西部における対応〉

滝沢村の牧草から暫定許容値を超える放射性セシウムが検出されたことを受けて、岩手県は2011年5月13日に、県北西部の畜産農家に対して、今後実施する検査によって利用可能であることが確認されるまでの間、原発事故後に収穫された牧草の乳用牛・肥育牛への利用自粛と放牧の見合わせを行なうよう要請した。同時に県は、県北西部の乳業施設6カ所の原乳と、出荷直前の露地レタス（県北西部の矢巾町と県南の花巻市）の検査を行なったが、こちらはすべてで放射性物質は不検出であった。

滝沢村を除く県北西部を対象として5月18日に行なわれた牧草検査では、二戸市以外の市町村で放射性セシウムが検出されたが、いずれも暫定許容値を下回ったため、滝沢村を除く県北西部について牧草利用自粛および放牧見合わせの要請が解除された。

図 2-1　農林水産物の放射能汚染調査に関する岩手県内の地域区分

注：藤沢町は 2011 年 9 月 26 日に一関市に合併編入された。

滝沢村については村内を三つのエリアに区分して再検査を行なうこととされ、5月23日に行なわれた2エリアの検査ではいずれも放射性セシウムが暫定許容値を下回ったため、この2エリアでは要請が解除された。残る1エリアについては牧草を刈り取り・保管した後、エリア内の3カ所で再生草の検査を隔週で行ない、放射性物質の濃度が3回連続で暫定許容値を下回った場合に要請を解除することとした。

このように、5月末段階では牧草の放射能汚染問題は滝沢村だけでとどまり、それも収束に向かうかに見えた。しかし、6月に入ると状況は大きく変化した。

〈県南での放射能汚染問題の発現〉

福島原発事故発生以降、岩手県は毎日1時間ごとに測定している空間放射線量率に変化があった際には農林水産物の放射性物質検査を行なうことにしていたが、6月に入ってから県南の一関市で最大0・21μSv／時という高い値の空間放射線量率が検出され、また隣接する宮城県の栗原市と気仙沼市の牧草から暫定許容値を超える放射性セシウムが検出されたことから、6月9日に県南の一関市と藤沢町（2011年9月に一関市に合併編入）の公共牧場で牧草の検査を実施した。

その結果、一関市からは1010Bq／kg、藤沢町からは308Bq／kgと、いずれも暫定許容値を超える放射性セシウムが検出されたため、県は一関市と藤沢町の畜産農家に対して、先の県北西部での要請と同様の要請を行なった。そして、一関市と藤沢町を複数のエリアに区分して（一関市7エリア、藤沢町2エリア）、追加の牧草検査を行ない、その結果が暫定許容値を下回ったエリアについては要請を解除するとした。同時に、一関市・藤沢町以外の県南12市町の牧草と県南の五つの乳業施設の原乳についても検査を行なうとした。

この検査はいずれも6月11日に実施され、その結果、牧草については一関市の7エリアすべてで放射性セシウムが検出、うち5エリアで暫定許容値を超え、また藤沢町も2エリアとも放射性セシウムが検出、うち1エリアで暫定許容値を超えた。さらに両市町以外の12市町の牧草検査では、9市町から放射性セシウムが検出され、うち遠野市・陸前高田市・平泉町・大槌町の2市2町で暫定許容値を超えた。原乳については5施設中4施設で不検出、1施設で放射性セシウムが検出されたが、牛乳の暫定規制値（200Bq／kg）は下回った。

これを受けて、県は牧草が暫定許容値を超えた2市2町の畜産農家に対して先の一関市・藤沢町と同様の要請を行なう一方、暫定許容値を下回った一関市の2エリア、藤沢町の1エリアについては要請を解除した。また、2市2町に対しては、今後各市町を複数のエリアに区分して追加の牧草検査を行ない、暫定許容値を下回ったエリアについては要請を解除することにした。

また、原乳に関しては、今後、県南に県北西部・県北東部を加えた全県の13施設の原乳を定期的に検査することにした。

〈県南におけるその後の推移〉

上述の2市2町について、6月17日に先の検査対象エリア以外のエリアの検査が行なわれた。その結果、陸前高田市の1エリアを除くすべてのエリアで放射性セシウムが検出されたが、すべて暫定許容値を下回ったため、県は6月11日に検査を行なったエリア以外のエリアで要請を解除した。一方、要請を継続している県南の一関市・藤沢町・遠野市・陸前高田市・平泉町・大槌町の一部エリアに対しては、先の滝沢村と同様、牧草をいったん刈り取るよう指導し、エリア内の3カ所で再生草の検査を実施して、3回連続して暫定許容値を下回った場合に要請を解除することにした。

その後、右記県南6市町と滝沢村については、当初は暫定許容値を超えるエリアも少なからずあったが、3回連続で暫定許容値を下回って要請が解除されるエリアが次第に増え、2011年10月17日には、要請が継続しているのは、一関市5エリア(9月に一関市と合併編入した旧・藤沢町の1エリア含む)、遠野市1エリア、陸前高田市1エリア、平泉町1エリアの計4市町8エリアにまで減少した。その後は牧草の生育期から外れたため、12年3月上旬まで検査は行なわれていない。

〈飼料暫定許容値引下げへの対応問題〉

12年4月からの一般食品の放射性セシウム暫定規制値の100Bq/kgへの、牛乳のそれの50Bq/kgへの引下げに対応して、農林水産省は同年2月から飼料に関する放射性セシウムの暫定許容値を従来の300Bq/kgから100Bq/kgに引き下げることにした(移行期間は最長で同年3月31日まで）。これを受けて、岩手県は同年2月21日に、先の牧草検査で１００Bq／kgを超えた市町村に対して11年産牧草の利用自粛を要請した。

これは県内の畜産に大きな影響をもたらしつつある。県南の一関市では市全域・全牧草が利用自粛対象となったため、全畜産農家が牧草を購入せざるをえない状況になった。一関市東部（11年９月合併編入前の藤沢町と、05年９月合併編入前の千厩町・大東町・東山町・室根村・川崎村）を管内とするいわい東農協では急遽12年３月に１４００t、約８０００万円の牧草を購入したが、このペースで牧草購入が続くならば、管内の畜産農家には年間で約９億円の負担がかかることになる。[15]

この牧草利用自粛要請は一関市を中心とする県南にとどまらず、県北西部の盛岡市・滝沢村・一戸町にまで及んでおり、岩手県の畜産全体に大きな不安を投げかけている。

②事故後稲わら問題と牛肉検査・牛肉出荷をめぐる状況

＜事故後稲わら問題の経緯＞

２０１１年７月８日、９日に東京都で福島県南相馬市から出荷された肥育牛11頭から暫定規制値（５００Bq／kg）を超える放射性セシウムが検出され、飼料の稲わらから暫定許容値（３００Bq／kg）を大幅に上回る放射性セシウムが検出されたことをきっかけに、福島原発事故後に水田から収集された稲わら（以後、事故後稲わら）の放射能汚染問題が急浮上した。同19日には宮城県でも事故後稲わらが使用されていたことが判明した。

このようななか、岩手県は県内の畜産農家に対して、7月13日に事故後稲わらの利用を控えるように注意を促し、同16日には高濃度の放射性セシウムが懸念される他県産稲わらの利用自粛や、この稲わらを給与した肥育牛の出荷自粛の要請を行なった。

これと並行して岩手県は県内の事故後稲わらの利用状況を調査していたが、7月20日に（ア）県南の一関農林振興センター管内の畜産農家35戸が事故後稲わらを保管し、うち22戸がすでに牛に給与していた、（イ）このうち肥育農家16戸について検体採取できた8戸の稲わらの放射性物質を検査したところ、5戸で暫定許容値を超える放射性セシウムが検出された、という結果を発表し、改めて事故後稲わらの給与自粛と給与された肥育牛の出荷自粛を要請した。また、同25日には、肥育牛に加えて、（ア）乳用牛については定期的な原乳検査で安全性を確認する、（イ）繁殖牛については食肉として出荷する際に牛肉中の放射性物質の濃度を推計して安全を確認する、ことを打ち出した。

事故後稲わらの利用状況については国からの依頼で岩手県が調査を行なっており、9月8日にその最終結果が公表された。それによると、県全体で事故後稲わらを利用していた畜産農家は254戸（肥育59戸・酪農67戸・繁殖128戸）、そのうち事故後稲わらが暫定許容値を超えた農家は86戸（肥育19戸・酪農16戸・繁殖51戸）、事故後稲わらの検体採取ができなかった農家は68戸（肥育18戸・酪農17戸・繁殖33戸）であり、両者の合計154戸のうち50戸（肥育32戸・酪農11戸・繁殖7戸）から531頭（肥育509頭・酪農15頭・繁殖7頭）がと畜場へ出荷されていた。この531頭については、11年12月23日現在、と畜処理前死亡1頭と食肉検査による全部廃棄3頭を除く527頭のうち、検査済みが194頭、検査未実施が333頭であり、検査済み194頭のうち暫定規制値超過が16頭、暫定規制値以下が178頭となっている。

最終結果を踏まえて県は、今後は肥育農家に対して適切な飼養管理の徹底のための定期的な立入検査（約3カ月に1度）を行なうとともに、出荷制限の一部解除に係る全戸検査（後述）において放射性物質が検出された場合には原因究明のための立入検査を行なうとした。


〈牛肉の出荷制限の発出・解除と牛肉検査〉

事故後稲わらに関しては、11年8月1日に政府の原子力災害対策本部が岩手県に対して牛の出荷制限命令を発出し、これによって岩手県内で飼養されている牛の県外への移動（12月齢未満を除く）および と畜場への出荷が差し控えられることになった。

この出荷制限は8月25日に一部解除され、これ以降は一部解除にあたって県が政府に提出した「出荷・検査方針」に基づき、（ア）事故後稲わらの処分などの適切な飼養管理の徹底、（イ）事故後稲わらを給与した畜産農家のすべての牛の放射性物質の検査（全頭検査）とそれ以外の農家の1戸当たり1頭の検査（全戸検査）、を実施することになった。ただし、（イ）については後述する農協の自主検査によって、事故後稲わらを給与していない農家の牛も実質的には全頭検査が行なわれている。

出荷制限の一部解除後の検査で、放射性セシウムが暫定規制値を超えた牛は7頭出ており、産地別に見ると県南の一関市が5頭（11年9月に2頭、同10月に1頭、同12月に2頭）、同じく県南の金ヶ崎町が1頭（11年9月）、県北西部の盛岡市が1頭（12年1月）となっていて、県南での発生が多い。なお、9月の検査で暫定規制値を超えた一関市と金ヶ崎町の3頭については、岩手県の資料で事故後稲わらを供与された牛かそれ以外の牛かが公表されている。それによると一関市の2頭には事故後稲わらが供与されていたが、金ヶ崎町の1頭はそうではなく、牛肉の暫定規制値超過が事故後稲わらのみに起因するものではないことを示唆するものになっている。

＜「長期出荷遅延牛」の発生＞

事故後稲わら問題に係って、「長期出荷遅延牛」も発生している。これは、県と農協系統の指導のもと、事故後稲わらの利用可能性が高い肥育牛について、利用された事故後稲わらの放射性セシウム濃度の推定値をもとに、その半減期を勘案して、食肉中の放射性セシウム濃度が暫定規制値を下回るようになると推定される日まで出荷を延期するものである。実際には出荷可能とされる推定値は暫定規制値よりも低い値で設定されてきており、現在は12年4月に一般食品の暫定規制値が１００Bq／kgに引き下げられることを見通して、これに対応したものになっている。

一関市では12年1月1日以降3月31日まで肥育牛の「長期出荷遅延牛」は最大で76頭になることが見込まれている。[16] 出荷遅延は、飼養農家に飼料代・飼育場所の負担をかけるものになるため、一関市では市内に集中保管施設として空き牛舎を確保し、市内の農協と委託契約を締結して、11年11月から順次肥育農家からの移動を開始した。また、希望する農家には簡易畜舎建設への補助も行なうことにした。
このような出荷遅延に係る問題は肥育牛だけではなく、和牛繁殖雌牛・乳牛の廃用牛についても生じている。

③牛ふん堆肥の放射能汚染問題

事故後稲わら問題に関連して、農林水産省は2011年7月28日に、事故後稲わらが給与等された牛ふん堆肥について、放射性セシウムの暫定許容値を400Bq／kgに設定し、この値以下であることが確認されない限り利用や譲渡は行なえないとする指針を発出した。8月1日には暫定許容値400Bq／kgが堆肥一般に拡大され、この値を超えないことが確認できるまでは堆肥の利用・流通を制限するとされた。さらに、8月5日には堆肥の検査方法が定められ、利用・流通の制限の解除要件として「個別の検査」のほか、「県が行う抽出検査（1市町村当たり3点）」の結果が暫定許容値以下となることが示された。

これを受けて岩手県では、先の牧草検査で放射性セシウムが300Bq／kgを超えた県南の一関市・藤沢町・平泉町・陸前高田市・遠野市・大槌町と県北西部の滝沢村の7市町村を対象として、8月11日、12日に各市町村の牛ふん堆肥3検体について放射性セシウム濃度を測定した。

その結果、遠野市・陸前高田市・大槌町・滝沢村では、3検体のうち少なくとも1検体から放射性セシウムが検出されたものの、すべて暫定許容値以下であったため、この4市町村については牛ふん堆肥の利用・流通の制限が解除された。一方、一関市・藤沢町・平泉町については、少なくとも1検体の放射性セシウム濃度が暫定許容値を超えたことから、利用・流通制限が継続されることになった。

この3市町については、8月29日に肥育農家・酪農家を対象として再度検査が行なわれ、藤沢町と平泉町は3検体とも暫定許容値以下であったため、肥育農家・酪農家が製造する堆肥の利用・流通の制限が解除された。一関市は3検体中2検体で暫定許容値を超えたために制限が継続されることになった。9月5日には一関市の肥育農家・酪農家を対象に3回目の抽出検査が行なわれ、3検体とも暫定許容値以下となったため、同市の肥育農家・酪農家が製造する堆肥の利用・流通の制限が解除された。

これによって、牛ふん堆肥の利用・流通が制限されているのは一関市・平泉町・藤沢町の繁殖農家と、事故後稲わらを利用した畜産農家だけとなった。このうち、事故後稲わらを利用した牛ふん堆肥について、岩手県は9月5日から事故後稲わらを利用した畜産農家全254戸から生産される牛ふん堆肥に含まれる放射性物質の検査を実施した。その結果、検査が終了した115戸について、放射性セシウム濃度が暫定許容値以下であった93戸の制限を解除したが、22戸（一関市16戸、奥州市2戸、花巻市2戸、遠野市1戸、平泉町1戸で、すべて県南）は暫定許容値を超えたために制限を継続することにした。その後は冬期に入ったため、12年3月上旬まで新たな検査は行なわれていない。

(2) 食用農林水産物・飼料作物の検査体制と検査結果をめぐる動向

①岩手県の食用農林水産物検査体制の概要

食用として直接消費される農林水産物について、岩手県は2011年5月半ばから出回り期の農林水産物を対象として随時検査を行なってきた。その後、8月4日の厚生労働省通知「農畜水産物等の放射性物質検査について」を受けて本格的な検査計画が策定されることになり、8月24日に11年8～10月分が、10月28日に11年11月～12年1月分が、12年1月30日に12年2～3月分が、それぞれ発表された。収穫期の違いから各期で検査対象となる品目は異なる。以下、この検査計画の概要を見ていく。なお、牛については先述のように「出荷・検査方針」に基づいた別途の対応が行なわれている。

○11年8～10月期（対象品目は米、麦、野菜・果樹、畜産物、特用林産物、水産物）

・米――県が実施した空間放射線量率（地上1m）の検査の最大値が0・1μSv／時（小数点以下第2位を四捨五入した値）を超える市町村（「特定市町村」。具体的には県南の一関市・藤沢町・平泉町・奥州市・陸前高田市）を対象として収穫前に予備検査。全市町村を対象として収穫後に本検査。

・麦――主要産地市町村と特定市町村を対象として検査。

・野菜・果樹――主要な野菜・果樹について、主要産地市町村および特定市町村を対象として出荷時期前に検査。

・畜産物――原乳は冷却・貯蔵機能を持つ施設を対象として月2回検査。豚・鶏・鶏卵は主要産地市町村を対象に10月下旬に検査。
・特用林産物――主要な特用林産物について、主要産地市町村を対象として出荷時期前に検査。
・水産物――岩手県沖海域で漁獲される主要な回遊性魚種および沿岸性魚種について、同海域を対象として漁獲時期に月1回検査。ただし、県内の漁業団体や県内の産地魚市場が適正な方法で検査を実施している場合はこれらをもって県の検査に代えることがある。
○11年11月～12年1月期（対象品目は大豆、果樹、畜産物、特用林産物、水産物）
・大豆――特定市町村およびその他の地域（各農協の区域ごと）を対象として出荷時期前に検査。
・果樹、畜産物、特用林産物、水産物の検査方法は前期と同様。
○12年2～3月期
対象品目は畜産物、特用林産物、水産物で、検査方法はいずれも前期と同様。

②**農協系統の対応**

農畜産物の放射能汚染問題に関して、岩手県の農協系統は県との連携のもとで自主検査体制をとっている（ただし、原乳・豚・鶏・鶏卵、原木しいたけなどは県の検査に委ねる）[17]。そこでは、（ア）自主検査は県の検査計画の予備的・補完的検査として位置づけ、県が行なう検査との整合性を十分にとる、（イ）自主検査の結果は農協系統として管理し、品目ごとの暫定許容値・暫定規制値に対して一定の水準を超えた場合は県による精密検査に回す、（ウ）自主検査のための検査機器購入費用・検査費用等は最終的に東京電力への損害賠償請求とする、としている。

各品目の自主検査体制の特徴を見ると、（ア）肉用牛・乳牛では、県の「出荷・検査方針」に対応して、と畜分の簡易検査を行なう（実質的な全頭検査）、（イ）米では、県が行なう予備検査・本検査に加え、県下約１５０カ所での坪刈りによる集荷前検査と約６００カ所の倉庫・カントリーエレベーターでの出荷前簡易検査を実施する、（ウ）果樹では、主要な品目について主要市町村および特定市町村を対象として出荷前検査を実施する（野菜は県の検査で放射性物質が不検出となっているため、自主検査は行なわない）、（エ）飼料作物では、県の検査（後述）に従い、３００Bq／kgを超えた際にはただちに出荷を自粛する、（オ）堆肥では、県が行なう検査に加えて、畜産・酪農家全戸を対象に簡易検査を行ない、４００Bq／kgを超えた際にはただちに使用自粛を要請する、としている。

ここには、正確な検査は県に委ねるものの、県産農畜産物の「安全・安心」をアピールするために、できる限りの検査態勢をとるという農協系統の姿勢が現われている。

③主要食用農林水産物の検査結果

それでは、岩手県が行なった主要食用農林水産物の検査結果を見ておこう。

○米――２０１１年9月初旬の予備検査で一関市で放射性セシウムが検出されたが暫定規制値を下

回り、9月中に行なわれた本検査ではすべての米で放射性物質は不検出であった。

○麦――8月初旬に行なわれた検査で、県南の一関市（小麦）と奥州市（小麦・六条大麦）で放射性セシウムが検出されたが、いずれも暫定規制値を下回った。

○野菜・果樹――8～12月に、きゅうり、トマト、だいこん、りんご、ぶどう等の検査が行なわれたが、すべてで放射性物質は不検出であった。

○畜産物――豚・鶏・鶏卵では放射性物質はすべて不検出であった。原乳は先述した県内13乳業施設を対象とした検査で、9月から12月までの間に毎回ではないものの、県南の一関市・遠野市・大船渡市・西和賀町の施設で放射性セシウムが検出されたが、すべて暫定規制値を下回った。12年に入ってからしばらくは県南の施設は不検出が続いていたが、3月上旬の検査において一関市の施設から暫定規制値を下回るものの放射性セシウムが検出された。県北西部と県東北部の施設では放射性物質は1回も検出されていない。

○大豆――10月に行なわれた検査で、県南の一関市・陸前高田市、県北西部の盛岡市で放射性セシウムが検出されたが、すべて暫定規制値を下回った。

○特用林産物――菌床シイタケは8～12月に検査が行なわれ、放射性物質は不検出であった。施設栽培原木生しいたけは8月の検査では不検出であったが、10月末～11月初めの検査では県北東部の洋野町、県北西部の矢巾町、県南の奥州市で、12月中旬の検査でも同3市町で放射性セシウムが検出されたが、いずれも暫定規制値を下回った。露地栽培原木生しいたけについては、

10月中旬の検査で県南の一関市と県北東部の山田町で、11月中旬の検査で県北東部の普代村、県南の花巻市・大槌町で、放射性セシウムが検出されたが、いずれも暫定規制値を下回った。しかし、後述するように、12年２月９日から13日にかけて行なわれた露地栽培原木乾しいたけの検査では、暫定規制値を大幅に超える放射性セシウムが検出された。

○水産物――９月の検査開始以降、暫定規制値を超える放射性物質が検出された検体はない。ただし、放射性物質の検出状況は魚種によって明確に分かれている。放射性物質がまったく、あるいはほとんど検出されない魚種はスルメイカ、秋サケ、サンマなどであり、頻繁に検出される魚種はブリ、ゴマサバ、サワラ、マダラ、スケトウダラなどである。

○そば――先述の検査計画には含まれていなかったが、産地として消費者に安全な農産物を提供するためとして10月に検査が行なわれ、放射性物質は不検出であった。

○川魚――検査計画には含まれていなかったが、安全な水産物提供の観点から12年２月中旬に検査が行なわれた。その結果、県南の一関市と陸前高田市の河川の川魚（ウグイ・イワナ・ヤマメ）の５検体すべてから暫定規制値を下回るものの放射性セシウムが検出された（５検体中４検体は１００Bq／kgを超えた）。

以上、岩手県の主要食用農林水産物は、現在のところ、露地栽培乾しいたけと先述の牛を除いた品目ですべて暫定規制値を下回っており、これらについては安全性に問題はないとされている。ただし、12年４月からの一般食品の放射性セシウム暫定規制値の１００Bq／kg以下、牛乳のそれの50Bq

予想される。

／kg以下への引下げによって、食用農林水産物の生産・販売をめぐって新たな状況が生じることが

④飼料作物をめぐる状況

岩手県は食用として直接消費される農林水産物に加え、2011年8月末からは飼料作物についてもその安全性を確認するため、県内の広い範囲で放射性物質検査を開始した（飼料作物の放射性セシウムの暫定許容値は300Bq／kgであった。なお、粗飼料の暫定許容値は水分含有量80％での換算値である）。

8月末から9月中旬に行なわれた飼料用稲（ホールクロップサイレージ）の検査では、県北西部の雫石町、県南の奥州市・平泉町・一関市で放射性セシウムが検出されたが、いずれも暫定許容値を下回った。8月末から10月初旬にかけて陸前高田市と大船渡市を除く県下市町村で行なわれた飼料用トウモロコシの検査では、県南の平泉町・一関市で放射性セシウムが検出されたが、暫定許容値を下回った。9月に行なわれたソルガムの検査では放射性物質は不検出であった。

9月中旬から11月初旬にかけて行なわれた稲わらの調査では、県南の金ヶ崎町・奥州市・平泉町・陸前高田市・大船渡市・釜石市で放射性セシウムが検出されたが、暫定許容値を下回った。また、10月初旬から11月初旬にかけては、9月22日の台風15号で冠水した水田から収集された稲わらの検査が行なわれ、県南の奥州市・平泉町・一関市で放射性セシウムが検出されたが、暫定許容値を下回っ

た。

以上で、11年産の飼料作物の放射性物質検査が終了し、すべての検体で暫定許容値を下回ったため、県内産の飼料作物はすべてが利用可能とされた。ただし、今後、12年2月からの飼料の暫定許容値の100Bq／kgへの引下げによって、先述したようにすでに利用に支障が生じている牧草と同様に、飼料作物の利用にも影響が出ることが考えられる。

⑤乾しいたけの暫定規制値超過をめぐる問題

先に見たように、岩手県の検査では、菌床しいたけ、施設栽培原木生しいたけおよび露地栽培原木生しいたけについては、放射性物質は不検出ないし暫定規制値以下という結果が出ており、これを受けて生産者からの出荷も行なわれていた。

しかし、露地栽培原木乾しいたけについては、水分含有量が低いために放射性セシウムの検出値が暫定規制値（500Bq／kg）を超える可能性が大きく、そのため全農岩手県本部では2011年8月から空間放射線量率の高い地域の乾しいたけの出荷自粛を行ない、岩手県森林組合連合会でも独自の検査を行なって、暫定規制値を超えたものの出荷を取りやめていた。

しかし、これによって一関市では12年1月時点で市内の農協・森林組合を合わせた乾しいたけの在庫は約9・6tにまで積み上がった。同市の農協・森林組合の乾しいたけの販売量は09年度で32・6t（販売額1億4730万円）、10年度で37・9t（同1億6310万円）であったから、10t近い在庫は生産者にとって大きな打撃となっていた(18)。

また、10月16日に農林水産省・林野庁がきのこ原木および菌床用培地の放射性セシウムの上限の指標値を150Bq／kgに設定したことを受けて、一関市ではしいたけ原木の検査が行なわれたが、33の検体のうち12で指標値を超える放射性セシウムが検出されたため(19)、生産者の間で不安が高まっていた。

そのようななか、12年1月下旬に岩手県が行なった乾しいたけの検査で、県南の奥州市・平泉町・一関市・大船渡市の4市町の検体から暫定規制値500Bq／kgを大きく上回る放射性セシウムが検出された。これを受けて県は、2月14日に4市町と全農岩手県本部・岩手県森林組合連合会に対して、乾しいたけの出荷自粛要請および自主回収要請の文書を発出した。

岩手県産の乾しいたけについては、いわゆる「風評被害(20)」によって11年9月頃から取引価格が下がり始めていたが(21)（11年8月までkg当たり4000円台であった入札取引平均価格が9月には3000円台前半、10月には2000円台前半に落ち込んだ）、今回の検査結果はこれにさらに追い打ちをかけるものになった。

乾しいたけについては、12年4月からは水に戻した状態で放射性物質濃度を検査することになるため、検査値は従来よりかなり低くなることが予想されるが、一方で一般食品の放射性セシウムの暫定規制値が100Bq／kgに引き下げられることを考えると、県南の乾しいたけをめぐる状況は今後も厳しさが続くことが予想される。

表 2-2　いわい東農協の2010年および2011年の畜産部門販売実績（3～11月）

	販売数量（牛乳はｔ、他は頭）			平均単価（牛乳は円／kg、他は円／頭）			販売金額（千円）		
	2010年	2011年	2011／2010	2010年	2011年	2011／2010	2010年	2011年	2011／2010
牛乳	10,807	9,665	89.4％	97.6	98.8	101.2％	1,054,849	955,282	90.6％
肥育牛	562	464	82.6％	730,362	618,412	84.7％	410,463	286,943	69.9％
和牛子牛	1,776	1,675	94.3％	366,508	362,585	98.9％	650,919	607,330	93.3％
和牛成畜	431	196	45.5％	227,276	250,786	110.3％	97,956	49,154	50.2％
乳牛成畜	195	144	73.8％	137,864	161,278	117.0％	27,059	23,224	85.8％
スモール	359	304	84.7％	40,309	36,836	91.4％	14,471	11,198	77.4％
交雑種	276	312	113.0％	120,544	91,369	75.8％	33,270	28,507	85.7％
畜産物合計	－	－	－	－	－	－	2,439,218	2,077,875	85.2％

資料：いわい東農協資料より作成。

（3）放射能汚染問題の畜産物取引への影響

先述した牧草汚染や事故後稲わらの問題は、県南の畜産業に大きな影響を与えた。

表２－２は、先にも触れた、一関市東部を管内とするいわい東農協の２０１０年３～11月および11年３～11月の畜産部門販売実績を示したものである。わかるように、11年３～11月の販売数量の対前年同期比は、牛乳89・４％、肥育牛82・6％、和牛子牛94・３％、和牛成畜45・５％、乳牛成畜73・８％、スモール84・７％、交雑種１１３・０％となっており、交雑種以外は前年を下回っている。ここには出荷自粛の影響が端的に表われている。また、価格を見ると、和牛成畜と乳牛成畜は平均単価が上昇しているものの（ただし、これは出荷規制のもとで販売頭数が大きく減

表 2-3　全農岩手県本部の 2010 年・2011 年の牛販売実績（4 ～ 11 月）

	販売数量（頭）			平均単価（円／頭）			販売金額（千円）		
	2010 年	2011 年	2011/2010	2010 年	2011 年	2011/2010	2010 年	2011 年	2011/2010
和牛雌	1,076	907	84.3%	700,301	624,663	89.2%	753,524	566,570	75.2%
和牛去勢	1,272	1,079	84.8%	841,249	737,053	87.6%	1,070,069	793,806	74.2%
短角雌	0	4			113,555		0	454	
短角去勢	0	16			99,373		0	1,590	
交雑雌	2	0		565,757			1,132	0	
交雑去勢	3	1	33.3%	601,311	615,195	102.3%	1,804	615	34.1%
合計	2,353	2,007	85.3%	–	–	–	1,826,528	1,363,035	74.6%
系統利用率	59.1%	53.6%							

資料：全農岩手県本部資料より作成。

少したことによるものと考えられる）、肥育牛・和牛子牛・スモール・交雑種は平均単価が下がっている。これらは「風評被害」によるところが大きいと考えられる。その結果、いわい東農協の11年3～11月の畜産部門販売実績は20億7787万5000円と、前年同期の24億3921万8000円の85・2％にまで落ち込んだのである。

このような動向は全農岩手県本部でも同様である。表2-3を見ると、11年4～11月の和牛雌・和牛去勢の販売数量・平均単価はともに前年同期の8割台に落ち込んでいることがわかる（系統利用率も落ちているものの5・5ポイントの減少にとどまっているので、この影響はそれほど大きくないと考えられる）。その結果、同本部の11年4～11月の牛販売金額は13億6303万5000円と、前年同期の18億2652万8000円の74・6％にまで大きく減少したのである。

（４）放射能汚染物質の処理問題と農地除染をめぐる動向

①牧草・稲わら・牛ふん堆肥等の処理問題

現在、放射性物質で汚染された牧草・稲わら・牛ふん堆肥の処理に係る問題が発生している。２０１２年1月現在、一関市では利用自粛が要請されている牧草の保管量が１６００t、事故後稲わらが３８９t（一関市試算で、このうち３２６tが放射性セシウム濃度が３０００Bq／kgを超過）、牛ふん堆肥が６３０５tとなっており、それぞれ当該物を生産した農家で保管されている。[22]

このうち事故後稲わらについて、一関市は11年10月から放射性セシウムの濃度が３０００Bq／kgを超える３２６tを市内の４カ所に集約保管することを提案・検討してきたが、保管候補地周辺の住民の反対によって断念に追い込まれたため、その後は事故後稲わらを保管している農家に継続してそれを管理してもらうため、各農家にパイプハウスやコンテナの建設を行なう作業を進めている（事故後稲わらは焼却灰の段階で放射性セシウム濃度が８０００Bq／kg以下になれば一般廃棄物として処理が可能とされている）。

牧草については、一関市はまず、独自の管理基準（焼却灰中の放射性セシウム濃度を５６００Bq／kg以下）を設定して試験焼却を行なった。その結果、焼却灰の放射性セシウム濃度が管理基準を下回ったため、同市は利用自粛牧草を12年2月から2年間かけて焼却する案を市の公害防止対策協議会に提示し、焼却場周辺の住民説明会を行なったうえで、12年2月6日から１日当たり概ね５tのペースで焼却処分している。

牛ふん堆肥については、集中保管をするべく、一関市は市内の有機肥料センター敷地内に保管場所としての堆肥舎の建設を開始した。そのうえで、対象農家に対して、①堆肥舎へ運搬しての保管、②農家段階での簡易な一時保管（10割補助）、③堆肥に用いた事故後稲わらが生産された圃場への還元施用（国が打ち出した方針で、同一圃場内での物質循環となるために放射性物質の濃度は変わらないという理屈に基づく。ただし、1t／10aが上限）、という三つのどの処理方法を選択するかを意向確認している。

このように牧草・稲わら・牛ふん堆肥のいずれも、最終処分まではまだ時間がかかる見込みである。

②牧草地の除染対策について

先述のように、岩手県内の牧草地の放射性セシウム濃度は次第に低減していったが、2011年10月17日以降も県南の4市町8エリアでは牧草の利用自粛がかかり、とくに一関市では市内9エリア中5エリアが利用自粛の対象になっていた。このため、一関市では根本的対策として牧草地の除染が求められた。

これを受けて、一関市では「牧草地再生対策事業」を設置して、利用自粛が解除されていないエリア、3番草から解除されたエリア、そして戸別検査で暫定許容値（300Bq／kg）を超過した農家の牧草地について、プラウ耕と砕土・整地をして表層土の放射性物質濃度の低減対策を行なうこととし、11年12月から工事を開始した。また、12年の春には単年牧草、秋には永年牧草を播種して、草地の回復を図ることも打ち出した。(23)

先にも触れたように、12年２月からの飼料の暫定許容値の引下げを受けて、一関市では同月から市全域・全牧草が利用自粛対象になった。この点からも、牧草地の除染対策はさらに重要性を増したといえよう。

③県内農地土壌の放射性物質濃度分布検査の結果

牧草地の除染対策とも関わるが、農林水産物の生産に関しては県内の農地の放射能汚染の状況も把握しておく必要がある。これに関して、岩手県は農林水産省と連携し、県内全市町村１６０地点（県南は調査地点が多く設定された）で水田・普通畑から土壌（深さ０～15cm）を採取して、農地土壌中の放射性物質の測定検査を実施した。

２０１２年１月18日に発表された速報値によると、検出された放射性セシウム濃度の最大値は７５６Bq／kg（一関市）、最小値は不検出であり、１６０地点すべてで水稲の作付制限の現在の判断基準である５０００Bq／kgを下回った。稲における土壌から作物への放射性セシウムの移行係数を０・１とすると、最大７５６Bq／kgという結果は、12年４月からの一般食品の放射性セシウム暫定規制値の１００Bq／kgへの引下げに対応できるものである。

ただし、検出値の大きさには地域差が明確にあり、県北西部、県北東部が低いのに対して県南は概して高い。２００Bq／kgを上回った地点は、県南の奥州市・一関市・陸前高田市に限定される。とくに一関市は、検査対象40地点中２００Bq／kg未満は5地点のみで、２００Bq／kg台が10地点、３００Bq／kg台が16地点、４００Bq／kg台が5地点、５００Bq／kg台が1地点、６００Bq／kg台が2地点、７００Bq／kg台が1地点と、全体的に高い値になっている。

ここまで見てきたように、県南、とくに一関市は、県の農林水産物検査において放射性セシウム濃度が暫定許容値・暫定規制値を超えたり、超えない場合でも県内他地域に比較すると高い結果になっており、農地土壌の放射性物質濃度の測定結果はこれと符合している。

（5）東京電力への損害賠償請求をめぐる動向

以上見てきたように、福島原発事故による放射能汚染は、県南を中心として岩手県内の農林水産業に多大な被害を与えている。

これに対して岩手県の農協系統は、原発事故の直接的加害者である東京電力に損害賠償を請求していくため、11年7月に「ＪＡグループ東京電力原発事故損害賠償対策岩手県協議会」を設立した[24]。同協議会は各農協、県農協中央会および各農協連合会、農林中央金庫で構成され、損害の取りまとめ、損害賠償に係る東京電力との請求・交渉和解の締結等、和解金の分配を行なうことを目的としている。

同協議会は、損害賠償請求にあたっては請求者側にその合理性の挙証責任があるとして、各農協・連合会等に対して、組合員への現金出納帳、請求書・納品書、出荷明細、営農日誌等の書類整備についての指導を求めるとともに、品目ごとの損害賠償請求額の算定方法を示した。

各農協・連合会等はこれに基づいて請求額を算出し、県協議会はこれを取りまとめて東京電力に損害賠償請求を行なっている。請求は12年2月までで5次に及び、その総額は47億８８３０万円、肉用牛・子牛・廃用牛・牧草・稲わらという、牛に係る損害賠償がそのほとんどを占めている。

5　おわりに

以上、津波被害からの岩手県沿岸部の復旧・復興の取組みと課題、そして岩手県産農林水産物の放射能汚染被害の現状とこれに対する県内の動きを概観してきた。これらを踏まえて、今後の復旧・復興をめぐるポイントについて触れたい。

まず、津波被害についてである。現在、岩手県沿岸部では一定の復旧は見られるものの、被災住民が「健康で文化的な最低限度の生活」（日本国憲法第25条第1項）を取り戻すまでにはまだ遠い。被災地では地元住民が復旧・復興に向けて懸命の取組みを行なっているが、これだけの津波被害が発生したなかでは、被災自治体・住民の「自助努力」だけで地域の再建を成し遂げるのは不可能である。このような時こそ、「国は、すべての生活部面について、社会福祉、社会保障及び公衆衛生の向上及び増進に努めなければならない」（日本国憲法第25条第2項）とされている憲法規定に沿った、実効性のある施策が早急に行なわれなければならない。

しかし、現在行なわれている復旧・復興施策は、このあるべき姿に照らすと不十分なものにとどまっている。このことは、先に見た陸前高田市の状況からわかるように、被災地自治体行政への支援、被災者の住宅確保への助成、各事業所の経営再建への助成、水産業・水産加工業・農業の復旧への助成など、あらゆる面で指摘できる。

さらに、不十分であるどころか、被災地での雇用状況の好転が短期的には展望できないにもかかわらず、政府は有効な雇用対策を打ち出さないままに失業給付を打ち切ったが、これは仕事を失った被災住民の生活を大きく脅かすものであり、生存権保障に逆行する行為である。「失業給付の継続は被災住民の労働意欲を低下させる」という政府の理屈は、その当否以前の問題として、「健康で文化的な最低限度の生活」を保障する雇用環境ができていないもとでは、持ち出すこと自体が許されない。

政府には、被災住民の生存権保障のために、住民が被災地で生活し、地域の再建に取り組んでいくための経済的基盤となる「働く場」（雇用・自営）の確保・創出に向けた本格的な施策を速やかに行なう責務があるのであり、それが整備されないうちは、生存権保障の観点から失業給付は継続されなければならない（「中小企業等グループ施設等復旧整備補助事業」や「事業復興型雇用創出事業」などの施策は行なわれているが、対象が中小企業のごく一部にとどまっているため、雇用状況を抜本的に改善するものにはなっていない）。

また、政府の復旧・復興施策について注視されなければならないのは、それが被災住民の意向と主体性を尊重するものになっているかどうかである。被災住民の意向とは別のところで、「創造的復興」の名のもとに「白地に絵を描く」ようなやり方は、被災住民の生存権の保障には繋がらないどころか、かえってそれを脅かすものとなる[25]。

次に、農林水産物の放射能汚染被害についてである。2012年3月上旬現在、この時点で設定されている暫定許容値・暫定規制値を超える生産物はあまり出ていないが、県南を中心として放射性セシウムは検出され続けており、また乾しいたけや畜産物では「風評被害」が生じていて、被害の収束は展望できない状況にある。汚染された稲わらや牛ふん堆肥の処理についても今後の道筋が見えていない。

そのようななか、12年4月からは一般食品の放射性セシウム暫定規制値が100Bq／kg以下に、牛乳のそれが50Bq／kg以下に引き下げられるが、このもとでとりわけ県南の農林水産物の生産・販売が大きな打撃を被ることが危惧される。先に見たように、一般食品の暫定規制値引下げを睨んだ牧草の利用自粛は、すでに県南の畜産農家に多大な負担を強いている。

そもそも放射線の性質上、農林水産物の放射能汚染に「安全基準」なるものが存在しえない以上、国民の健康・安全を保障する観点から、時間の推移とともに暫定規制値・暫定許容値を超える農林水産物が減少するのに合わせて、暫定規制値・暫定許容値を引き下げていくことは当然である。しかし、引下げにあたっては、これに伴う生産者の負担・損害に対する補償が求められる。

その際に押さえておくべきは、津波被害とは異なって、放射能汚染被害はあくまで「人災」であるということである。それは、原発自体の危険性に加え、現存する日本の原発が持つ構造上の危険性（＝地震・津波対策が脆弱）が各方面から幾度となく指摘されつつも、それらの指摘を無視し、「安全神話」を振りかざして、必要な対策をとることなく放置してきた東京電力の経営方針と、それを追認・支持してきた歴代政府の原子力政策がもたらしたものである。大津波による「想定外」の事故、という言い逃れは許されない。

それゆえ、農林水産物の放射能汚染被害の損害賠償責任は、第一には直接的加害者である東京電力にあるにしても、国（政府）もその責任を免れることはできない。両者には、農地の除染対策をはじめとする農林水産業の生産基盤に関する放射能汚染対策についても全面的な責任がある。

にもかかわらず、農林漁業団体からの損害賠償請求に対するこの間の東京電力の対応は、この責任を本当に自覚しているかどうか疑わしい。岩手県でも損害賠償請求に対する支払いが遅れたり[26]、文部科学省の原子力損害賠償紛争審査会の「東京電力株式会社福島第一、第二原子力発電所事故による原子力損害の範囲の判定等に関する中間指針」（2011年8月5日）が「農林漁業・食品産業の風評被害」の損害賠償の対象となる農林産物の生産地の中に岩手県を含んでいないことを理由に、「風評被害」の損害賠償について明確な態度をとっていない[27]、などの状況が見られる。

ことは農林水産業の生産者の経営・生活に密接に関わる問題である。速やかな損害賠償が行なわれなければ、被害を受けた農林水産業者は生活が成り立たなくなる。国（政府）には、被害を受けた農林水産業者の生存権を保障する責務に加え、そもそも放射能汚染被害についての責任があるのであるから、速やかな賠償金支払いに向けた東京電力への指導、被害農林漁業者の経営・生活を見据えての損害賠償スキームの改善、そして被害農林漁業者に対する国（政府）としての支援制度や放射能汚染対策などを強化することが求められている。

なお、農林水産物を購入する消費者についていえば、少なくとも、放射性物質が検出されていないにもかかわらず「かつて放射性物質が検出された地域」というだけで当該地域の農林水産物を拒否する態度は控えるべきであろう。安易な拒否反応は同地域の農林水産業・地域経済をいっそう厳しい状況に追い込み、被災した農林漁業者をさらに苦しめることになるからである。

ただし、かなりの低濃度であっても自然界レベル以上の放射性物質が検出された場合、消費者がその農林水産物の購入を拒否しても、その行為を非難することはできないだろう。放射性物質には「安全基準」は存在せず、低濃度であっても「安全」とは言い切れないからである。「風評被害」の最終責任はあくまで東京電力と国（政府）にあることを確認しておきたい。

そして、今回の放射能汚染被害の実態を受けて私たちが何よりも考えなければならないのは、ひとたび事故が起きると広範囲に甚大な被害を及ぼし、収束の方向性さえも見えないものになることが明々白々となった原発の稼働を、これからも認めていいのかどうか、ということであろう。

注

（1）以下の叙述は、岩手県「岩手県東日本大震災津波復興計画復興基本計画」（2011年8月）および岩手県庁の各課資料をもとにしている。
（2）岩手県「市町村民所得〔報告書〕2010年統計表」による。
（3）以下の叙述は、陸前高田市HP「東日本大震災に係る災害状況について」、岩手県庁の各課資料、陸前高田市議会議員への聞き取り調査（2011年4月27日）、大船渡市農協営農部への聞き取り調査（2011年9月8日）をもとにしている。
（4）陸前高田市HP「東日本大震災に係る災害状況について」。
（5）岩手県自治体労働組合総連合（陸前高田市職員労働組合も加盟）への聞き取り調査（2011年9月14日、2012年1月21日）。
（6）以下の陸前高田市の復興計画をめぐる叙述では、同市HPの「復興・まちづくり」に掲載されている資料を参照した。
（7）岩手県資料による。
（8）住田町役場建設課への電話での聞き取り調査（2011年5月19日）。
（9）仮設住宅をめぐる問題については、岩手県自治体労働組合総連合への聞き取り調査（2011年5月19日）による。
（10）陸前高田市議会議員への聞き取り調査（2011年4月27日）。
（11）大船渡公共職業安定所資料による。
（12）以下の叙述は、陸前高田市議会議員への聞き取り調査（2011年10月16日）、陸前高田市議会

（２０１１年第３回定例会）における市の答弁書、岩手県漁業協同組合連合会への聞き取り調査（２０１１年9月7日、２０１２年2月8日）に基づく。
(13) 以下の叙述は、大船渡市農業協同組合への聞き取り調査（２０１１年9月8日）と同農協資料、および岩手県大船渡農林振興センターへの電話での聞き取り調査（２０１１年9月12日、12月26日）と同センター資料に基づく。
(14) 岩手県の農林水産物の放射線量等の測定値は、岩手県ＨＰの「環境放射能に関する情報（福島第一・第二原子力発電所事故関係）」中の「農林水産物等の放射線量等測定」で公表されている。
(15) いわい東農協への聞き取り調査（２０１２年3月8日）。
(16) 「長期出荷遅延牛」をめぐる叙述は岩手県一関農林振興センター資料に基づく。
(17) ＪＡ岩手県農対本部・ＪＡ岩手県中央会・ＪＡ全農岩手県本部「ＪＡいわてグループの『食の安全・安心』確立対策―農畜産物の自主検査体制の構築について―」２０１１年8月。
(18) 一関市の乾しいたけをめぐる状況については、一関市役所および乾しいたけ出荷諸団体への電話での聞き取り調査（２０１２年2月15、16日）に基づく。
(19) 岩手県一関農林振興センター資料。
(20) 政府が定めた暫定規制値以下であったにせよ、放射性物質が実際に検出された農林水産物について実需者・消費者が買い控えを行なったことで生じた農林水産業生産者が被った損害に対して、「風評被害」という語句を用いていいかどうかは議論があるところであろう。

　この点について福島原発事故の損害賠償に係って設置された文部科学省の原子力損害賠償紛争審査会は、その「東京電力株式会社福島第一、第二原子力発電所事故による原子力損害の範囲の判定等に関する第2次指針」（2011年5月31日）において、まず「いわゆる風評被害については確立した定義はないものの、この指針で『風評被害』とは、報道により広く知らされた事実によって、商品又はサービスに関する放射性物質による汚染の危険性を懸念し、消費者又は取引先が当該商品又はサービスの買い控え、取引停止等を行ったために生じた被害を意味するものとする」とした後、「いわゆる風評被害という表現は、人によって様々な意味に解釈されており、放射性物質等による危険がまったくないのに消費者や取引先が危険性を心配して商品やサービスの購入・取引を回避する不安心理に起因する損害という意味で使われることもある。しかしながら、少なくとも本件事故のような原子力事故に関して言えば、むしろ科学的に明確でない放射性物質による汚染の危険を回避するための市場の拒絶反応によるものと考えるべきであり、したがって、このような回避行動が合理的といえる場合には、原子力損害として賠償の対象となる。……このような理解をするならば、そもそも風評被害という表現自体を避けることが本来望ましいが、現時点でこれに代わる適切な表現は、裁判実務上もいまだ示されていない。また、この種の被害は、避難等に伴い営業を断念した場合の損害とは異なり、報道機関や消費者・取引先等の第三者の意思・判断・行動等が介在するという点に特徴があり、一定の特殊な類型であることは否定できない。／したがって、上記のような誤解を招きかねない点に注意しつつ、I）（はじめの「　」内の引用箇所―引用者）で定義した『風評被害』という表現を用いることにする」としている。これは妥当な用法であろう。

本稿で「風評被害」という語句を用いる場合も、この原子力損害賠償紛争審査会が示した用法に基づく。

(21) 全農岩手県本部資料。

(22) この項の叙述は岩手県一関農林振興センター資料に基づく。
(23) 岩手県一関農林振興センター資料。
(24) この項の叙述は同協議会資料に基づく。
(25) 横山英信「一人一人の生存権・主体性を等閑視した復興論は『新自由主義的全体主義』である―農水産業の『創造的復興』論批判―」農文協編『復興の大義―被災者の尊厳を踏みにじる新自由主義的復興論批判―』農文協ブックレット3、２０１１年。
(26) ２０１２年3月末現在、「ＪＡグループ東京電力原発事故損害賠償対策岩手県協議会」の資料によると、同協議会の第5次分までの損害賠償請求額47億８８２８万円のうち、東京電力が支払った額は、第１次請求分２９４５万円中２９０２万円、第２次請求分10億１３５３万円中９億４８７７万円、第３次請求分11億７０９５万円中11億55万円、第４次請求分19億６４２４万円中17億３７９１万円、第５次請求分６億１０１１万円中０円、合計38億１６２６万円にとどまっている。
(27) 「岩手県農民連ＦＡＸニュース」(農民運動岩手県連合会発行) ２０１２年第2号 (２０１２年２月28日発行) は、同年2月8日に岩手県一関市で岩手県農民連が開催した「福島原発事故によるしいたけ生産農家の全面賠償を東京電力に求める説明会」において、しいたけ農家が「埼玉ではすでにしいたけ被害の賠償が支払われているのに、なぜ岩手はすでに出している農協(協議会)の請求にもこたえないのか」との農家の質問に対して、「『中間指針』では風評被害の対象県に岩手は入っていないこともあり、遅れている。指針に入っていないからといって賠償しないということではないが」と東京電力側が回答したことを伝えている。

◎コラム1

東日本大震災―医療現場から

岩手県医療局労働組合　釜石支部書記長
田口　修子

平成23年3月11日。この日は、岩手県立病院職員の人事異動内示発表の日でした。支部で書記長をしている私は、休みでしたが病院に詰めていました。まさにその時、突然震度6強の大きな長い地震に襲われました。揺れが落ち着き、地震と同時に閉じた防火ドアをやっとの思いで押し開けると、廊下の向こうは埃でかすんで見えず、「これはただごとではない」と思いました。県立釜石病院は、築30数年となり、旧棟は耐震基準を満たしておらず、4月から1年間かけて耐震工事に入る予定のなかでの被災でした。

余震にそなえて、約200名の入院患者と院内にいた外来患者を、安全確保のため外の駐車場へ避難させる指示が出されました。エレベーターは停電で使用不能。歩行可能者は階段で、その他の患者は非常用スロープから、車いす、ストレッチャー、マットのままなどありとあらゆる手段を使い、職員全員で避難させました。このとき、近所に住む当院のOBの方が提供してくれたホッカイロが本当にありがたかったです。

夕暮れ間近、3月の厳しい寒気に震えながら再度、患者たちを院内へ。入院病棟は倒壊の危険性があるため、寝たきりの患者は1階ホール、歩行可能な患者は階段で2階フロアーへ。病棟から降ろしたベッドやマットレスを廊下やホールに敷きつめ、各病棟ごとに休ませました。その日の夕食はペットボトルの飲料水とレトルトの食品、翌朝はペットボトルの飲料水とカロリーメイトでした。燃料不足のなかで、自家発電のみが頼みの綱。電気の使用は最小限にと言われ、重油の残量を気にかけながらレスピレーター管理や酸素吸入を行ないました。状態観察、点滴管理、体位変換、おむつ交換や夜勤の喀痰《かくたん》吸引は小さな灯りだけが頼り。寝たきり患者の食事介助も３人がかり。まさに野戦病院そのものでした。

救急外来受診患者は夜間を通してほとんどなく、翌朝６時の職員全体ミーティングでも、最悪の事態が起きたのではと想像するしかありませんでした。その後まもなく、ヘリや救急車で次々と患者が病院へ搬送され始めましたが、重症患者は数名のみ。骨折患者、その他専門的な治療が必要な患者は、そのまま後方病院へ救急車やヘリで搬送されました。夜間の救急外来は、ＤＭＡＴ（災害派遣医療チーム）の応援の方たちが対応してくれました。当院で応援いただいたＤＭＡＴの総数は20隊でした。救急外来患者のなかには在宅酸素、ＣＡＰＤ（腹膜透析）、常時喀痰吸引を必要とする人びとが停電のため入院となるケースも多くありました。

入院患者たちも、３日目より後方病院への搬送が始まりました（釜石病院の旧棟は地震により入院機能不能となった）。院長、副院長がひたすら受け入れ先病院を探しました。県内の病院はもとより、北海道から岐阜まで全国至るところで快く受け入れていただき、本当に感謝の思いでいっぱいです。

とにかくみんな必死でした。患者の安全を守るために。職員自身が被災したり、親兄弟が津波で流されながらも、まずは患者の安全確保に徹し、身内の安否確認は後回しになりました。１週間以上も外来救急対応のため両親の安否確認ができず、その結果、両親とも亡くなっていた職員も数名いました。震災後、病院へ向かっていたという情報だけで５日間連絡が取れず、あきらめかけていた大槌町在住の看護師が、長靴、リュック姿で「遅くなりました」と現われたときは、皆、涙と笑顔で抱き合いました。

この大震災のなか、スムーズに患者の安全確保ができたのは、職員の冷静沈着さ、そしてカルテが紙ベースであったこと、それから１日に３回行なった全体ミーティングで意思統一を図ることができたからだと思います。

釜石病院は昨年８月中旬、耐震工事がほぼ終了。病棟が通常稼働となり、入院患者はわずか半月で約

200人に達しました。多くの患者は震災以降、重症化した状態で搬送され、毎日緊急入院、緊急手術、緊急検査が行なわれています。術後は人工呼吸器装着、複数のドレーン留置のケースが増え、それに伴い業務もとても増えています。退院が決まっても仮設住宅にそのまま帰すことができない患者の退院調整は、釜石圏域の受入れ施設や病院が被災しているためなかなか進みません。独居の高齢者が褥瘡、骨折の状態で発見され搬送されてくるケースも目立ちます。

被災した他の県立病院のなかでは、高田病院に仮設ながら入院病棟ができましたが、その他の大槌、山田、大東の県立病院には入院ベッドはありません。せっかく震災から生き延びたいのちが大切にされるよう、早急に入院ベッドを確保し、安心して病院を受診できるよう、これからも住民とともに運動していきたいと思います。

第3章　宮城県における農業の復旧・復興の現状と課題

1　本章の課題

東日本大震災から1年半が経過し、宮城県に拠点をおく大企業については全国的な支援体制をとり、いち早く再開にこぎつけ、以前の水準を取り戻しつつある。また、諸々の資源が比較的集中している仙台市内陸部などでは生活も落ち着き、以前の状態を取り戻したかに見える。

それとは対照的に、多くの一次産業や中小企業は本格的な復旧・復興の道筋を見いだすには困難な状況が続いており、沿岸部など津波による甚大な被害を受けた被災地での生活は未だ取り戻されていない。耕地の冠水、農業関連施設の破壊、漁船や養殖施設の流失など産業の根幹となるものを失ったことで、生産・生活を支えてきた協同の取組みが困難になり、今後の展望を見いだしにくい状況がもたらされている。さらに、東京電力福島第一原子力発電所からの放射性物質放出による被害は現在も進行しており、本来は復興の支えとなるべき生産者と消費者のつながりに影をおとすなど、事態をより複雑にしている。

ハード面での復旧も道半ばであるが、それにもまして困難が予想されるのは、農業や漁業、地域産業および人びとの生活を支えてきた集落をはじめとする地域社会などソフト面での復旧である。地震・津波により地域のリーダーを含む多くの人命が失われ、痛手ははかり知れない。こういう状況下で、政府や自治体、様々なシンクタンクなどが掲げる「復興構想」は多くの場合、復興の担い手として外部からの参入を強調し、そのための規制緩和の推進を標榜している。とりわけ、他の被災県と比べて宮城県ではその傾向が著しい。

しかしながら、これまで生産と生活が一体となって営まれてきた生業は、地域住民が主体となり、その協同の事業として復興させることが必要である。大きな痛手を受けた地域でもすでに可能なところから地域活動や生産の再開に向けた取組みは始まっている。それらの取組みを支える上で、協同組合が積極的な役割を果たす必要があるし、その力量を有している。もちろん、今回の震災では現地の協同組合も甚大な被害を受けた。各協同組合の事業はもとより、組合員の経営と生活の基盤が根こそぎ奪われた。何よりも悲しいことに、多くの組合員の生命が奪われた。

こうした状況にあるからこそ、被災地の協同組合ならびに組合員の経営と生活の復旧・復興にとって何が必要なのか、さらには協同組合が被災地全体の復旧・復興に関して何をやるべきか、何ができるのか、という視点から復興を論じる必要がある。本章ではその課題に応えるべく、ひとまずは現状を明らかにするとともに、政府、民間等各種の復興構想とその検討を通じて今後のあり方を考察したい。

2　被災地における農業被害の現状と性格

(1) 水田の「壊滅」状態がもたらすもの

東日本大震災の被災地において、農業および農村社会に甚大な影響を及ぼしたのは言うまでもなく深刻な人的被害であるが、物的被害も単に被害規模が大きいという量的な面からだけではなく、その質的な面においても重大な影響を及ぼしている。物的な被害規模は調査が進むにつれ変化しているが、その主なものは農地、ため池、水路、揚水機、農地海岸保全施設、集落排水施設、農作物、家畜、カントリーエレベーター、農業倉庫、パイプハウス、畜舎、堆肥舎等で8000億円弱にのぼる。

もちろん、いずれも農業再建にとって重要なものであるが、今後の農業構造の展望を考えた場合、農地の被害に注目する必要がある。青森、岩手、宮城、福島、茨城、千葉の6県で合計2万3600haの農地が津波により流失や冠水の被害を受けたと推定されており、最大の被害を受けた宮

表3-1　東日本大震災に伴う宮城県における農地の流失・冠水等被害推定面積

（単位：ha、％）

	耕地面積	被害推定面積	被害面積率
宮城県計	136,300	15,002	11.0
気仙沼市	2,220	1,032	46.5
南三陸町	1,210	262	21.7
石巻市	10,200	2,107	20.7
女川町	25	10	40.0
東松島市	3,060	1,495	48.9
松島町	1,030	91	8.8
利府町	471	0	0.0
塩竈市	73	27	37.0
多賀城市	365	53	14.5
七ヶ浜町	183	171	93.4
仙台市	6,580	2,681	40.7
名取市	2,990	1,561	52.2
岩沼市	1,870	1,206	64.5
亘理町	3,450	2,711	78.6
山元町	2,050	1,595	77.8

資料：農林水産省大臣官房統計部農村振興局「津波により流失や冠水等の被害を受けた農地の推定面積」2011年3月29日。

城県では全耕地面積の1割以上にのぼる。問題にしたいのは、こうした量的側面ではなく、地域によっては水田が面的に壊滅し、まったく利用できない状態に置かれているということである。太平洋岸の自治体では最も深刻な七ヶ浜町で93・4％、亘理町で78・6％、山元町で77・8％、平均でも41・9％の農地が被害を受けた。仙台市の被害率は40・7％であるが、水田の被害面積が県内で最も大きく、被害農地の大部分を占める若林区、宮城野区では「壊滅」に近い（表3－1）。

農業水利と集落機能が固く結びついているというかつてのような状況ではないにせよ、集落機能は水田の利用を基礎にして成り立っている。現在でも

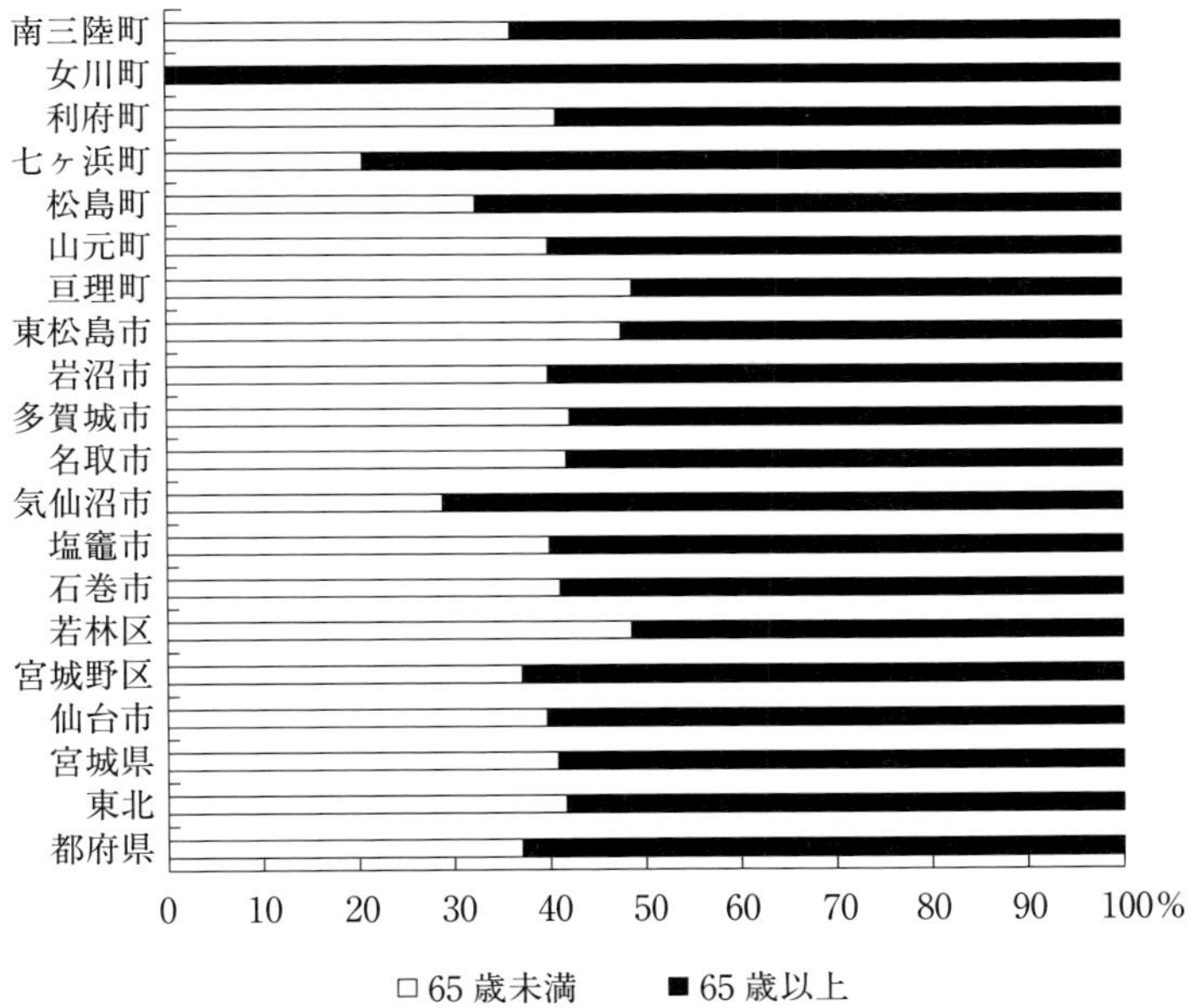

図３−１　被災地の年齢別基幹的農業従事者（男子）

資料：2010 年世界農林業センサス。

主に集落単位で行なう「農地・水・環境保全」のような政府の事業を基にした取組みも地域の水田を基礎にして成り立っている。したがって、水田が長期にわたって利用できないことにより、集落が、形式的にはともかく、実質的には維持されなくなることが懸念される。また、経営所得安定対策以降増加し、今後の農業の担い手の一形態と見なされた集落営農組織も、しばらくは機能停止せざるをえない。

復旧のための予算が執行されたこともあり、一部の地域では用排水など農業関連施設・設備の復旧工事や海水に浸かった農地の除塩作業などハード面での復旧作業が始まっているが、いまだ緒についたばかりである。物理的復旧に要するこの数年の期間が重要な意味を持っている。旧農業基本法以降の日本農業を支え続けてきた「昭和一ケタ世代」および農業基本法後に新規就農した世代の完全リタイア時期と重なるからである（図3-1）。

これまでの担い手がリタイアし、将来の担い手として法人化を見据えた集落営農組織の発展に暗雲がたちこめるなかで、後述するように、被災地農業の復興をめぐっては、農地の集約化など農地をどのように利用するかという議論をしているように見えて、実はその農地を誰が利用するのかということが主要テーマにならざるをえないのである。

（2）徐々に進行する原発被害の影響

原発被害については福島県を対象とした第4章で詳しく論じられるが、2011年8月30日に農林水産省が公表した「農地土壌の放射線分布図」によれば、土壌汚染は広範囲に拡がっており、宮城県でも高濃度に汚染された箇所がある。すでに知られているように、宮城県内で汚染された稲藁を飼料にした牛肉の出荷停止は全国に影響が及んだ。また、暫定規制値を下回ってはいるが、一部地域では米からも放射性物質が検出された。

こうした原発被害については補償問題も農業の復旧・復興にとって重要であるが、別の面から影響を考えたい。散発的に次々と問題が明らかになることによる消費者の不安の増幅とそれがもたらす影響についてである。原発事故の影響評価については地域によって受け止めが異なっていたように見える。地元である福島県では深刻に受けとめ、比較的対応が早かったため、農作物の汚染が明らかとなり、出荷停止にいたった。宮城県では対応が遅く、結果として被災直後は出荷停止にいたらなかった。しかしながら、そのことが放射性物質による汚染の深刻さを認識させず、原発事故後の稲藁の屋外乾燥を容認することになり、結果的に牛肉の汚染を招いた。事故当初の段階で国が統一した対応を十分に示せなかったことが問題の散発化を招き、消費者の不安を増幅させることになったのである。

食の安全性に敏感な消費者の多くはこれまで食と農をめぐる運動の担い手であったが、こうした消費者ほどより強く不安を感じており、本来は農業の復旧・復興の支えとなるべき生産者と消費者のつながりに影をおとすことが懸念される。筑波大の氏家清和氏の調査（２０１１年８月、既婚女性５６１４人対象、回答は１７６０人）によれば、福島、宮城、茨城各県の２０１１年産米について暫定基準値以下でも買わないという人が首都圏で５割以上、関西で６割以上、不検出でも買わない人は首都圏で約３割、関西で４割以上という結果がでている[1]。

ほかにも、農産物の流通・消費への影響としては、２０１０年産米の買いだめによる品薄状態と業者間価格の高騰などがあげられる[2]。震災の混乱のなか、２０１１年３月25日に官報公示され、７月１日に認可、８月８日より開始された米の先物取引（試験上場）ではそれを反映し、２０１１年産米が標準品であるにもかかわらず、高値に張りつくなどの影響がでている[3]。このような農産物の流通・消費における異常反応は農業の復旧・復興にとって好ましいことではない。

3　各種「復興構想」の検討

(1) 民間の提言

早くは震災直後、多くは2～3週間ほどたって、被災地から離れたところでは「復興構想」なるものが語られ始めた。曰く「旧に復するのではいけない」、「復旧ではなく復興、創造」。あたかも、これまで閉塞感があった日本社会をリセットし、元気にできるかのような物言いが目立つ。主張する内容は様々だが、多くに共通しているキーワードは「効率化」、その手段としての「規制緩和」、「民間(企業)活力」であり、農業分野では農地の集約化、経営の大規模化、企業の参入である。

例えば、野村総合研究所は宮城県の復興計画策定を全面的に支援しているが、そのことを公表しているホームページ上(2011年4月14日付)で、「当該地域の復興に当たっては、単なる『復旧』ではなく、今後生じる様々な課題に対応した先進的な地域づくりに向けた『再構築』が求められています」と表明している[(4)]。また、2011年3月15日には社長直轄の「震災復興支援プロジェクト」を発足させ、独自に提言を公表している。同年4月22日に公表された「震災による雇用への影響と今後の雇用確保・創出の考え方(2)」(第9回提言)では、雇用機会を六つの類型に分け、農業・漁業・食品加工業は「経営資源の集約化を通して経営体質を強化し、事業基盤の再構築を図る〝抜本的効率化による復興〟により創出される雇用」機会の類型に分類し、「選択的・集中的に投資を行い、事業の集約化・大規模化（一次産業の組織化）を図ることにより強い農業・漁業に『再生』することが必要である」としている。その上で、「被災した二種兼業農家の農地の買い上げを通じた農業法人等への農地の集約化や専業農家の法人化支援を通じて、農地の集約化を図りつつ、経営主体の設立・強化を図ることが重要である」としている。

この提言およびそのもととなったと考えられる「東日本大震災被災地の農業復興に関する緊急提言」（2011年4月12日、野村アグリプランニング&アドバイザリー株式会社）では、2005年農林業センサスの結果に基づき、専業・兼業という区分で担い手（経営主体）を論じているが、いささか大雑把な議論である。「被災3県の沿岸部は、県全体の傾向と比べると専業農家の割合が高い傾向がある」としているが、その専業農家の実態を検討したのかどうか疑わしい。全国的に見て、2000年から2005年、さらに2010年にかけて専業農家数は増加しているが、その実態は兼業先をリタイアした農家が増加しているにすぎない。ちなみに、2010年センサスの結果によれば、津波による被害を受けた石巻市には746戸の専業農家が存在するが、①男子生産年齢人口がいる農家は305戸、②女子生産年齢人口がいる農家は276戸である。①と②は重複している場合が多いと考えられるので、生産年齢人口がいる専業農家は半数に満たない。要するに、いわゆる高齢専業農家であり、その点を無視して専業・兼業という区分で農家を論じることにあまり意味はないのである。

効率的に物事を進めることは決して悪いことではない。しかし、昨今語られる「効率化」はコスト切り下げだけが目につく。ただ、この間の「復興構想」ではそれさえも副次的で、この震災を「チャンス」ととらえ、「復興」を名目に、これまで実現できなかった「構造改革」を一気に進めようという主張が目立つ。復興に際して政府が適用しようとしている「特区」制度は小泉内閣時代に設けられ、「規制緩和」を一部地域で実験的に試行し、効果を見極めた上で、全国に適用するという制度である。日本経団連は2011年4月28日に「東日本大震災にかかる規制改革要望」を公表している。その中で主張されている「株式会社による農地取得の条件緩和」は被災地の復興に関連づけられているが、株式会社の農地取得を全国的に認めよという従来からの主張を繰り返したにすぎない。

(2) 国や宮城県の動き

国の東日本大震災復興構想会議の提言では、民間レベルの構想と比べてやや抑制され、農業再生の戦略は①高付加価値化(6次産業化やブランド化による雇用の確保と所得の向上)、②低コスト化(生産コストの縮減による農家の所得の向上)、③農業経営の多角化(地域資源を生かした新たな収入源の確保)となっているが[(5)]、農地の被害面積が最も大きかった宮城県の構想ではよりストレートに農地の集約化・経営の大規模化、企業の参入(他産業からの新たな担い手)が打ち出されている。

「宮城県震災復興計画」では、「沿岸部を中心に農地の冠水や施設の損壊など甚大な津波被害を受けており、被災以前と同様の土地利用や営農を行うことは困難」との認識に立った上で、「農地の面的な集約や経営の大規模化、作目転換等を通じて農業産出額の向上を図るとともに、６次産業化を積極的に進めるなど、競争力のある農業の再生、復興を推進」するとしている。(6) 最終的な計画では「収益性の高い農業経営の実現」という箇所で「他産業のノウハウを積極的に取り込むなど、付加価値の高いアグリビジネスの振興」を図るという表現になったが、(7) 事務局案では「甚大な被害を受けた地域においては、被災前の土地利用や営農計画を抜本的に見直し、全く新しい発想による広域的で大規模な土地利用や効率的な営農方式の導入、法人化や共同化による経営体の強化、防災対策などを意識したゾーニングなど、新たな時代の農業・農村モデルの構築」を目指すとしていた。その「新たな時代の農業・農村モデル」の担い手像については「効率的かつ安定した農業経営が行えるよう法人化や共同組織化を推進するとともに、他産業からの新たな担い手の参入や雇用労働力の確保を支援」するとしていた。(8)

東日本大震災復興構想会議の委員でもある村井嘉浩宮城県知事は以上のような構想に基づき、２０１１年5月29日に行なわれた第7回会議に「(仮称) 東日本復興特区」の創設を提案している。その中で示されている「農業・農村モデル創出 (特区)」では、「被災した広範な農地等を一括かつ迅速に再整備し、かつ、最適な形でゾーニングを行うことが必要」とし、「農地等の権利者 (所有者・賃借者等) の個別の土地利用を制限し、市町村や土地改良区等が一定期間、一括管理して、基盤整備を行った上で、土地配分を行う制度の創設を」唱えている。

前述したように、宮城県は復興計画の策定にあたって野村総合研究所の全面的支援を受けており、その提言内容が色濃く反映されている。「被災以前と同様の土地利用や営農を行うことは困難」との認識は、野村総合研究所の「再構築」、「抜本的効率化による復興」という考え方に通じる。こうした認識を明示し、外部からの参入をことさら強調することは、困難な中ですでに復旧に向け動きだしている被災地農家のやる気をそぐことになるのではないかと危惧される。

4 復旧の現状と農協・民間企業

(1) 復旧の状況と仙台市における動向

農地の復旧作業とともに一部地域ではすでに営農が再開されているが、農林水産省の調査によれば(表3－2)、宮城県全体で45・2%の農業経営体が再開にこぎつけているものの、地域差が大きい。また、併せて示した被災農地の復旧状況を見れば、営農再開したとはいえ、経営の一部再開にとどまっている農家が多いと考えられる。相対的には、松島町、多賀城市などで営農再開が進んでいるが、三陸沿岸の気仙沼市、南三陸町では進んでいない。また、市域全体で津波による被害が甚大であった石巻市では被災4カ月後の調査では3分の1が営農再開していたが、その後は停滞し、1年後でも半数以上が再開していない。

同様の復旧の遅れは仙台平野でも見られ、比較的担い手が存在する仙台市、山元町でも営農再開は

表3-2　津波被害農家の営農再開状況　(単位：%)

	津波被災農地の復旧完了割合（2012年3月11日現在）	津波被害のあった農業経営体の再開割合	
		2012年3月11日現在	2011年7月11日現在
宮城県計	32.5	45.2	22.3
気仙沼市	0.0	22.2	12.8
南三陸町	0.0	25.2	5.4
石巻市	55.9	46.4	33.2
女川町	0.0	50.0	40.0
東松島市	18.1	55.9	34.8
松島町	79.5	87.0	74.3
多賀城市	100.0	81.4	47.4
仙台市	8.2	37.2	27.8
名取市	53.1	55.9	13.8
岩沼市	40.5	45.6	2.9
亘理町	40.3	56.3	20.5
山元町	18.2	39.1	27.2

資料：農林水産省大臣官房統計部「東日本大震災による農業経営体の被災・経営再開状況（平成24年3月11日現在）」および「東日本大震災に伴う被災農地の復旧完了面積（平成24年3月11日現在）」2012年4月。

4割に満たない。県平均を上回っているとはいえ、岩沼市でも半数以上が営農再開しておらず、また名取市や亘理町も半数以上が営農再開しているとはいえ、ほとんど状況は変わらない。このことは仙台平野の塩害が深刻な状況であり、水田を水田として復旧することが困難であることを示している。それゆえ、農業の復興にあたって様々な試みが行なわれているが、ここでは面積が大きい仙台東部地区の復旧への動きを紹介しておきたい。

仙台市、JA仙台、仙台土地改良区で組織する「仙台東部地区農業災害復興連絡会」は２０１１年

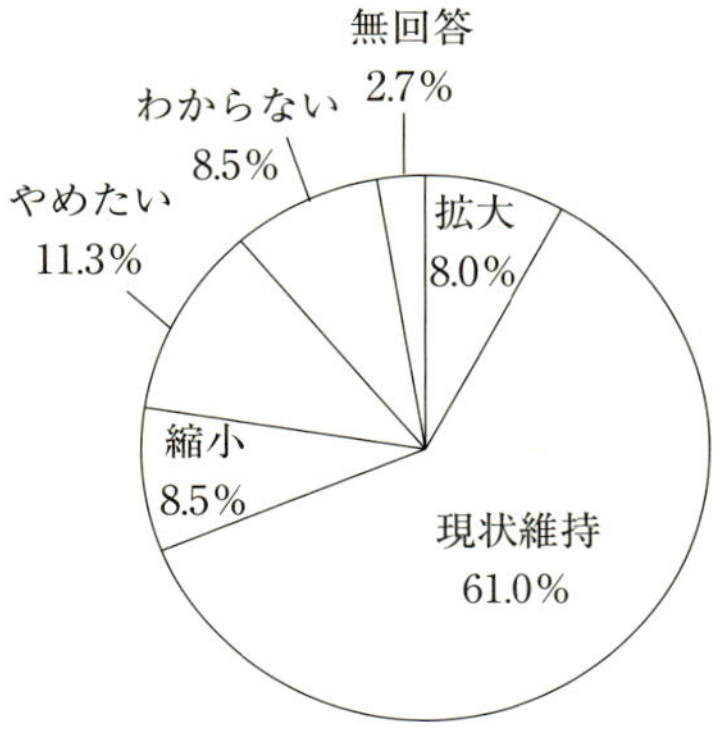

図3–2　今後の営農について

資料：仙台東部地区農業災害復興連絡会「『農業者への意向調査』結果について」2011年8月9日。

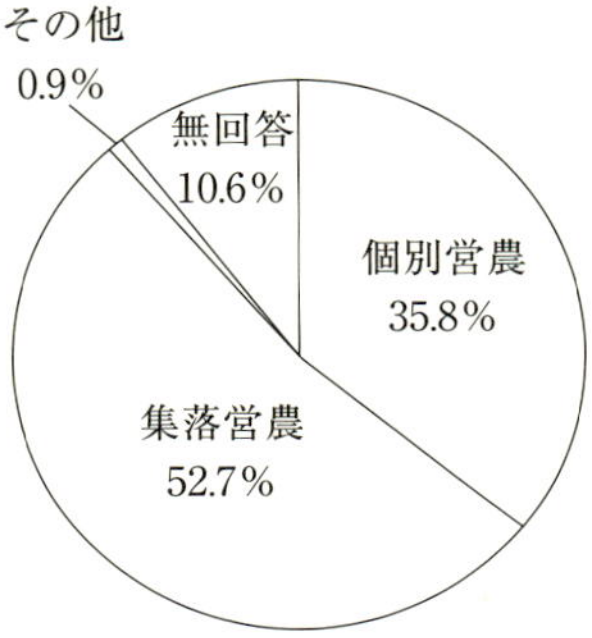

図3–3　水田での営農を継続する場合

資料：仙台東部地区農業災害復興連絡会「『農業者への意向調査』結果について」2011年8月9日。

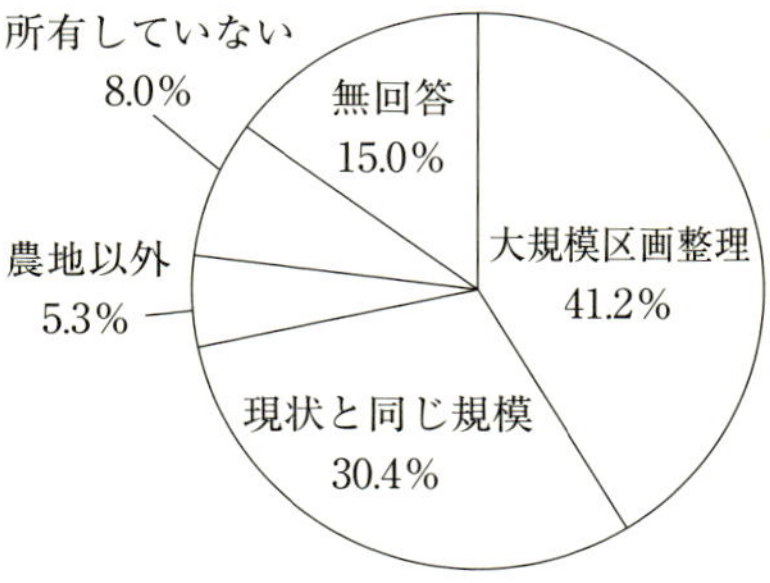

図3–4　東部有料道路から東側の農地の利用方法について

資料：仙台東部地区農業災害復興連絡会「『農業者への意向調査』結果について」2011年8月9日。

4月28日から7月31日まで941戸を対象に意向調査を実施（実際には585戸）した。困難な状況であるにもかかわらず、回答した農家のうち8割以上が営農継続の意思を示している（図3–2）。営農を継続するにあたって、過半が集落営農を指向しつつも、個別で営農する意向も強い（図3–3）。また、農地利用についても大規模区画整理を望む農家が多いものの、現状と同じ規模を望む農家も多い（図３－４）。

一方で、仙台市が２０１１年８月31日に公表した震災復興計画の素案を受け、後述するように、早くも一部では民間企業参加による大規模な計画が進められており、これから復旧する農家の営農と摩擦を生じる可能性もある。それゆえ、こうした計画や意向が異なる農家間での農地の利用調整にも農協は取り組まなくてはならない。以下では企業等が関わる具体的事例を紹介する。

（２）農業復興と企業の取組み

２０１１年12月６日に野村アグリプランニング＆アドバイザリー株式会社は仙台市内で農家向けに「６次産業化」を進めるための講演会を開いた[9]。同社は震災後にいち早く「東日本大震災被災地の農業復興に関する緊急提言」（２０１１年４月12日）を公表し、親会社の野村総合研究所とともに宮城県の復興計画策定を全面的に支援している。「宮城県震災復興計画」でも「仙台市震災復興計画」でも「６次産業化」、「民間資本」、「他産業からの新たな担い手」は農業復興のキーワードとなっており、それを受けた計画が具体化されつつある。

企業も関わった農業復興の取組みは主に仙台平野で計画・実施されている。仙台市は「農と食のフロンティア推進特区」を国に申請し、２０１２年３月２日に認可された[10]。主に農業法人や進出企業などへの税の優遇措置などであるが、２０１２年２月９日に宮城県が認可された「民間投資促進特区」も適用され、土地利用の規制緩和も含まれている[11]。

カゴメや日本ＩＢＭが仙台市で２０１２年中に開始する計画の国内最大級の温室野菜栽培では、地元の農業生産法人である舞台ファームが栽培を担当する。[12]この計画では大規模太陽光発電所（メガソーラー）を建設し、その電力を利用することを予定している。また、この計画への参加が予定されている企業には両社のほかにもシャープ、三井物産、伊藤忠商事、東北電力、セブン-イレブン・ジャパン、ヨークベニマルなどが名を連ねており、販売先まで見据えた計画になっている。[13]

大規模な先端農場の計画は農水省も官民連携で進めており、名取市、岩沼市、亘理町、山元町の被災農地を２５０ha借り上げ、最先端技術を実用化するための大規模農場をつくる。富士通、日立製作所、シャープなどと連携するとともに、地元の農業生産法人に経営を委託し、６年の借り上げ期間満了後は当該法人への農地集約を促す。[14]

環境ベンチャー企業のリサイクルワンは名取市内に省エネ野菜工場の建設・運営のための会社（さんいちファーム）を農家と共同出資で設立し、２０１２年度内に着工する。[15]この会社に参加する農家は、名取市ではなくもともとは仙台市宮城野区で営農していた米や野菜、洋ランの兼業農家２名と専業農家１名である。

サイゼリヤは仙台市若林区で２０１２年1月から本格的にトマトの水耕栽培を開始した。もともと福島県白河市で同社向け野菜の生産を行なっていた関連会社の農業生産法人（白河高原農場）が生産を担当する。[16]白河市にある自社農場で栽培していたレタス、パセリ、ルッコラについては２０１１年3月23日から、放射能汚染を考慮し、店舗での提供を停止したため、代替地が必要であった。[17]

ほかにも、靴下専門店大手タビオが中心となっている取組みでは塩害農地で綿花を栽培している[18]。また、ＪＡ全農みやぎが復興の象徴として位置づけて取り組む「仙台白菜」の振興プロジェクトには、みやぎ生協など地元の事業者が多く関わっている[19]。

以上の取組みに共通しているのは、農地復旧が進んでいないことから除塩をしなくても済む事業内容であることであり、早期の営農再開を望む農家に受け入れられている。一方で、同様に早期の営農再開を望む農家のなかでは地元を離れる人もいる。前述のさんいちファームも地元から離れたところに農地を確保しているが、通作圏内である。それとは異なり、まったく別の地域に移住して営農再開を目指す農家もいる。亘理町のイチゴ農家６戸11人は姉妹都市である北海道伊達市に移住してイチゴの生産を再開した[20]。この事例以外にも、これまでの投資が大きく、借入金も多い施設イチゴ農家は早急な営農再開が必要なので、亘理町内にＪＡ亘理が造成した農地で山元町の農家が営農再開するなど、もともとは異なる場所に農地を確保する事例がある[21]。

民間企業が関わらず農家が独自に進める場合も含め、農林中金は新たに創設する被災地向けの農業支援ファンド（東北農林水産業応援ファンド）で支援するが、その対象は新たに法人化して復興を目指す個人農家や集落営農組織、大規模化を目指す既存農業法人などである[22]。

（３）農業復旧・復興の格差

これまでに紹介した事例からは、農業復興に向けた様々な力強い取組みが行なわれているように受け取られるかもしれないが、決してそうではない。以上の事例にはいくつかの条件がある。仙台市近郊であるということ、法人経営の農家であるということ、主に園芸作物であるということ、などである。

農業以外でも様々な利用が可能な仙台近郊の農地は、特区制度を利用して食品加工をはじめとする関連事業が行ないやすく、さらに将来的には他の用途での利用も見込めるかもしれない。一方、三陸沿岸地域では海岸部の復旧が進まないなかで、高台の農地の宅地・事務所・店舗用への転用が急増している。[(23)]

後述するように、被災地の農家は、法人経営までは展望できないが、集落営農の支援を受けつつ経営を持続できる層が多く存在している。こうした農家の農地の除塩を進め、水田経営を早期に復旧させなければ、土地利用の規制緩和によって、農地の「他の用途での利用」も現実になってしまうかもしれない。また、すでに進行している前述のような計画と、これから復旧する農家の営農とが摩擦を生じる可能性もある。

東北農政局が２０１１年11月中旬から12月上旬にかけて、仙台市東部地区の農地所有者２１８０人（回答は１４４６人）に対して行なったアンケート調査では、77％が圃場整備に参加したいとの意向を示しており、[(24)]大規模農家・法人経営に限らず多数の農家が今後の営農再開を望んでいる。また、区画の希望面積は30ａが最多（33％）であり、大規模化の前提となる大区画圃場整備を必ずしも大多数が望んでいるわけではない。こうした農家の意向をふまえ、「６次産業化」、「民間資本」、「他産業からの新たな担い手」というキーワードにとらわれず、これまで営まれてきたような水田農業の復旧も支援していく必要があろう。

5　被災地のそれまでの農業の状況と復興のあり方

(1) 被災地の農業構造の特徴と復興のあり方

販売農家の経営面積規模別に見た場合、被災地の農業構造は大きく二つに分かれる（図3－5）。気仙沼市、南三陸町、女川町など三陸沿岸地域は相対的に規模が小さく、1ha未満の農家が大半である。同じ三陸沿岸地域でも石巻市は県平均より規模が大きい。利府町、七ヶ浜町、塩竈市も1ha未満の農家が大部分であるが、他の市町は少なくとも1ha以上の農家が半数以上、多くは60％以上である。

東北全体、あるいは宮城県は都府県平均と比べて、1～3haの経営耕地面積を有する農家層が厚く存在するが、被災市町においても同様である。また、農地の大半が被災した仙台市若林区や亘理町では1～3ha層の厚さとともに3ha以上の農家も相対的に多い。政府が目標として示す規模には及ばないが、仙台平野地域には相対的に担い手が存在している。

とはいえ、専業・兼業別に見た場合（図3－6）、いずれの市町も第2種兼業農家は都府県平均よ

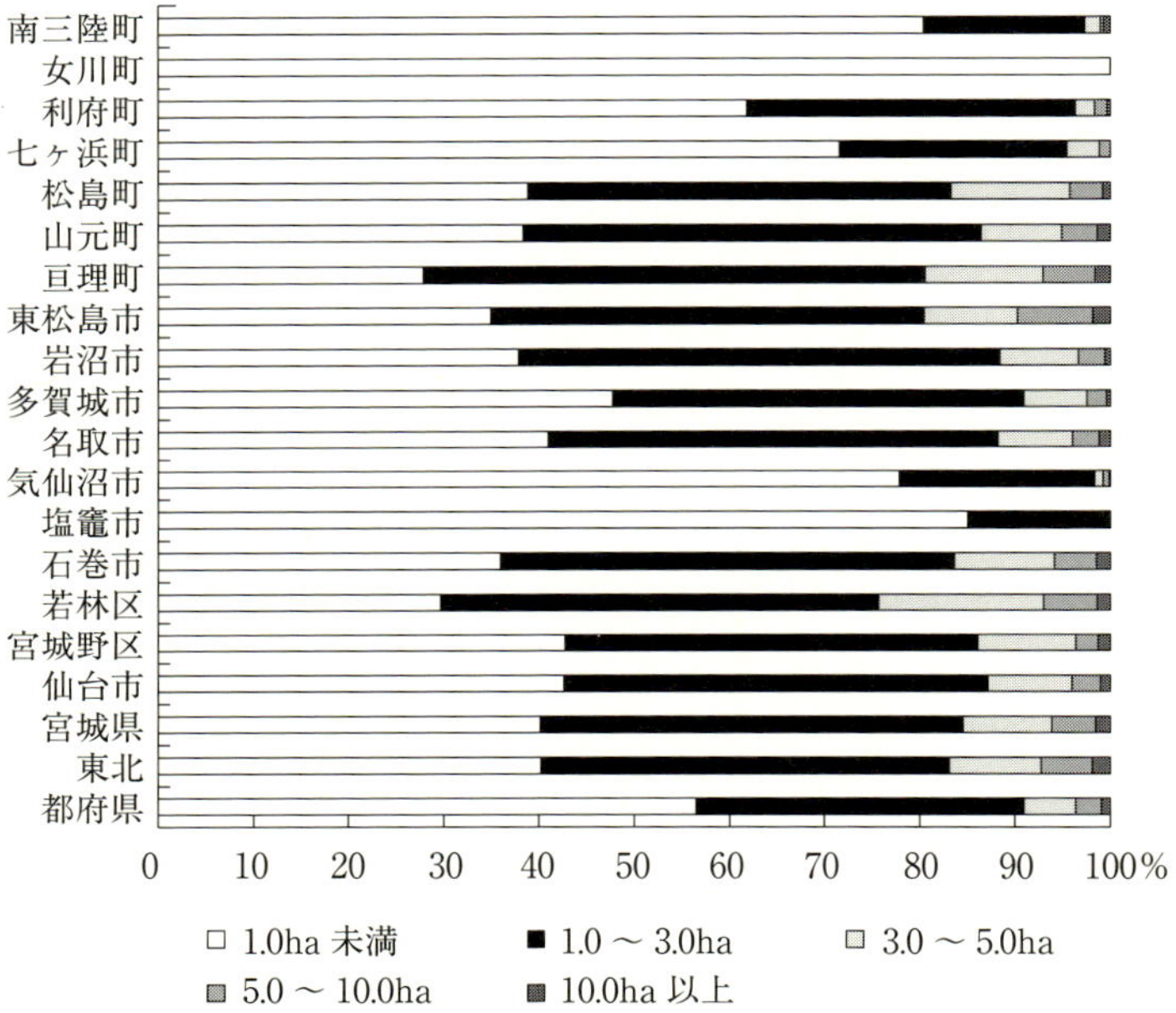

図 3-5　被災地の経営耕地面積規模別販売農家割合

資料：2010 年世界農林業センサス。

り割合は多いが、仙台市若林区、名取市、東松島市、亘理町などでは65歳未満の農業専従者がいる主業農家、準主業農家が多く（図3-7）、ある程度担い手が確保されている。また、いずれの地域も水田が中心（図3-8）である。

つまり、ある程度の規模の農家が、比較的恵まれた兼業条件と集落営農に支えられながら、水田中心の経営を行なってきたというのが、仙台平野の農業構造の特徴であろう。それゆえ、被災した兼業先の復旧は営農継続にとって必要であるが、廃業してしまった企業も多く、新たな仕事づくりが求められる。また、集落営農の立て直

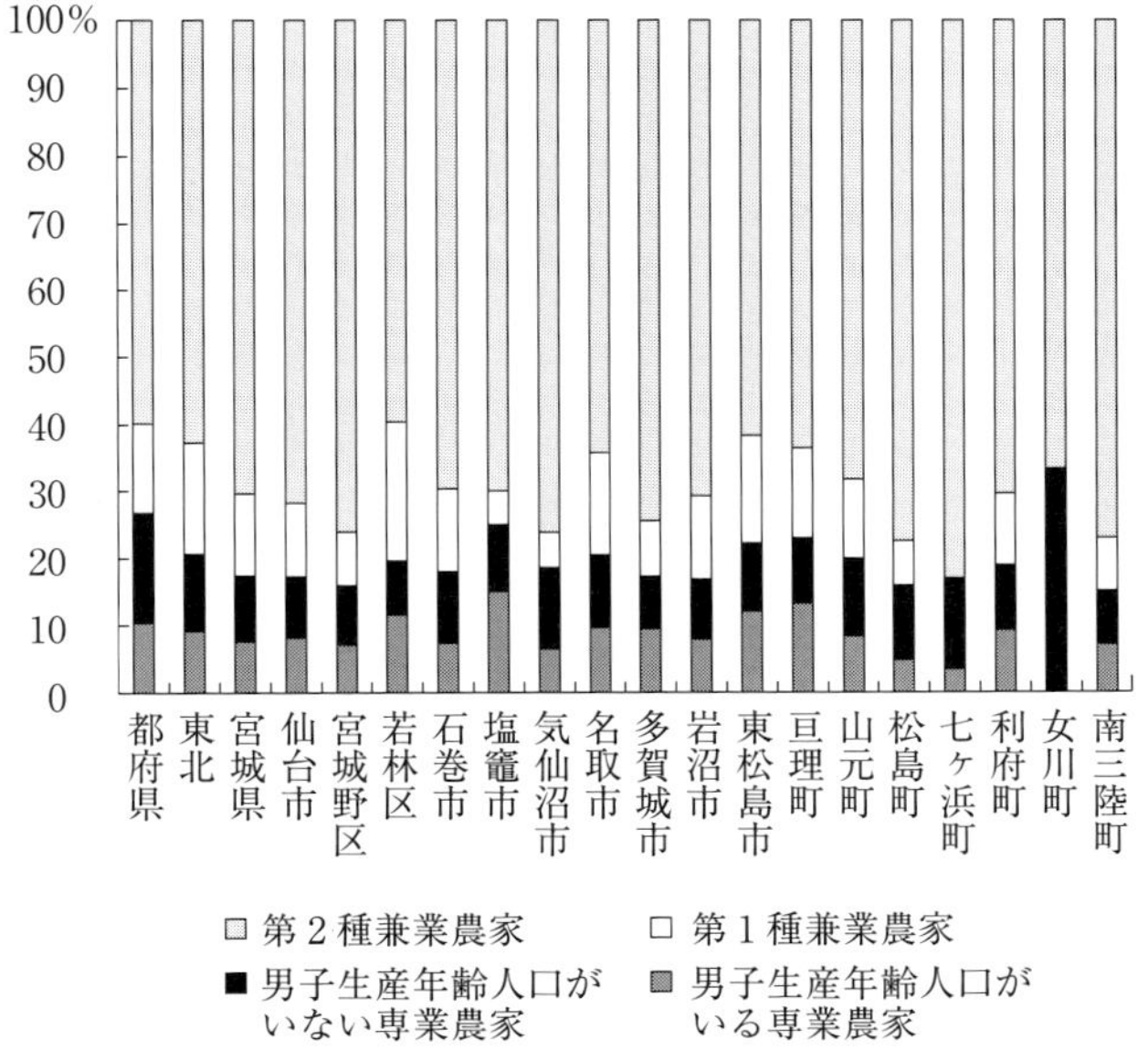

図 3-6　被災地の専業・兼業別農家割合

資料：2010 年世界農林業センサス。

しも急務であるが、基盤となる水田の復旧が進まなければ、営農支援の新たな組織が必要となるかもしれない。

一方で、仙台近郊の一部地域では、露地野菜や施設園芸を中心に水田と組み合わせた複合経営も多くみられる。亘理町、山元町は施設野菜（ハウスいちご）中心の経営が 2 割程度を占め、仙台市若林区では多様な作物を水田と組み合わせた複合経営が 4 割近くを占めている。こうした農家には、施設復旧のための資金など独自の支援策が必要であるが、もともと経営体としての指向が強かったこともあり、水田単作経営農家よりも相対的に動きが速い。前述

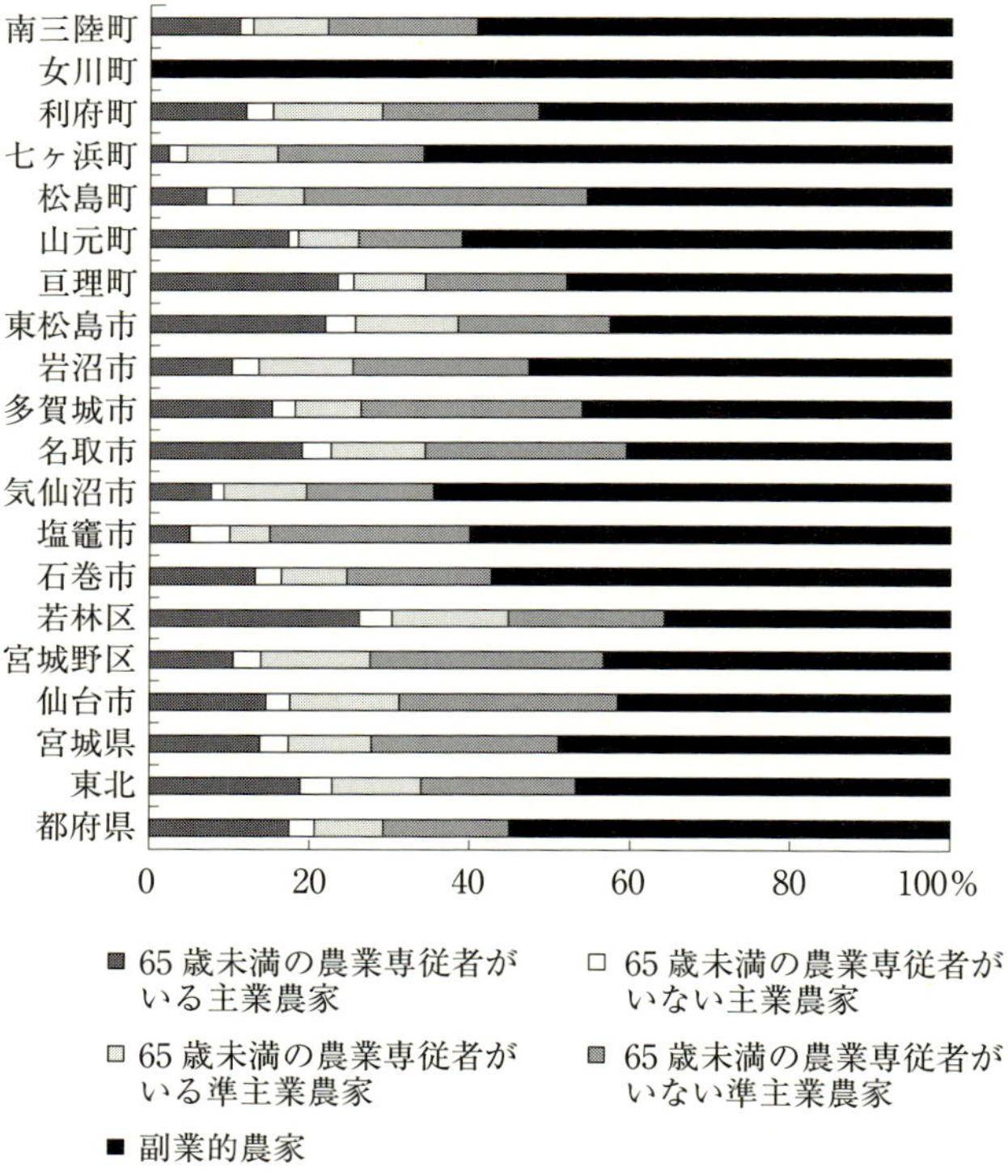

図 3-7　被災地の主副業別農家割合

資料：2010年世界農林業センサス。

したように、ある農家はもともとの地域を離れて営農を開始し、ある農家は企業と提携して新たな事業を立ち上げようとしている。

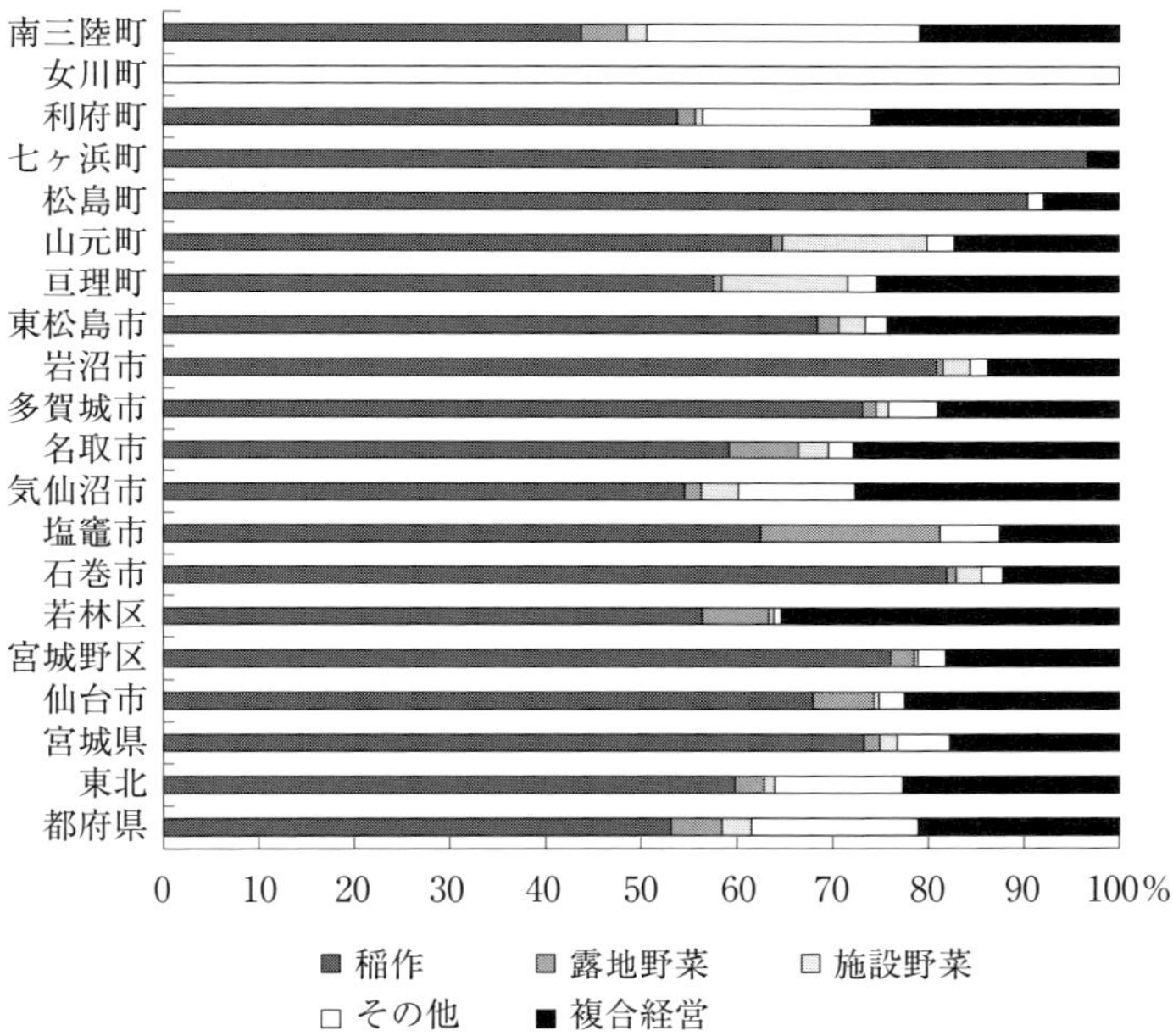

図３-８　被災地の農業経営組織別農家割合

資料：2010年世界農林業センサス。
注：それぞれの作物が80％以上を占める農家数の割合。

（2）既存の地域資源、人のつながりの把握

東日本大震災では地域のリーダーを含む多くの人命が失われ、集落をはじめとする地域社会などソフト面での復旧がハード面での復旧にもまして困難が予想される。こういう状況下で、前述したように、政府や自治体、様々なシンクタンクなどが掲げる「復興構想」は多くの場合、復興の担い手として外部からの参入を強調し、そのための規制緩和の推進を標榜している。

しかしながら、これまで農村

地域はくらしと生産がつながった仕組みにより営まれてきた。生産の組織と生活の組織は不可分であり、それが集落をかたちづくってきた。ふるさとがふるさとであるためには、多くの「復興構想」で唱えられている農林水産業・食品加工業等が一体となった産業クラスターあるいは6次産業化という枠組みでは収まらない職住一体型の地域づくりが必要である。そのために、「効率化」ではなく、元の生活を取り戻すという視点を持ち、これまでどのような地域資源があったのか、どのような人びとのつながり、組織が存在していたのか、それがどのように損なわれたのかを把握しなければならない。

例えば、仙台市若林区の東六郷に位置する三本塚地区では「明日の三本塚を考える会」を結成し、住民主体のまちづくりを進めようとしている。同地区は津波により2mの浸水被害を被り、ほとんどの家屋が全壊し、農地の復旧も困難な状態にある。同会ではこれまで、地域の「状態調査」を数回実施し、住民一人ひとりの状況を把握し、それに基づくまちづくりを進めようとしている。このような取組みが多くの地域で実施できるよう行政は支援する必要があろう。

(3) 既存の取組み、地域の人びとの主体的な動きへの支援

被災地では震災前に様々な取組みがなされていた。成果をあげていたものもあれば、課題を抱えていたものもあろう。集約化、大規模化、外部からの参入といった一元的なモデルではなく、地域の生産者に寄り添い、これまで積み上げられてきた創意ある多様な取組みを復活・発展させるような支援を第一に考えるべきである。

仙台市宮城野区岡田地区は東北地方の物流拠点が集中する市街化区域と仙台東部道路をはさんで隣接している。この地区の農家で組織する「上岡田ひまわり会」はみやぎ生協との産消提携活動を通じ、仙台市民に安全・安心な青果物を供給してきたが、今回の震災で津波の被害を被った。また、仙台市営地下鉄東西線の建設に伴い宅地開発が進みつつある若林区荒井地区で営農している「(有)和雄と一郎の農場」もみやぎ生協と同様の活動を行なっていたが、同じく被災した。後者の地区は開発に伴って行なった区画整理事業実施区域が被災者の集団移転対象地に指定されており、やや複雑な状況にある。これらの農業者たちだけでなく、津波被害を被った仙台平野東部地域には、都市近郊という条件を活かし、消費者と結びついた営農を展開する取組みがこれまでから多く見られた。

従来の取組みの復活なくして新たな取組みによる発展はありえない。外部からの参入をことさら強調するのではなく、積極的な地域の農業者を支援する方向を打ち出す必要がある。

震災後早々に打ち出された「復興構想」は地域の実状とは相対的に独自に「あるべき姿の再構築」をめざしている。そのような更地に絵を描くようなプランではなく、復興の担い手は地域の人びとであることを明確にし、震災前の状況、現状分析、意向調査、住民の主体的な復興の動きなどをふまえて、今後の方向を見いだすようなものでなければならない。

前述した三本塚地区では、「現地での再建」と「移転先での再建」とに意見が分かれているが、そのいずれに対しても行政からの支援が十分に得られていないと住民は考えている。それゆえ、「明日の三本塚を考える会」では双方の意見をふまえ、専門家も交えて仙台市への要望書を提出した。そのすべてを紹介する紙面の余裕はないが、特徴的な点は「農地と宅地の一体性」、「コミュニティ再生」が強く意識されていることである。「土地改良法の枠組を拡大適用して圃場整備と宅地整備を一体的に進め、移転希望者には宅地と農地の交換分合で移転地を確保すること」(25)といったように、現地再建希望者、移転希望者双方に配慮しつつ、農地と宅地の一体的整備を求めている。

これに対し、仙台市も含めた多くの復興計画は、ゾーニングに基づき、生産の場と生活の場の復興をそれぞれ独自に提示している。前述したように、農村地域はくらしと生産がつながった仕組みにより営まれてきた。それゆえ、同会は「バラバラになった住民のコミュニティを再生するために、市はもっと留意し、そのための人も予算も確保すること」も仙台市に要望している。行政はこうした住民の主体的な動きを活かすべきであろう。

6　まとめ―農協に求められる課題

最後に、農業復興に際して農協を含む協同組合に求められる課題についてまとめておきたい。

第一に、被害の甚大な地域は津波により「壊滅」状態に陥り、農業を支える集落そのものの機能が停滞せざるをえなくなった。いうまでもなく、農協は集落組織を基礎に成り立っており、被災農家を支援すべき農協組織自体の復旧も課題となっている。また、営農活動において組合員の中核をなす世代のリタイア時期が迫っており、農地の復旧に要するこの数年の期間が重要な意味を持っている。この間の営農面、運動面での組織活動をどのように展開していくのか、また世代交代をどのようにするのかを考えなければならない。

第二に、東京電力福島第一原子力発電所の事故による被害は福島県にとどまらず、深刻な拡がりを見せており、今後の農業復旧・復興に影をおとしている。食の安全に敏感な消費者の多くはこれまで食と農をめぐる運動の担い手であったが、こうした消費者ほどより強く不安を感じている。これまで協同組合は消費者と農業者の協同に力を注いできたが、この事態に対して互いに知恵を出し合い、今後の運動の方向性を見いださなければならない。同時に、これまで以上に、エネルギー・環境問題に関心を持ち、運動だけではなく、事業の中で具体的に取り組んでいく必要がある。

第三に、政府や自治体あるいは大部分の民間の「復興構想」では「農業への企業参入」がキーワードである。一部の農業者のなかにはこれに乗る動きも出ている。その際、農協はもちろん、その取引先の一つとして想定されている生協も含め、協同組合としてどのような対応をとるのかを考えなくてはならない。また、民間企業のパートナーとなっているものも含め、これまでどちらかというと疎遠であった法人経営との関係を具体的に検討しなければならない。みやぎ生協が事務局となって運営し、多くの企業や農協、全農、漁協、農業法人などが参加する「食のみやぎ復興ネットワーク」はその一つの試みであろう。

以上、被災地の農業復興に際しての課題として提起したが、集落活動の支援、世代交代、生産者と消費者との良好な関係の構築、エネルギー・環境問題への取組み、企業との関係、法人経営との関係など、今日の協同組合の事業・運動に求められている課題全般と共通している。つまり、被災地の復旧・復興を進める中で、協同組合自らのあり方が問われることになるのである。

注

（1）「朝日新聞」2011年9月8日付。
（2）「日本経済新聞」2011年6月2日付。
（3）ただし、2週間後までには価格は安定し、その後は取引自体が不活発になっている。
（4）以下の引用は同社のホームページからである。
（5）東日本大震災復興構想会議「復興への提言～悲惨のなかの希望～」2011年6月25日、26ページ。
（6）宮城県「宮城県震災復興計画～宮城・東北・日本の絆　再生からさらなる発展へ～」2011年10月、13ページ。
（7）同上、43ページ。
（8）同上（第1次案・事務局原案）、2011年6月、25～26ページ。
（9）「日本経済新聞」2011年12月7日付、35面（東北地方面）。
（10）仙台市「農と食のフロンティア推進特区制度のご案内」、「日本経済新聞」2012年3月3日付、35面（東北地方面）。
（11）宮城県「復興特別区域の概要について」2012年2月10日。
（12）「日本経済新聞」12月9日付、13面。

(13)「日本経済新聞」２０１１年9月1日付、1面。
(14)「日本経済新聞」２０１２年1月5日付、1面。
(15)「日経産業新聞」２０１２年1月6日付、2面、「朝日新聞」２０１２年1月6日付、30面。
(16)「朝日新聞」２０１２年1月17日付、8面。
(17)「毎日新聞」２０１１年3月24日付、2面。
(18)「日経ＭＪ」２０１２年1月1日付、16面。
(19)「日経ＭＪ」２０１１年12月26日付、14面。
(20)「朝日新聞」２０１２年1月17日付、29面（宮城地方面）。
(21) ２０１１年11月21日に行なったＪＡ亘理組合長へのヒアリングによる。
(22)「日経産業新聞」２０１２年1月27日付、5面。
(23)「日本経済新聞」２０１２年2月4日付、4面。
(24)「朝日新聞」２０１１年12月14日付、29面（宮城地域面）。
(25) 引用文は「三本塚まちづくりニュース」第1号、２０１２年6月、より。

◎コラム2

震災1年—新たなたたかいの出発

宮城県食健連事務局長　梶谷　貢

東日本大震災から1年が過ぎた。直後の混乱もなくなり、一見穏やかな日常を取り戻したように見えるが、復旧・復興にはほど遠い現状である。

当初、災害の大きさから、行政の対応の混乱や遅れをやむをえないものと思っていた。しかし、時間がたつとともに、あまりにも〝遅く〟そして〝不親切〟な国・地方の行政対応に沸々と怒りがわいてきた。

東電福島原発の爆発による稲わら汚染では、政府の放射能の拡散情報の隠ぺいにより、宮城の稲わら販売農家はあたかも加害者のような扱いを受けた。そのため、高濃度の汚染稲わらを自宅に置いたまま暮らさざるをえなかった。宮城食健連が7月末に汚染稲わらの処理を要請したのに対し、宮城県は「国の方針が決まらない」と何ら対策を取ろうとしなかった。

また、津波の被害の大きかった仙台市東部や東松島市の農家は、地盤沈下や表土の流失等でその土地での農業継続は困難が予想されているが、それでも農業継続の意欲は高かった。

仙台市と仙台農協が仙台市東部の農家を対象に行なった意向調査（4月末～7月）では、農業を「継続したい」が77％で、「やめたい」は11％と、農業再建を目指す農家が多数であった。しかし、国の方針（復興予算）がなかなか決まらず、地域自治体も農家が求める集団移転や再建計画を決めることができなかった。

何も決められない国、国の方針を待つだけの自治体。こうした行政の〝不作為〟に、住民の間には苛立ちとあきらめが広がっていて、農家の農業再建の意欲も低下している。

さらに今、原発被害も深刻になってきている。これまで宮城では、出荷停止になった肉牛等について、農民連や系統農協が東電に対し損害賠償を求めてきた。しかしそれだけでは済まない、広範な被害が出始めている。

2月に弁護士や市民団体で「原発賠償みやぎ相談センター」をつくり、現地相談会や電話相談を始めた。そこに持ち込まれた問題は、放射能汚染が予想以上に広がっていて、シイタケなどのキノコは収穫をあきらめ、また暖房やボイラーに使うマキは自治体から使用自粛要請が出されている。

また風評被害も深刻で、韓国へ輸出していたヤーコン茶（漢方薬）は契約が解除され、野菜の直売所は売上げが落ち込んでいる。

学校給食に地場野菜を提供していた農家は、汚染の恐れがあるということだけで取引を停止された。仙南の旅館では宿泊客が前年の3分の1に減り、地場の食材（魚や野菜）を使うことを理由にキャンセルする客もいた。

東電・国の賠償基準では、宮城は〝線引き〟外であることから、今後の賠償請求・交渉も困難が予想される。しかし、4月から食品の放射能基準が引き下がることから、さらに多くの汚染農産物が出てくることも予想され、風評被害も収まることはないものと思われる。

震災1年は、何ら解決されない問題を抱えた宮城では、新たなたたかいの出発でもあると言えよう。

第4章　福島県における放射能汚染問題と食の安全対策

1　本章の課題

原子力災害が地域社会・経済・産業に与える影響について、その全体像は未だに解明されていない。チェルノブイリ事故と異なり、人口密集地域における放射能汚染であり、現在も居住・生活・営農を続けながら復旧・復興をするという世界に類を見ない事故となっている。この点で放射能汚染問題に関する先行研究を直接的に本事例に適用することは難しい。

原発事故から1年半が経過したが、放射能汚染問題は収束のめどが立たない。国は除染プロジェクトを推進するとしているが、そもそも全農地の放射能汚染状況を調査していない。放射能汚染マップなしに計画的な除染は進まないし、復興計画も立てられない。現地は塩漬けのまま放置される結果となる。稲わら、肉用牛の問題など次々に汚染状況が表面化する。これに対応して、米だけは調査地点、サンプル数を増やすなど収穫直前になって対応方向を変えているが、本来は体系立てた調査・検査体制が必要である。

そこで本章では、原子力災害が福島県農業・農協に与えた影響を把握した上で汚染問題の現状を整理する。その上で、今後求められる安全性検査のあり方、放射能汚染地域の生産・流通のあり方に関して福島県における協同組合間協同の実践をもとに検証していく。

2 原発事故と福島県

(1) 地域経済・産業に与える影響

まず、震災由来の人的・物的被害を確認する。人的被害については、死者1846人、行方不明者120人、物的被害（住宅全壊）は1万8132棟となっている（2011年10月17日。福島県調べ）。問題は原子力災害の影響であるが、大きく分けて二つの問題が存在する。第一は、放射性物質の飛散による福島県全域汚染の拡大である。ここでは、見通しの立たない除染を実施しなければならない。第二は、放射線被曝による県民の健康への計り知れない影響である。低線量被曝に関してはその影響が明らかにされておらず、福島県民は日々不安のなかでの生活を余儀なくされている。

表4−1　原発事故の社会・経済的被害範囲想定

①避難・退避の継続による事業所や農漁業の営業上の損失
②事業所の休止による賃金収入の途絶
③発電所の休止・廃止による雇用の喪失
④関連企業（あるいはその他の立地企業）の撤退による雇用の喪失
⑤避難にともなう支出（役場を含む）
⑥現場作業に従事の地元労働者の健康被害
⑦避難や退避のストレスに起因する住民の健康障害
⑧大気汚染対策に必要とされた諸物資（水や非常食）への支出
⑨風評に起因する農業の損失
⑩作付けの遅れによる農業の損失
⑪土壌の放射能汚染によって起こりうる長期的な農業被害
⑫海洋汚染による漁業被害
⑬地域のイメージダウンによる観光業へのダメージ
⑭津波被害からの復旧（農地の塩害除去等）が遅延・阻害されることにともなう損失
⑮高等教育機関への入学者の減少
⑯学校の休止・中断による教育上の損失
⑰自治体の機能移転および機能低下の影響
⑱放射線モニタリングの機材や人員の整備に要する支出
⑲発電所からの税収（とくに固定資産税）の大幅な減少による行政サービスの低下
⑳法人取得や個人所得の減少にともなう税源の縮小
㉑汚染や風評による不動産価値の低下

資料：清水修二「福島第一原発・炉心溶融事故の影響―被災地からの現状報告」『日本の科学者』日本科学者会議、2011年、7（1023）ページより引用。

地域経済・暮らしへの影響に関しては、原発事故によるあらゆる生活・産業分野での損失が発生している。表4−1は原発事故の社会・経済的被害範囲想定を示している。地域経済は縮小し、現実に地価の下落（全用途の平均変動率マイナス6％と過去最大の下落率）、雇用情勢の悪化などの問題が生じている。計画的避難地域など強制的に生活空間を破壊された地域では帰還の時期を見通せない状況からコミュニティや家族の絆の崩壊が生じている。このようななか、人口流出が止まらない。若年層の流出により、このままでは福島県の地域活力の低下が懸念される。県外への避難状況は5万6469人（2011年9月22日現在）となっており、6〜8月の人口移動は、転出超過の状態でありマイナス7828人となっている。福島県の人口は、1979年6月以来33年ぶりに200万人を割る状況であり、2011年8月段階で199万4406人となっている。

表4-2は福島県における原子力災害の影響を区分したものである。あらゆる産業、あらゆる分野に及んでおり、被害の全体像については見通しすら立たない状況である。「風評被害」という言葉に端的に示されるように、人権侵害など精神的な負担も大きい。

続いて、福島県農業および農協に与えた影響を確認する。福島県農業の生産基盤は著しく破壊されたといえる。放射性物質で汚染された農地は5000Bq（ベクレル）以上の汚染農地8300ha（うち水田6300ha、畑2000ha）であり、全農地14万3900haの5・7%を占めている（福島県の推計値）。津波により流出・冠水した福島県内の農地面積は耕地面積の約4%にあたる5923ha（水田5583ha、畑335ha）である（農水省調査）。震災の影響より、原発事故の影響のほうがはるかに大きい。2011年産の水稲作付面積に見る被害状況を見てみると、2011年の水稲作付面積は6万6543haであり、前年に比べて1万5327haの減少となっている（前年比81%）。うち震災関連（津波・地震）による減少は3480ha、灌水施設等の破損（羽鳥湖決壊による作付け不可）による減少は2250haである。原子力災害による水稲作付け制限区域による減少は7740ha

表 4−2　福島県における原子力災害の影響

分野	項目	内容
農林畜水産業	出荷制限	一部地域において、ホウレンソウなどの野菜、たけのこ、原木シイタケ（路地）、原乳、コウナゴが出荷制限となっている
	作付け等の自粛	風評被害を懸念して、葉タバコ作付け断念 規制外の魚についても、今年の漁を自粛
	入荷拒否・価格下落	カゴメ、デルモンテが福島県産の加工用トマトの契約見送り 秋に収穫した米の取引をキャンセルされた
製造業	入荷拒否	生キャラメルの出荷できず 工業製品にも風評被害 原発事故前の製造加工品についても受け取りを拒否された
	放射線測定の要求	県内メーカーが取引先から残留放射線の測定を求められる 県ハイテクプラザに放射性物質の測定依頼が殺到
観光業	予約のキャンセル	会津東山温泉で、3、4 カ月先までキャンセルが出た 仙台市立小の 8 割、会津若松への修学旅行敬遠 県内旅館、風評に悲鳴、廃業・リストラ等も
その他	偏見による風評	「放射能うつる」と避難児童らがいじめにあったと通報 福島からの避難民「受入拒否」 ガソリンスタンドに「福島県民お断り」の貼り紙 大学合格者、原発事故で入学辞退 看護師・保健師、本県への派遣少ない 風評被害で物流に支障、相馬地方にトラックが来ない

資料：福島県災害対策本部発表。2011 年 6 月。

と最も多い。そのほか、避難・作付制限を余儀なくされた担い手（営農意欲、後継者への影響大）、流出・損壊した生産施設・機械、破壊された畜産基盤・地域ブランド・地産地消基盤、耕畜連携など、計り知れない生産基盤への影響が現実に発生している。

（2）原子力災害からの復興に向けての現状と課題

２０１２年2月、震災・原発事故から11カ月がたってようやく復興庁が設置された。福島県にはいわき市、相馬市に福島復興局が設置され、震災と原子力災害を同時に措置することが目指されている。しかし、その規模は宮城県・岩手県と同様の30名体制であり、原子力災害という見通しの立たない、長期間継続する課題を区分することなく、東日本大震災という枠組みの中で処理するという点に、この問題の根深さがある。

また同2月に東京電力福島第一原発事故からの復興に向けた「福島復興再生特別措置法案」が閣議決定された。これは企業誘致、税制の優遇など放射能汚染地域である福島県を対象とした「アメ」の部分であるが、問題はその計画策定をすべて自治体に委ねている点である。この構図は原子力災害からの復興計画策定、除染計画策定においても同様である。地震・津波という震災からの復旧・復興に関しては、各自治体に外部コンサルタントが参画し、特区構想(1)に代表されるような地域開発政策を推進する方式がとられている。いわゆるトップダウンの政策策定過程である。一方で原子力災害に関しては、政府としての対応方針はまったくなく（少なくとも現地ではそう捉えられている）、各自治体が有効な資料もデータの提供もないなか、暗中模索しながら計画策定を進めるという丸投げ状態が続いている。原子力災害への対応に関して政府の方針や工程表はないのである。なぜか。それは現状を把握しようとしない、正確な汚染度合いの分析に手をつけないという「政府の方針」によるものである。水俣病における研究成果からも、国は初期対応をしない、そのことが後の損害を拡大させていく過程につながることが指摘されている。(2)

放射能汚染の広がりを測定する詳細な汚染マップなしで効果的な除染が進められるであろうか。汚染状況の把握なしで、食の安全検査体制は構築できるだろうか。体系立てた健康調査なしで生活設計ができるであろうか、住民の安心なくして復興計画の策定や実践が可能であろうか。原子力災害の本質は、取るべき対策を取らず放射性物質をまき散らした電力事業者とその監督責任機関に第一義の責任があり、その後の有効な対策を措置せず現状の損害調査、汚染状況の確認を行なわない政府にも大きな責任がある。風評被害の広がりは事故後の対応でかなりの部分は克服できた。少なくとも拡大は防げたものと思われる。放射能汚染の損害調査を詳細に行なっていれば、稲わら、牛肉、米、コンクリートの問題は事前に防ぐことが可能であった。現地では事前に指摘されていた問題なのである。

本稿では、原発事故以降、政府の無作為に翻弄され続けてきた福島の実情を踏まえた上で、福島県農業と食の安全検査の問題点を整理し、福島大学と地域住民の実践的な活動を通して見えてきた解決策について検討する。

（3）農地の汚染と検査体制

福島県では、２０１１年10月に米の安全宣言を出した後に暫定規制値５００Bq／kgを超える米の検出が相次ぐという問題が発生した。これは安全と安心を考える上では最悪の事象である。この結果、規制値超えの米が検出される前には全量の契約が決まっていたケースでも、米の出荷が完全に滞ってしまった。規制値よりかなり低い水準であり、ほとんどが検出限界以下であった会津地方でも、米の販売は困難になっている。農林水産省と福島県による米の放射性物質緊急調査では５００Bq／kgを超えるものは全体の０・３％、新基準値となる１００Bq／kgを超えるものは全体の２・３％にすぎない。にもかかわらず、全ての福島県産米の流通がストップしてしまっている。

これは検査体制の問題であると言わざるをえない。原子力災害初年度の検査においては、農地に含まれるセシウムが５０００Bq／kg以下[3]であれば、基本的に自由に作付けが可能である。農作物ができた段階でサンプル調査を行ない、規制値以下であれば出荷可能となり、サンプルが規制値を超えた場合はその産地（最初は市町村、今は旧町村レベル）の出荷が制限される。つまり、①自由につくって構わない、②できたものを測定し出荷の可否を決める、③その検査対象は旧市町村から1検体程度のサンプル調査である、という検査体制を組んできた。ここに大きな問題がある。

放射性物質の拡散・汚染状況は、大きく分散していることが判明してきている。これはチェルノブイリ事故の調査からもすでに判明している結果であり、福島の対策においても当初から想定すべき課題であった。農地1枚ごと、圃場ごとに放射性物質の汚染度は異なっている。サンプル調査における検体の選定は、無作為抽出である。サンプリング検査の結果を全体の中で意味を持たせるためには、農地に含まれる放射性物質が正規分布していることが前提である。しかし、汚染状況は平均的ではなく、分散している。実際の汚染マップを見るとモザイク状の汚染状況となっているのである。(4) このような状況から、現行の検査体制には検査漏れの農産物が流通してしまうという構造的な欠陥が指摘できる。検査機械が限られている現状では、出荷前の本検査はサンプル検査にならざるをえない。今後は、サンプルの精度を上げる取組みが必要である。それには、詳細な汚染マップを作成し、生産段階でのゾーニングを前提に、高濃度地区、中濃度地区、低濃度地区に分け、汚染度に合わせたサンプル選定を行なうことで、サンプル調査の精度を上げる必要がある。ここでも汚染の現状を把握することの重要性がよくわかると思う。

(4) 福島県における地域の現状と矛盾の構図

福島県内には様々な研究機関や企業が入り込み、調査研究や技術開発を行なっている。主なものは除染技術であり、開発した技術が国や自治体に選定されれば、大きな除染ビジネスとなる。2012年度の除染に関わる国の予算は約4536億円（環境省が一括して要求）であり、内閣府計上分も含めると2011～13年の3カ年で1兆1482億円の規模となる。除染技術そのものにも問題はある(5)が、最大の問題は各機関・地域がバラバラに技術開発・検討を行ない、除染計画も各自治体に任されている点である。放射性物質の広がりは、自治体を跨いでいる。行政区分は関係ないのである。その意味で、福島県という区分を強調することにも意味はない。栃木県、茨城県、宮城県などにも「ホットエリア」は存在する。今必要なのは、様々な技術情報を共有し、その情報をデータベース化するといった総合的な研究・情報センター機能の設置である。各大学・機関・企業がそれぞれ競争しながら技術開発を行なうといった「ビジネス」モデルではなく、災害復興のための研究体制の構築こそが求められている。放射能汚染地域のニーズはこの一点に尽きる。すでに原発事故から1年半がたとうとしているが、研究拠点の設置や情報の一元化については具体的な動きはない。復興庁および福島復興局に求められる役割のうち、最も必要な機能はこれであろう。

ではなぜ福島県からもっと声を上げないのか不思議に思われるかもしれない。実は、ここに現地の抱える矛盾の構図がある。福島では観光客の誘致、福島県農産物の販売促進、福島応援イベントなど「安全性」を前面に打ち出し、復旧・復興に向けた取組みを盛んに行なっている。つまり、「福島に来てください。福島のものを食べてください」は「福島の放射能汚染度合いは危険なレベルではない」ということが前提になる。それは「原子力災害の損害はそんなに大きくない」につながり、損害を過小評価する方向に向かう。一方で、現実に自主避難者は増えており、地域経済・産業の停滞など実害は大きい。それを政府や東電にどのように要求するのか。国からすれば、自ら安全宣言を出しているのに、なぜ本格的な除染が必要なのか、確かに迷惑はかけているから迷惑料分は措置するというロジックにつながるのである。

現地を責めることはできない。なぜなら、早く復旧したい、元どおりの生活をしたいという欲求は、もし原子力災害にあったとしたら他の地域でも同様に発生するものだと考えられる。問題は、早期の復旧を望む声が損害を過小評価することにつながり、それは加害者側の利益と一致してしまうという構図にある。現状分析、実態把握なしに安全性を打ち出すと真の損害がわからない。そのため効果的な復旧・復興計画が立てられないし、実践もできない。本来、安全であるかどうかは、現状分析とそれに基づく正確な情報をもとに議論しなければ言及できないのである。セシウムについてはある程度の情報公開（２kmメッシュの汚染マップなど）がなされているが、プルトニウム、ストロンチウムに関しては可視化された汚染の拡散状況が公開されておらず、体系立てた検査・モニタリング体制が確立していない。国の政策は、この実態把握の段階を飛ばして、唐突に１００mSv／年以下は安全だとか、20mSvまでは許容せよといったことを押しつけてくる。科学的な根拠の問題の前に社会的に受け入れることができる基準なのかが問題なのである。安全宣言を出したいという気持ちと実際の汚染状況がわからないという不安、これが現地の抱える最大の矛盾であるといえる。

3　農業における放射能汚染問題

(1) 福島県農業の地域性と放射能汚染問題

図4-1のように、福島県は太平洋側から大きく浜通り、中通り、会津の3地区に区分される。今回の原発事故は浜通りの中央にある双葉郡で起きた事故である。放射能汚染の状況は浜通り中央から中通り北部(県北地域)にかけて分布し、中通り中央(県中)まで広がっている。図では計画的避難・立入制限地域となっている部分を「A:作付制限地区」とした。ここは、福島県の農業振興計画では近年、園芸産地形成(相馬・双葉=相双グリーンベルト構想)に力を入れてきた地域であり、雇用型の園芸生産法人経営が存立していた。また水田農業に関しては、近年、土地改良事業に着手し、集団転作の導入と露地野菜産地形成(トマト、ブロッコリーなど)や、個別経営志向の強い福島県水田農業では珍しい集落営農の推進地域でもあった。つまり、近年、戦略的な農業投資を行なってきた地域であったため、長期にわたる住民避難や作付制限の影響は単なる単年度の収穫物の損失にとどまらない。また浜通りと中通りを分けて縦断している阿武隈高地では、畜産団地が形成されており、生乳の放射能汚染で問題となった酪農のほかに、飯舘牛、川俣シャモ、伊達地鶏といった畜産ブランド化を長期間にわたる投資と努力で実施してきた地域である。飯舘村の計画的避難で証明されたとお

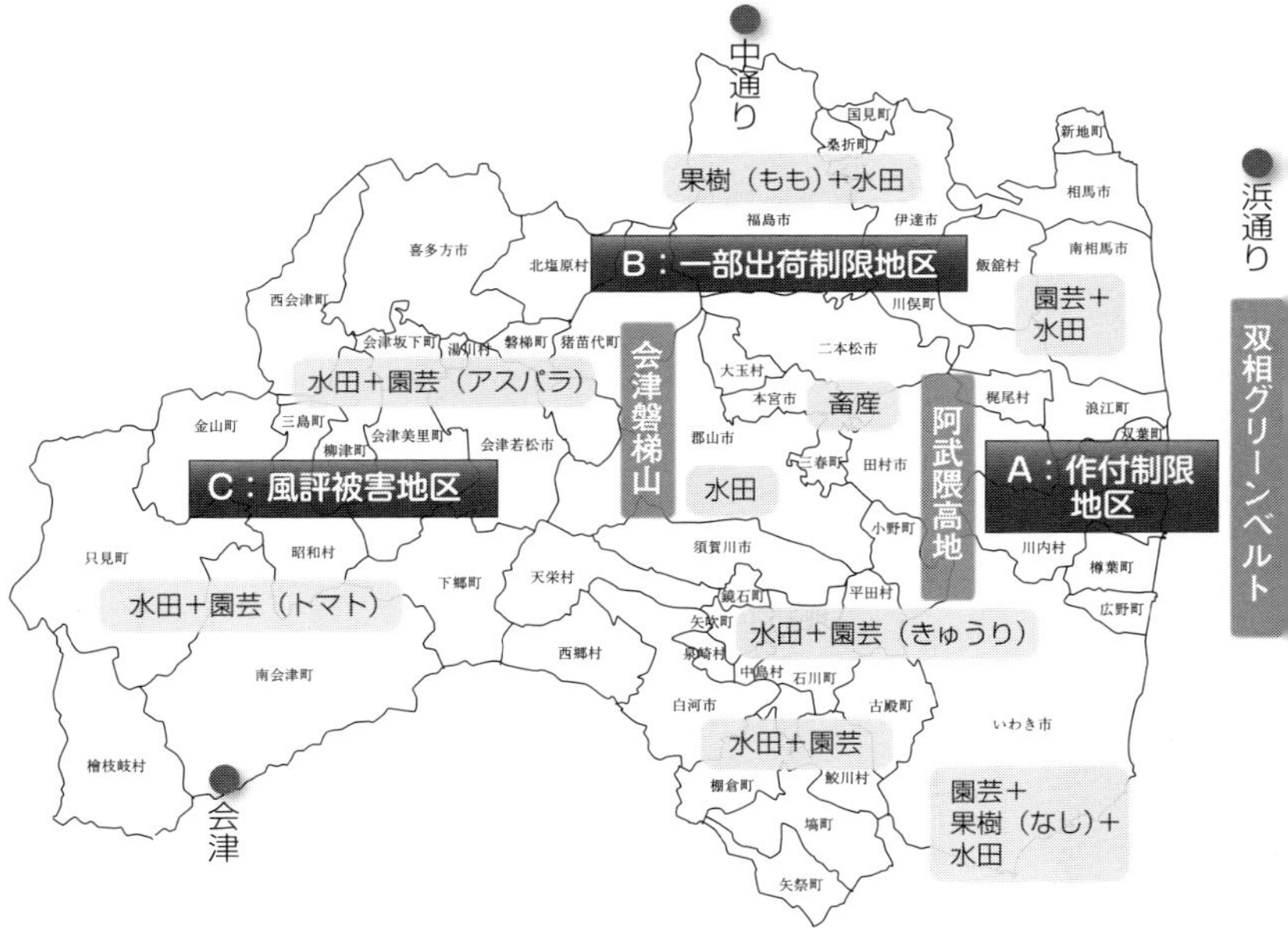

図4-1　福島県農業の地域性と放射能汚染対応区分

り、放射能汚染は同心円状には広がらず、地形や気候条件によって分布する。これら中山間地域の畜産農業も高濃度の放射能汚染地域となってしまっている。

さらに深刻なのは、中通りの北部（福島市・人口29万人）・中部（郡山市・人口34万人）にも放射能汚染が広がっていることである[6]。これらの地域は、空間線量1・5μSv／h程度（日本の通常値が0・05〜0・08）が恒常的に計測されているが、一部ホットスポットも観測されており、モザイク状に汚染物質が拡散していることがうかがわれる。図4－1と照合してもわかるように、土壌汚染状況は1kg当たり1000〜

表４−３　福島県における地域別・品目別農業生産額

（単位：億円、％）

	全農業生産額	野菜	畜産	果実（7月～）	米（10月～）
浜通り	498	115	136	16	200
中通り	1,572	330	351	237	512
会津	498	86	23	22	320
福島県	2,568	531	509	275	1,033
浜通り	19.4	21.7	26.7	5.8	19.4
中通り	61.2	62.1	68.8	86.2	49.6
会津	19.4	16.2	4.5	8.0	31.0
福島県	100.0	100.0	100.0	100.0	100.0

資料：東北農政局「農林水産統計」2005年より集計。

５０００Bqの地域が広範に広がり、なかには５０００～１万Bqといった作付制限基準を超える農地も含まれる。中通り地区は、県庁等行政機関や教育機関、企業の本社機能が集中しており、東北新幹線、国道4号線など交通インフラの整備と東北各地への物流のハブ拠点ともなっている地域である。中通りの農業は米を基盤としつつ園芸・果樹も県内一の生産を有する複合的な農業地域である。表４−３を見ると、中通り地域の農業生産のウェイトの高さがわかる。一部出荷制限が実施されている。

会津地域は、福島第一原発から１００km以上離れた地域であり、放射能汚染状況は極めて軽い。空間線量では会津若松市で０・16μSv／h、南会津では０・07μSv／hという状況である。土壌中の放射性物質は１０００Bq／kg以下の地域である。しかし、最初の出荷規制の枠組みが、県内で１カ所でも暫定規制値を超える農産物が出たら全県出荷制限であったため、会津も出荷制限がなされ、その後市町村単位の規制に改められた後も風評被害にさらされて

表 4-4　原発被害地域の農作物損害状況

	野菜	畜産	果実	米	地域合計	福島県合　計
避難・制限地域シェア（%）	42.4	68.0	48.9	35.9		
避難・制限地域割合（億円）	225	346	135	371	1,077	2,568
避難・制限地域割合（%）	8.8	13.5	5.2	14.4	41.9	100.0

資料：東北農政局「農林水産統計」2005 年より集計。
注 1：避難・制限地域は、立入制限・避難地域および出荷制限実績のある県北・県中の一部地域を合計したもの。
　2：避難・制限地域シェアは、各農作物の福島県合計に占める当該地域生産の割合である。

いる状況である。

原発事故が起きた２０１１年3月以降、福島県の農産物出荷制限の問題は、園芸、畜産中心に展開してきた。表４－３を見てもわかるように、主力品目である果樹（7月以降、もも、なし、りんご）と米（10月以降、会津コシヒカリ）でも同様の問題が生じた。年間を通して今後どのように放射能汚染検査体制を築けるか、わかりやすい流通システムを構築できるか、風評を克服するための正確な情報伝達の方法を打ち出せるかが課題となっている。

(2) 原子力災害による三つの損害

放射能汚染による損害は三つの枠組みで捉えられる。①フローの損害は、出荷制限に引っかかった農産物、作付けできなかった分の農産物など、生産物が販売できなかった分の経済的実害と風評等による価格の下落分であり、現在損害賠償の俎上にのぼっているのがこれである。

表４－４より、作付制限・一部出荷制限地域の農業生産の合計

を算出すると、福島県合計の41・9％、1077億円となる。つまり1000億円の損害賠償を行なえば、とりあえず今年度は安全性を正確に確認できない農産物の出荷を自粛したり、農家の当面の営農・生活資金を担保し、今後の対策を立てる資金としても活用できる。東電が2011年度決算赤字に計上した原発事故対策費1・3兆円を考慮すれば、わずかの賠償で対応できるのである。

②ストックの損害は、物的資本、生産インフラの損害であり、農地の放射能汚染、避難による施設、機械の使用制限などが含まれる。現状では、ここまで損害調査は行なわれていない。農地の損害などの計測には、正確な放射能汚染地図の作成が必要であり、圃場ごとの土壌分析が必要となる。

重要なのは③社会関係資本の損害である。これまで地域で培ってきた産地形成投資、地域ブランド、農村における地域づくりの基盤となる人的資源、ネットワーク構造、コミュニティ、文化資本など多種多様な有形無形の損害を被っている。しかも、避難地域では十数年に及びこれら資源・資本を利用することができなくなる。この損失分をどのように測定するか、対策としてどのように穴埋めするか、このことは極めて重要な問題となる。現段階では、損害賠償審査会でもまったく手つかずの状況である。

(3) フローの損害（出荷制限）

では、現在進行中のフローの損害について確認していく。生産・出荷制限・自粛、使用制限に関しては、福島県において緊急時モニタリング検査を実施している。この結果により出荷の可否が判断される。

品目別の状況を見ると、福島県の主力品目である稲作では、作付制限として、警戒区域、計画的避難区域、緊急時避難準備区域、南相馬市全域が対象となっている。出荷制限では本調査が完了し、48市町（作付制限市町村・檜枝岐村を除く）中全市町村で出荷可能となっている。しかし、厳しい販売環境に置かれている。米の本調査の結果を見ると、全１１７４点の本検査のうちＮＤ（Not Detected：検出限界）は９６４点であり全件の82・１％となっている。20 Bq以下の累計は１０５５件（89・９％）、１００Bq以下累計は１１６７件（99・４％）となっており、ほぼすべてが暫定規制値である５００Bqを大きく下回っている。問題は４７０Bqを検出した一つの検体の存在である。これによりサンプル調査の不安が増幅し、買い控えの状況に陥っている。

野菜・果実に関しては、一部地域で出荷制限にあるものの２０１１年10月段階ではほとんどの品目が制限外となっている。一方で、あんぽ柿に関しては、乾燥することから放射性物質が濃縮され、放射性物質が生の状態の2・5~3倍程度になることが確認された。そのため同年10月14日に福島県から主産地である伊達地方について加工自粛要請が出されている。ＪＡ伊達みらいの主力品目であるあんぽ柿は全面出荷自粛となっている。

肉用牛に関しては、全頭・全戸検査を経由して出荷が可能であるが、畜舎での滞留問題が発生している。原乳に関しては、警戒区域、計画的避難区域を除く県全域で制限は解除されている。

籾がらは、玄米に対する籾がらの濃度比を用いて利用の可否を判断している。放射性セシウム濃度が「133Bq／kg」以下の地域では、敷料等の利用が可能である。生産された「ほ場すき込み」は暫定許容値に関係なく全域可となっており、これが農家の混乱を招いている。

問題となった稲わらであるが、福島県で飼料用稲わらのモニタリング検査を行なっている。これにより判断を行なう。家畜飼料の暫定許容値は300Bq／kg（水分量80％）である。人間の食料の基準（500Bq）より低いことが、農家レベルでは話題となった。籾がら・稲わらを堆肥の副資材として利用する場合は、暫定許容値に関係なく利用できるが、生産された堆肥は400Bq／kgを超えてはならない。なお、汚染稲わらの処分問題も深刻化している。堆肥は、暫定許容値400Bq／kgとなっている。

（4）フローの損害（風評被害）

問題は、風評による価格下落分の損害である。園芸に関しては、4月段階で出荷制限・摂取制限品目の公表により市場が混乱した。5月以降は、各地からの復興支援フェアや出荷制限品目が解除されるなか、市場での取扱いも順調に回復してきた。しかし、7月に福島県産

平均価格推移（JA全農福島）　　（単位：円）

9月	10月	11月	12月	1月	2月	3月
384,207	375,510	381,571	399,703	389,654	402,019	395,010
392,313	375,465	399,906	415,867	400,531	417,269	421,615
383,910	349,366	389,454	407,506	370,155	392,418	394,766
383,838	372,574	399,224	405,012	393,810	417,943	420,737
408,683	401,266	410,010	434,586	434,701	441,126	446,914
332,781	366,907					

表4-5　東京中央卸売市場平均価格（福島県産）

（単位：円/kg、%）

桃	7月	8月	9月
平成22年（2010年）	474	458	462
平成23年（2011年）	337	195	302
前年対比	71.1	42.6	65.4

梨	8月	9月
平成22年（2010年）	353	334
平成23年（2011年）	181	184
前年対比	51.3	55.1

資料：JA福島県中央会資料。

表4-6　牛枝肉の東京芝浦市場平均価格（福島県産）

（単位：円/kg、%）

和牛A5	2月	3月	4月	5月	6月	7月	8月
平成22年（2010年）	2,217	2,192	2,212	2,011	2,167	2,118	2,155
平成23年（2011年）	2,113	1,986	1,746	1,735	1,594	1,461	出荷なし
前年対比	95.3	90.6	78.9	86.3	73.6	69.0	－

資料：全農福島資料。

表4-7　和牛子牛セリ市場

	4月	5月	6月	7月	8月
全国平均（3カ月）	404,484	393,955	382,375	374,907	379,002
福島平均（3カ月）	415,048	397,912	393,457	384,532	390,651
平成20年度（2008年度）	453,928	419,462	397,097	384,420	375,166
平成21年度（2009年度）	385,876	374,659	380,230	350,586	376,344
平成22年度（2010年度）	405,828	405,279	403,993	418,063	420,259
平成23年度（2011年度）	412,492	399,575	361,671	331,573	308,628

資料：全農福島資料。

牛肉問題が報道され、「本当に福島県産は安全なのか」との問い合わせが急増することとなる。風評被害が表面化したのが8月以降であり、他県産の物量が潤沢になる。量販店等での福島県産の売り場が確保できず、ますます厳しい販売環境に陥った。9月になると豪雨や台風により各地産地での被害が発生し、全体的な卸価格は上昇傾向に転じている。

全農福島の販売実績を前年比で見てみる（2011年4月~10月11日段階）。果実では数量ベース129%、単価ベース57%となっている。全農取扱いの数量の増加は、直売、観光農園の需要が大幅に減少し、農協への出荷が増えたためである。平均単価は2010年の408円／kgから2011年では232円／kgと大幅に下落しており、主力品目のももでは生産費を割り込むギリギリの水準にまで落ち込んでいる（表4－5）。野菜では、数量ベースで93%、単価ベースで92%（330円／kgから305円／kg）となっている。

肉用牛に関しても深刻である。表4－6は牛枝肉の東京芝浦市場平均価格（福島県産）、表4－7は和牛子牛セリ市場平均価格推移（JA全農福島）を示しているが、大幅に下落しているのがわかる。

(5) 農協経営への影響

施設損壊、生産基盤の脆弱化、農業産出額の下落、人口流出、経済環境の悪化等により、今後長期間にわたるJA経営への影響が懸念される。2011年度福島県JA全体の上期仮決算を概観すると、主要事業については、貯金が震災に伴う共済金の支払いで大幅に増加（前年同期比111・

７％）したほかは軒並み大幅な減少となっている。事業総利益は前年同期比93％と前年度（同97・3％）よりも減少幅が拡大している。特に購買・販売事業の減少が大きい。米の販売減少など原発事故が主因となっている。他の震災県で生協事業が軒並み増収しているのとは対照的である。事業損益も大幅減少となっており、ほぼ半数のＪＡで赤字となっている（前年度より増加）。原発事故に起因する営業損害については今後、東電に損害賠償請求をする予定である。

４　福島県農協の原発事故への対応

（１）農協の安全対策

まず第一は、安全確保対策として、２０１１年６月20日に「ＪＡグループ福島における農畜産物の放射性物質に関する安全確保対策について」を制定した。福島県が行なう緊急時モニタリング検査への協力と、これに基づく出荷制限・解除の指示の生産者への徹底、自主検査のあり方、集出荷管理の徹底、問題発生（出荷制限品目が出荷・販売されてしまった場合等）時の対応などについて定めた。福島県内ＪＡの放射性物質測定機器の配置状況については、全ＪＡで測定機器（土壌・水）23台、食品検査器（ベクレルモニター等）16台、個人線量計（ガイガーカウンター等）23台、空間線量計（サーベイメーター等）30台となっている。当然、原発事故がなければ揃えずに済んだ設備投資である。

第二は、風評被害対策である。7月26日に東京・ららぽ～と豊洲での販促イベントを開催し、9月27日には岩手・宮城・栃木・福島合同による牛肉安全宣言大会（全農）を、11月5～6日（開催場所：JR福島駅前周辺）には食の祭典イベント「ごちそうふくしま満喫フェア2011」への協賛（各単協に呼びかけ）を行なっている。このほかにも、単協・全農・農青連・女性部が総力をあげて各種イベント展開をしている。問題は、福島応援イベントだけでは解決できない安全検査の問題性や暫定規制値の問題などがネックになっている点である。

(2) 損害賠償対策

JAグループ福島では、4月26日に「JAグループ東京電力原発事故農畜産物損害賠償対策福島県協議会」を設立した。福島県内全JAほか全農県本部、県酪農協、県畜産振興協会、県農業経営者組織連絡会議、県きのこ振興協議会など35団体で構成している。事務局はJA福島中央会が担っている。設置以降毎月、県協議会総会を開催して損害賠償請求額を決定し、東京電力に請求を行なっている。これまでの請求額（10月7日段階）は、総額286億円となっている。内訳を見ると、①出荷停止品目40億円、②その他被害品目41億円、③家畜処分など家畜関係77億円、④牧草20億円、⑤不耕作（休業補償）101億円、⑥営業損害7億円となっている。このうち10月段階で支払われた額は101億円となっている。

東電への損害賠償請求に関しては多くの問題点が指摘されているが、福島県農業・農協の課題としては、①支払いの遅延（本払いは3カ月単位）、②請求額に対する満額本支払いがなされない、③生産や出荷を自粛した場合の賠償をめぐる問題、④資産にかかわる損害賠償、⑤廃業補償、⑥終期の問題（賠償期間）、⑦ＪＡなど構成団体の営業損害、⑧原子力損害賠償紛争審査会による指針に明記されていない被害への対応、などがあげられる。

ＪＡ福島県中央会では、被害農家への資金対策も講じている。被災農業者（組合員）の当面の資金需要について福島県と連携し、全国連の支援を得て無利子資金を創設している（農家経営安定資金）。肉牛の出荷制限に伴う国・県による資金対応としては、国の肉用牛肥育経営緊急支援事業、稲わら等緊急供給支援対策、福島県では肥育牛出荷円滑化対策事業、稲わらの無償提供を行なっている。

5　体系立てた放射能汚染検査の必要性

現在の福島県農業の問題は、第一に、規制値を超える品目が毎月のように検出されるため、風評問題がまったく終息しないことである。２０１１年は、４、５月は野菜類、６月は牧草、７月は稲わら、８月は肉用牛、９月はキノコ類と毎月のように報道される状況である。第二に、風評の問題は農業から観光、暮らし・生活の問題に波及しており、福島県からの大幅な人口流出が懸念される状況となっている。

何故、放射能汚染問題は終息しないのか。大きく以下の2点が指摘できる。第一に、現状分析・調査モニタリング不足である。前掲図4-1は、文科省が測定した2㎞メッシュの空間線量により360地点の土壌分析結果をマップ化したものであった。しかし、現実の農村では、田んぼ、畑1枚ごとに放射性物質の含有量が異なる。概ね同じであれば対処できるが、筆者が関わっている某集落で独自に行なった全農地土壌分析調査結果では、同じ地区の田んぼの土壌分析結果で10倍近い開きがあった(7)。つまり田んぼ1枚ごとの全農地を対象とした放射能汚染マップの作成が必要なのである。

では、何故詳細な汚染マップを作成しないのか。これには幾つかの問題がある。一つは、検査機器の不足である。2011年9月現在で、福島県には福島県農業総合研究センターに10台、福島大学に2台、民間検査機関に数台のゲルマニウム半導体検出器が導入されている。それでも検査精度を上げるには、検査時間の確保が必要であり、検査できる検体は限られる。出荷前農産物の検査が優先されるため土壌分析にまで手が回らないのが現状である。二つ目の理由は、簡易ベクレルモニターで土壌汚染度を簡易測定(後述)するという方法があるが、検査精度の問題を専門家が指摘しているため、公的には実施されていない状況にある。三つ目の理由は、土壌汚染マップの作成は損害賠償請求の問題に直結するため、二の足を踏んでいるのではないかと「推測」される点である。このうち、最後の理由に関しては、「賠償」と現実の「損害」を分けて考える必要がある。国民の食料の問題、健康の問題を考えれば、真の損害状況を早急に調査する必要がある。農地のみならず、海洋汚染、森林汚染についても同様であるといえる。

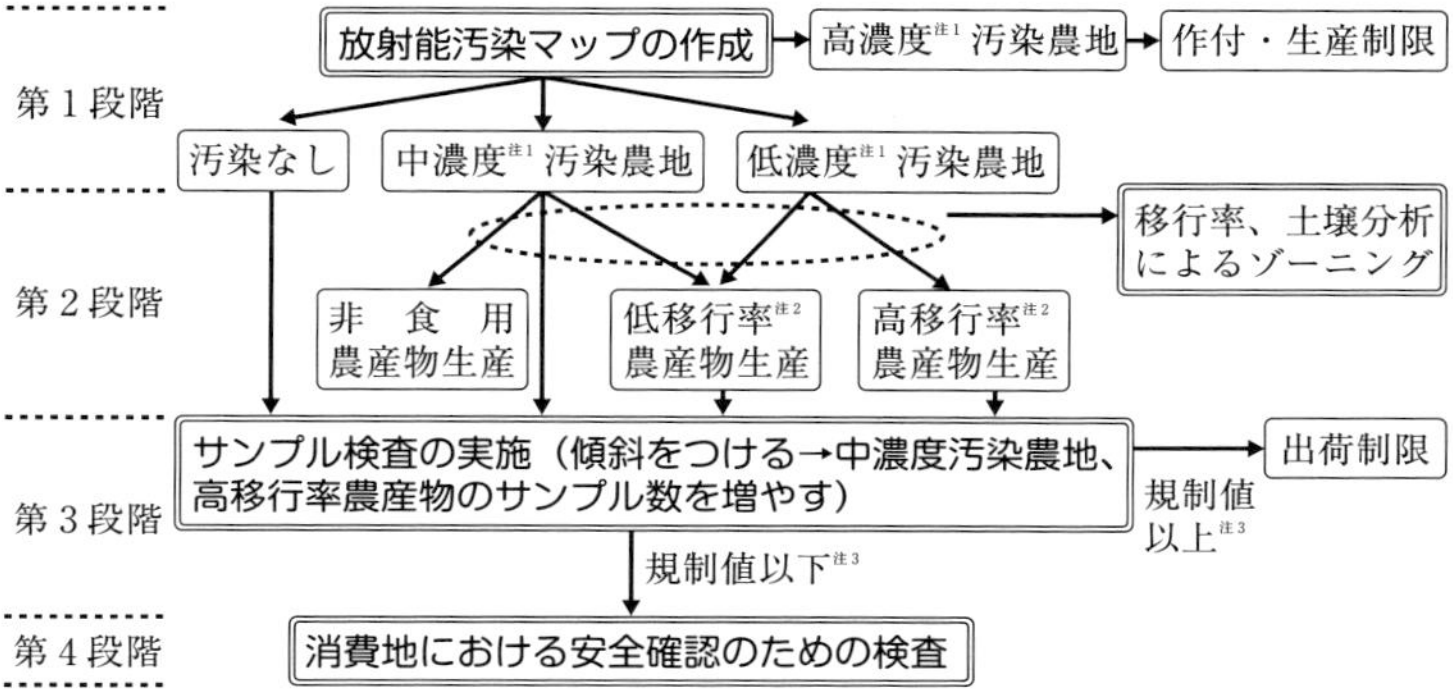

図4-2　4段階検査の流れ

資料：小山良太「原子力災害が福島県農業・農村に与えた影響」『日本農業年報』58、農林統計協会、2012年、95～119ページをもとに畠槙也作成。

注1：高濃度は2011年の作付制限基準の5,000Bq/kgの汚染、中濃度は1,000Bq/kg以上～5,000Bq/kg未満、低濃度は1,000Bq/kg未満を想定。

2：高移行率、低移行率に関しては移行率、また土壌分析の結果により判断するものであるが、現在研究段階にあり具体的な数値は判断しかねる。

3：規制値に関しては「一般食品」は1kg当たり100Bq、新設の「乳児用食品」と「牛乳」が同50Bq、「飲料水」は同10Bqとする新規制値案を想定。

このような現状に対し、図4－2のような4段階に体系立てた安全検査が必要である。第1段階は、田んぼ1枚ごとの土壌分析と全域放射能汚染農地マップの作成である。簡易測定でも構わないので、各集落ごとに田んぼ・畑1枚ごとの汚染マップを作成することが必要である。これにより汚染度合いに応じた対応が可能になる。例えば、高濃度であれば作付制限、中濃度であれば除染、低濃度であれば除染作物の作付けなど、被害状況に応じて対応策を講じることができる。

第2段階は、作物の予備検査から放射性物質の移行率を測定することである。現在の検査では土壌汚染度を測定していないため移行率を計れない。地域、作物の品種、地質、地目によって移行率は異なる可能性がある。ただ予備検査を行ない出荷制限を判断する段階から次年度以降のためにデータ収集を行なうことが必要である。今後も同じ混乱を続けることは避けなければならない。

第3段階は、現行実施されている出荷前検査の拡大である。福島県は独自にサンプル数を増やし、徹底した調査を行なう体制を目指している。問題は県独自という点にある。放射能汚染は福島県のみにとどまっていない。にもかかわらず、国の明確な指針がないため、地域ごとに検査の精度が異なっているのが現状である。福島県のND（Not Detected：検出限界）は10 Bq以下であるが、この基準は地域・検査体制によってまちまちである。このような現状が風評、不安感の原因となっている。

第4段階は、消費地における購買時点検査体制の構築である。全品検査は難しいとしても、例えば直売所、公民館単位にベクレルモニターを1台配備するなどという対策が将来的には必要となる。このような体系立てた検査体制の確立により、復興・再生計画の策定・実践が可能となる。

現在、各農家、各地域、各企業独自に検査をする動きがある。しかし、検査機器、方法は各自バラバラである。統一の検査マニュアルの作成と検査基準の設定が必要である。また、生産段階の検査だけでは不足であり、流通段階との連携が必要であるといえる。

6　風評被害問題と福島県産農産物の流通

(1) 風評対策

これら放射能汚染の問題を生産者対消費者の問題に矮小化することがあってはならない。風評被害という言葉では、被害者は生産者であり、加害者は消費者ということになる。いまだに暫定規制値のままの基準と穴だらけのサンプル調査に、消費者だけでなく生産者も不安を感じている。突然の原発事故・放射能汚染で本年の営農計画を断絶された生産者は完全な被害者であり、その後の対策における不作為により翻弄されている消費者も被害者である。被害者同士で対立しあう関係は悲劇である。限定的な情報のもとで「風評被害」、その一方での「福島応援」といったキーワードが氾濫し、本来同じ被害者であるはずの生産者と消費者が対立するといった悲劇が繰り返されているのが現状である。

では、地域独自にどのような対策が講じられるだろうか。ここでは福島県としての対策について検討する。

生産・流通面では、三つの対策が必要である。①生産（産地）対策としては、先に指摘した4段階検査のうち3段階までを徹底する必要がある。その上で、作付け（出荷）可能産地の特定と支援が必要となる。

②流通対策は重点課題であり、まず基準値（セシウム100Bq／kg）を順守するための検査体制、検査結果が「みえる流通システム」の構築が求められる。問題は、たとえ産地段階での検査体制を精緻化しても流通過程において問題が発生しないような仕組みを構築できるかという点である。

図4－3は福島県産米の流通フローを示している。[8] 福島県の民間流通米は全生産量の8割である。民間流通米は大きく分けて農協（表中ＪＡ）と農協以外の集荷業者に集荷される。そのうち農協に集荷される量は民間流通米のうちの37％である。農協以外の集荷業者には主なものに全集連（全国主食集荷協同組合）系集荷業者があり、民間流通米のうちの4％が集荷される。また、農協に集荷される米は、ＪＡ全農とＪＡ直売（単位農協）にまわされる。農協系統、全集連系業者、その他集荷業者から販売業者や実需者へ流通し、最終的に小売店や外食事業者のもとへ販売されるという経路をたどる。福島県においては、ＪＡの米集荷率は低く、ＪＡ以外の他の集荷業者が多く集荷しており、多様なルートを経て米の流通がなされているといえる。

米一つとっても、このような複雑な経路をたどるため、安全検査と流通機構の整合性を高める対策が必要であり、さらに言えば福島県における新しい流通の仕組みを消費者に伝えることが必要である。この意味で、流通業者や消費者団体も含めた産消提携モデルを考える必要があり、農協、漁協、森林組合と生協が連携した協同組合間協同の本格的運用が必要となっている。

このような対策の上で、③消費者対策として、啓発パンフ作成、正確な情報提供、組合員教育の実

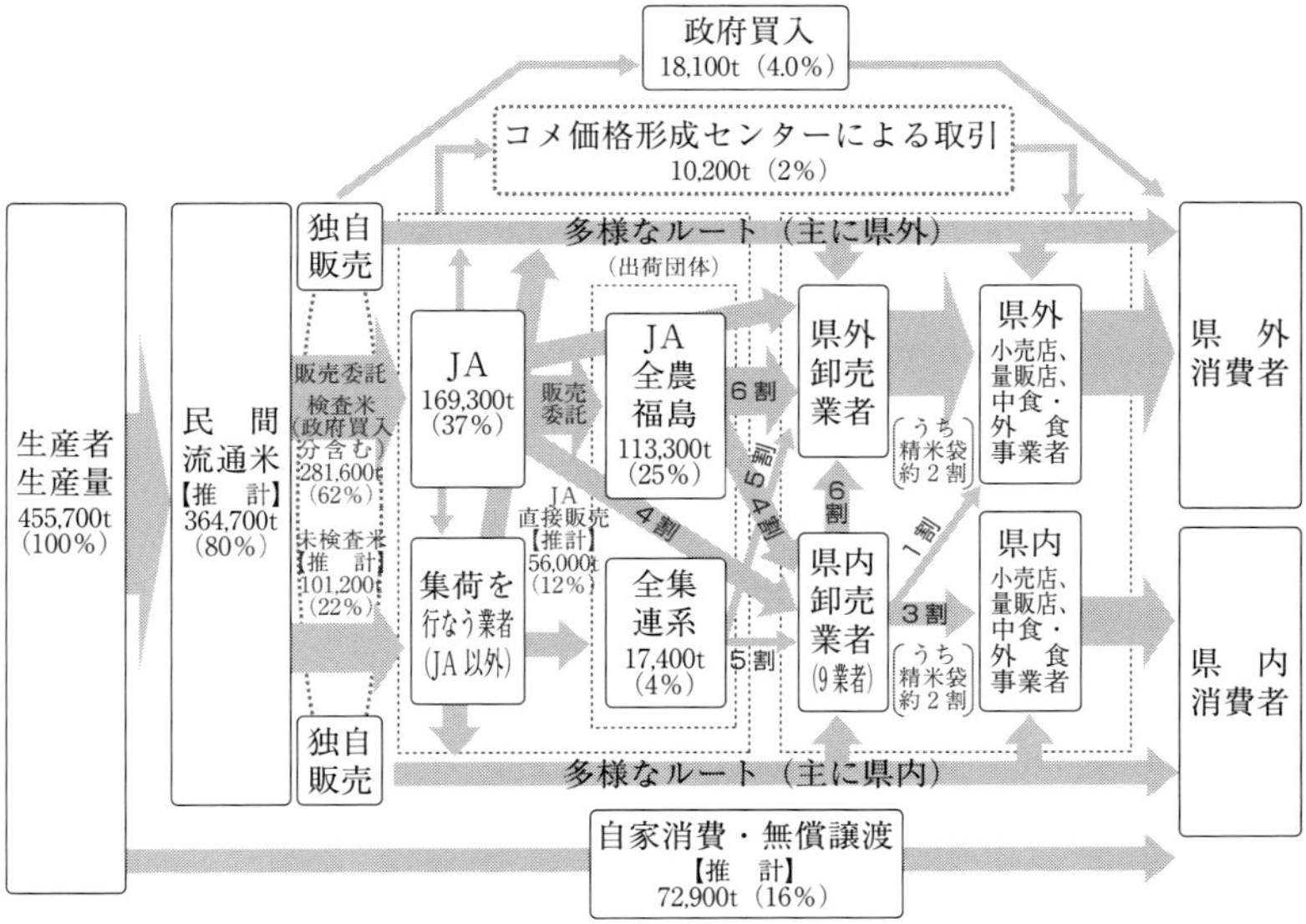

図4-3　福島県産米の流通フロー図

注1：2006年「福島県農産物流通状況調査報告書」（流通消費グループ）による。
　2：数値は2004年産米。

施を協同で行なう体制をつくる必要がある。正確な情報をどうやって伝えるか、消費者も含めて一緒に情報提供する仕方を考えなければならない。そこで、現在、福島県内の農協、漁協、森林組合、生協がつくる地産地消運動促進ふくしま協同組合協議会（地産地消ふくしまネット）と福島大学協同組合ネットワーク研究所[9]が合同で放射能汚染対策と福島県農産物の生産流通検討会議を開催し、今後の対策を検討している。

(2) 原子力災害に対する協同組合ネットワークによる対応

福島大学協同組合ネットワーク研究所は、福島大学において産官学が連携して、事業連携と協同組合間協同による地域社会の持続的発展に関する研究を行なうことを目的として2010年4月に設立された研究所である。

本研究所は、地産地消運動促進ふくしま協同組合協議会と共同して調査・研究活動を行なってきた。原発事故前の2010年度の活動は、地産地消と協同組合間協同のビジネス・モデルの探求として、県内の農林水産業や協同組合組織の現状を把握し、現地調査を実施した上で福島産農林水産物の商品開発や協同組合間協同を含む流通システムについて研究し、その成果をシンポジウムで発表している[10]。

ところが2011年3月11日に起きた東日本大震災・原発事故により、地産地消と協同組合間協同のビジネス・モデルは、再構築する必要に迫られた。そのため2011年度の活動は、放射能汚染による農林水産業の被害の実態を明らかにしつつ、原子力損害賠償や協同組合間協同を介した安全・安心の農林水産物の生産・流通・消費対策を研究することを課題とすることとなった。

これまでの活動内容をまとめると、3月は浜通り被災地支援・避難所支援を実施している。4月は、福島県産農産物の販売検討会を生協、農協、県農政、実需者で協議している。5月は独自の農産物検査、土壌分析を開始(ゆうきの里東和ふるさとづくり協議会、道の駅ふくしま東和、福島県有機農業ネットワーク中心）し、損害賠償協議会（ＪＡ中央会）も申請を開始している。

具体的な協同組合間協同の実践は、６月に農協・コープふくしま協同で行なった福島応援モモギフトである。福島県内のＪＡ、漁協、森林組合、生協でつくる地産地消ふくしまネットを主体に、県内企業に県産のモモのギフトを利用してもらう取組み「福島応援隊」を開始した。原発事故の被害に悩むモモ農家を買い支えることで応援しようという企画であり、県内に本部や支店がある全国展開の会社を中心に呼びかけ、県外へ向けて県産のモモをＰＲするというものである。

これを受けて７月には、国際協同組合デーを福島ＪＡビルで開催し、全協同組合陣営が一堂に会し、連携して原子力災害に対応すること確認した。10月31日から11月７日にかけて、福島県、福島県生協連、福島県農協、福島大学が合同でウクライナ・ベラルーシ視察調査を行なっている。これを受けて、検査方式の啓発、情報提供パンフ作成など、生協・農協合同企画を次年度に向けて開始することとなっている。

７　おわりに

筆者はこれまで放射能汚染地域である福島県において、農村・農協調査研究、産地形成、農産物流通に関する研究を行なってきた。調査地域は、計画的避難地域である飯舘村、葛尾村、南相馬市、田村市と一部出荷規制地域である中通り・伊達市、会津地域など福島県全域と宮城県南部など広範に及ぶ。特に近年は、産地ブランド形成に関わる地産地消、6次産業化に関して、福島県を対象とした実証研究を行なってきた。今回の原発事故によりこれらの地域は多大な被害を被るとともに、復旧・復興のめどすら立たない状況に追い込まれている。福島県においては、体系立てた損害調査が行なわれておらず、いわゆる「風評被害」の問題も解決のめどが立っていない。その根源的な原因は全農地を対象とした放射性物質汚染マップの作成が実施されていない点にある。汚染マップをベースとした安全検査体制の構築とそれに対応した流通システムの形成が求められている。また汚染マップの作成は損害構造の解明に必要不可欠である。

現在の福島県農業が抱えている問題を解決するためには、放射性物質検査のあり方を抜本的に見直すしかない。これまでの食と農に関わる検査・規制は、①土壌調査と農産物の検査は農林水産省、②空間線量のモニタリングは文部科学省、③食品の規制値の決定は厚生労働省、④食品の安全性に関する講習は消費者庁と、まさに縦割り行政の中で実施されてきた。国が基本方針を示さず、各機関が対症療法的にばらばらに動いてきたため、生産・流通対策の具体化に検査結果を活かしきれていないことは、「米の出荷制限・作付制限問題」一つを取り上げても明白である。

放射性物質検査を体系化できれば、生産・流通・消費と試験研究・営農指導を一体的にコントロールすることが可能となる。

「放射線量マップ」は、避難指示や解除、除染、農業対策などに関して、分野横断的に活用できる政策立案の基礎資料となる。生活圏における放射線量が可視化されたマップは、地域住民が、今の暮らしの中で少しでも外部被曝を減らす方法を考える判断材料として用いることができる。実態調査を行なうにあたっては、①復興庁が総合的な管理を行なう、②被害レベルが高い地域から順次作成、③被害レベルに応じて更新頻度を設定、④経費を抑えた簡易な手法を採用し予算確保、⑤実測は行政・研究機関・民間企業・地域住民の持てる力を最大限活用することが重要である。

農産物のモニタリング検査結果は、ゲルマニウム半導体検出器を利用した科学的精度の高いデータであるにもかかわらず、これまでは単に「出荷の可否」を判断するデータとして位置づけられていた。①農産物の放射性物質含有量、②生産圃場の位置データ、③土壌成分の三つのデータをリンクすれば、放射性物質の農産物への移行率のデータベースと、品目別の放射線量マップが完成する。このような基礎資料がそろえば、放射性物質量が移行しにくい作物の作付けを奨励することや、試験研究の重点課題を析出することが可能となる。

２０１１年夏以降、徐々に広がり始めた食品の自主検査に対しては、国による認可制度を導入すべきである。①行政に対する結果報告を義務づけ、モニタリング検査の予備検査として位置づける、②検査結果の誤った解釈が風評被害の拡大につながるのを抑える、③小売業者や流通業者の放射性物質に関する表示に対する指導を行なう（検査機器名と検出限界を正しく明記させるなど）ことは、食の安全・安心につながる。各地に食品測定の簡易検査器が設置される２０１２年は、検査マニュアルの作成、測定担当者への技術指導、検査結果の解釈に関する教育が重要な意味を持つこととなる。

もう一つの重要な課題は、大学や研究機関における試験研究の成果を、迅速に地域農業にフィードバックし、「食と農の復興」につなげる体制を構築することである。福島県の農業は、原子力災害以前から高齢化と農地の遊休化が深刻化していた。今すぐに対策を講じず、数年後に研究成果が公表されたとしても、すでに農家の大多数が離農し遊休農地が広がってしまった後では、地域農業の再生と生活再建は実現できない。福島県に研究拠点を設け、地域住民や市町村と接しながら実態調査・技術開発を進めること、いち早く情報を公開すること、有効な対策を制度化し迅速に普及することが求められている。

このようななかで、2011年現在、二本松市旧東和町、伊達市霊山小国地区（特定避難勧奨地点を含む）の2地域を対象に、地域主体による全農地放射能汚染マップ作成を共同で実施している。この汚染マップ作成モデル事業を通して、緊急的復興課題としての「風評被害」対策（①全農地汚染マップ、②農地・品目移行率、③出荷前本検査、④消費地検査の4段階検査体制とその普及）と中長期的復興課題として損害構造（①フロー：域内生産物、②ストック：域内総資本、③社会関係資本）の解明を行ない、他地域への普及モデルを作成する必要がある。そこで重要なのが、福島県内各協同組合組織が加盟する福島大学協同組合ネットワーク研究所とともに福島県生協連、福島県内17JAおよび全農福島を横断する協同組合間協同モデル内で4段階安全検査体制を組み込んだ産消提携モデルを構築することである。特に安全検査に消費者自身が関わる体制づくりと認証制度の構築は必須課題であるといえる。4段階安全検査と生産・流通モデルを協同組合間協同事業として設計し、緊急時のリスクに対応した域内フードシステムと地域間システムの構築に関する理論を解明することが急がれる。

注

（1）濱田武士「熟議なき法制化　『水産復興特区構想』の問題性」『世界』No.３２６、２０１２年３月号、33〜36ページに詳しい。
（2）原田正純編著『水俣学講義』日本評論社、２００４年を参照のこと。
（3）表面から15㎝を検体として採取し、ゲルマニウム半導体検出器で測定。作付け可否判断段階（２０１１年４月）のサンプル数は各市町村で１〜３検体と少なかった。ほとんどの地域で作付けが可能となった。
（4）伊達市霊山小国地区の汚染マップ作成事例について詳しくは、小松知未・小山良太「地域住民と大学の連携」菅野正樹・長谷川浩編著『放射能に克つ農の営み―ふくしまから希望の復興へ―』コモンズ、２０１２年、２２７〜２４２ページを参照のこと。
（5）現在、土壌を洗浄する、土壌の表面を剥ぐ、天地返しといった技術が検討されているが、農地の除染を対象とした場合、その運用は難しい。農地としての利用を考えると、洗浄、剥ぎ取りは土地の肥沃度を極端に低下させる。２０１２年２月現在、ＪＡＥＡ（独立行政法人日本原子力研究開発機構）は25の除染技術を選定している。
（6）文部科学省・米国ＤＯＡ放射線空間線量航空モニタリング調査より。http://www.mext.go.jp/component/a_menu/other/detail/__icsFiles/afieldfile/2011/05/06/1305820_20110506.pdf（２０１１年７月20日時点）
（7）調査結果の性格上、集落名を公表することはできないが、４月時点に土壌のサンプルを10枚の田んぼから採取し、ゲルマニウム半導体検出器を擁する検査機関で測定した結果、最小は約400、最大は約4000Bq/kgであった。
(8) 詳しくは、小山良太「福島県はなぜ米生産過剰日本一になったのか?」『地域と農業』第73号、北海道地域農業研究所、2009年4月、38~47ページを参照のこと。
(9) 福島県では、2010年4月に全国でも珍しい大学と生協・農協・漁協・森林組合による協同組合組織・事業・運動に関する研究組織「福島大学協同組合ネットワーク研究所」を設立している。福島県ではこれまでも「ふくしま大豆の会」(1998年設立)という農協、農民連、生協、加工業者などとの産消提携による協同組合間協同を実践してきた。このような取組みを基盤として、産学連携による協同組合間協同を推進している。
(10) 小山良太「絆で創る!! ふくしまSTYLE―地消地産と協同組合の役割―福島大学協同組合ネットワーク研究所設立記念シンポジウム」『にじ』633号、JC総研、2011年3月、148~153ページを参照のこと。

参考文献

伊東勇夫編著『協同組合間協同論』御茶の水書房、1982年。

太田原高昭「第四優先分野:協同組合地域社会の建設:協同組合間協同による地域社会の建設:レイドロー報告の提起(特集「レイドロー報告」から30年―国際的協同組合運動の課題と展望)」『にじ』No.629号、協同組合経営研究所、2010年、144~157ページ。

小山良太「東日本大震災・原発事故による農業農村の被害と再生のあり方―福島県農業の地域性と対応課題―」『経済地理学年報』第57巻第3号、２０１１年9月、63～66ページ。

小山良太「食料問題に果たす協同組合の社会的役割―福島県および協同組合の東日本大震災への対応―」『協同組合研究』第30巻第3号（通巻87号）、２０１１年8月、13～20ページ。

小山良太「原発事故・放射能汚染と福島県農業・農村・農協」『農業と経済』第77巻第10号、２０１１年10月、１１６～１１８ページ。

小山良太「放射能汚染と農と食の安全性」『協同の発見』第２３１号、協同総合研究所、２０１１年10月、51～61ページ。

小山良太「原発事故・放射能汚染問題と福島県農業」『地理』通巻６７５号、２０１１年10月、41～48ページ。

小山良太「原発事故・放射能汚染と復興に向けた協同組合間協同の活動」『農業協同組合　経営実務』№８２７、２０１１年9月、85～95ページ。

小山良太「農村との共生・連携―都市と農村を繋ぐネットワーク型地域づくり―」鈴木浩編著『地域計画の射程』八朔社、２０１０年、42～62ページ。

小山良太「組合員と組織活動」田代洋一編『協同組合としての農協』筑波書房、２００９年、13～50ページ。

小山良太「絆で創る!!ふくしまＳＴＹＬＥ―地消地産と協同組合の役割―福島大学協同組合ネットワーク研究所設立記念シンポジウム」『にじ』６３３号、ＪＣ総研、２０１１年3月、１４８～１５３ページ。

小山良太「福島県はなぜ米生産過剰日本一になったのか?」『地域と農業』第73号、北海道地域農業研究所、２００９年4月、38～47ページ。

清水修二『原発になお地域の未来を託せるか―福島原発事故　利益誘導システムの破綻と地域再生への道』自治体研究社、２０１１年。

清水修二『差別としての原子力』リベルタ出版、１９９４年。

清水修二・小山良太・下平尾勲『あすの地域論』八朔社、２００８年。

白石正彦「協同組合間協同の新たな役割―90年代の停滞をどう破るか（特集　協同組合運動の課題と未来開発）」『協同組合経営研究月報』№５６８、２００１年。

日本協同組合学会「福島県における協同組合間ネットワークの可能性―ふくしま大豆の会10年の取り組み―」『協同組合研究』２００９年7月、1～43ページ。

山田定市「協同組合間協同の現代的意義」『北海学園大学経済論集』48（3・4）、２００１年、１２９～１４８ページ。

◉コラム3

大震災・原発事故そして復興に向けて今思うこと

そうま農協労働組合　書記長　渡辺勝義

原発の恩恵は一つも受けていない。しかし、放射能汚染では世界的に有名になった。5月、山々は芽を吹き花も咲き、緑につつまれ、小鳥は羽ばたき、何も変わっていない。しかし、人がいない、車も通らない、音もない、何もない目に見えない放射能をヒシヒシ感じながら過ごしてきた。

従来、隣組があり集落があり行政区があり、村があって、コミュニケーションが図られてきた。春には道路の空き缶拾いや草刈り、河川の草刈り、村祭りがあり、夏には盆踊り。そして子供育成会・婦人会や老人会、生産組織があり、部落が形成されてきた。村は第1次産業（農業）の地で、米・野菜をつくり牛を飼い、80％以上の人が関わってきた。それが全部壊された。東電の原発事故放射能汚染によって全部壊された。こんな大きな犯罪は見たことも聞いたこともない。

2011年4月22日、計画的避難区域に指定され、人は皆住むため、生きるため、仮設住宅や借上げ住宅への避難生活を余儀なくされた。私は仕事を優先させ村の情報を得るため相馬市の仮設住宅を希望し、7月から住みはじめ、約9カ月になる。夏は暑くて冬は本当に寒い。ガラスの結露、水道の凍結など厳しかった。寒さの峠を過ぎたころ、二重サッシ取付けや暖房機の増設、床下の断熱工事が講じられた。寒さは予見できたはずなのに大慌てで補強工事や追加工事といった、相変わらず不合理・不経済なやり方をしている。何といっても部屋が狭く少ない。隣家の人のいびきが気になって眠れないといった、隣同士の問題になるケースも多い。

しかし、よいところもある。相馬市の仮設では夕食時に給食を支給している。1日に1回、本人が給食を取りに来るため顔を見、安否確認ができる、無駄話などでストレス解消の場にもなる。孤独対策や雇用対策にもつなげている。

村は、仮置き場の問題もあるが、除染を居住地が2年、農地が5年、山林が20年と計画し、線量が低いところから高いところへ、標高の高いほうから低いほうへ、学校・スタンド・銀行などインフラ集中地を優先に2年間で行なおうとしている。どうなんだろう、除染が成功しても若者はほとんど戻らないという。以前、地震避難の山越村、火山避難の三宅島では、2年から5年の避難で帰村率は約70％と聞く。私たちの村は目に見えない放射能のため50％程度だろう。村は、村民への説明では除染を実施しみんなで帰村するという選択肢しか提示していない。一部では、違う選択肢もあるべきだという。除染に3224億（計画した金額）のお金を使うなら、それを資産の補償賠償に使えということだ。しかし、国は除染費用を考えても、個人の資産の買い上げは考えないだろう。

2012年2月1日、川内村が帰村宣言を出した。賛否両論があったが反響は大きかった。放射能等の専門家も意見が分かれたそうだ。村長は、「放射線より村・故郷へ戻ろうとする気持ちがなくなるのが怖い」と言っている。広野町では3月1日、役場機能を広野へ移した。しかし、250人の住民しかいないそうだ。

飯舘村も、住民は帰村についてどう考えているのか、住民アンケートを取るなど、村民の意見を聞くのも一つの手段であろう。村民の本当の考えを知る必要がある。

村が主催する懇談会で幾つか意見を述べた。「農地の除染については、必ず汚染マップをつくり実施すること」。それから、「帰村後の雇用対策として、原発事故後放射能汚染でこれだけの被害があり苦しめられたわけだから、原発事故や放射能汚染に関わる国の研究機関を村に誘致してほしい」、と。

また、なれない土地での長期にわたる避難生活である。まだまだ支援を必要としている。健康管理や被曝検査（ホールボディカウンター）はもちろんだ。私も2月23日、ホールボディカウンターを受けに平田村へ行ってきた。大型バスで約30名が朝６時に相馬市を出発、帰ってきたのが午後４時。昼食休憩等もあったが10時間かけて、検査は２分で終わった。２分の検査のため10時間かけたことになる。これが今の実態である。「福島県民は県外の人と結婚できなくなる」などとささやかれている。これからは正しい放射能についての知識を身につけるための学習や、心のケアが必要なってくる。

政府は４月１日以降の避難区域の見直しを検討している。福島第一原発から単に距離で線引きし避難区域を決めていたが、後に避難指示や賠償で大きな問題になった。今回は単に放射能の空間線量、年間放射線量50mSv以上（帰宅困難区域）、50～20mSv（居住制限区域）、20mSv以下（解除準備区域）、の３区域に見直そうとしている。やはり、早く解除して賠償を削減するのが目的であろう。村は３区域が該当し、村と村民を分断するとして、また「帰村は皆が一緒に」の思いから、村民を分断させないような区域の見直しを要望している。しかし、線量の高い地域、過疎化の進むところでは、村を離れるのにはこれがよい機会だと、資産の買い上げなどを願っている人も少なくない、と聞く。

津波による農業の復旧・復興は徐々にではあるが進んできている。相馬市では、被災を受けた農家では大型機械の購入など難しく、補助金などを利活用するために農業の法人化が進められているようだ。しかし、話し合いがうまくまとまらない。相馬市は原発に目が行きがちだが、津波で苦労している人がたくさんいる。また、地盤沈下により水が溜まり、抜けない状況もあり、津波破壊による区画整理や除塩がこれからの課題である。

原発事故により放射性物質の影響が風評被害として現われているが、今後農作物をつくっていく上で、収穫した農畜産物がいかに安全であるかという保障が必要である。

南相馬市管内の米の作付けは平成24年度も制限することになった。

また、４月から食品中のセシウム基準が厳しく変更される。地元の牧草が使えないことになると、畜産農家には大きな打撃になるだろう。県北地方の果樹地帯では、果樹園の除染を始めるそうだ。「なぜ東電がやらない」「高齢でできない」など怒りの声が出ているそうだ。しかし、つくり上げた産地を守り、後世に残すためがんばっているという。

JAそうま管内の水田面積は1万2069ha。津波冠水田が4321ha、原発による作付制限が5439ha、計9760haで、全体の80%。ほかに転作もあり、今年も1689ha、全体の約20%の作付けになる。今後は農地の除染が大きな課題となるが、土壌の汚染や環境を考慮した汚染マップを行政と協力し早急に作成して、効率的な除染を願いたい。何よりも、農家が米をつくる、牛を飼う、農業をやるという気力をなくすことが心配される。

今回、JAそうま・ふたばでは資本注入を受けた。今後はこれをもとに早急に農業・農協の復旧・復興を図らなければならない。JAは農家組合員が農畜産物を生産販売し、その代金で購買事業、信用・共済事業が成り立っている。その基盤である営農事業が制限され、生産できない。JA本来の生産活動ができない、農家組合員への指導はどうしたらよいのか、東電の補償賠償の指導だけでよいのか。JAとしては、農地の土壌改良(除塩・除染)に全力で取り組み、農家個々の経営や営農の基盤づくりをすることが急務と考えられる。

最後に、私は仮設住宅で老人などと雑談するときがある。「今、困っていることは」と聞くと、「やっぱり生まれ育った村へ帰りたい。いつ帰れるのか。2年後か5年後か10年後か考えると、ストレスがたまる一方だ。今の1年がいかに大事かわかってほしい」と言う。また、「若者は、除染が成功し避難が解除されても、生活や職場もある、何よりも放射能が心配だ。村へは戻らない、と言っている」と語る。

国は安全と言い続けたが、4月22日には手のひらを返したように村を出ていけと言う。怒りでふるえる思いがした。

村は壊され自治会も壊された、集落もなくなった。人も牛もいない。米や野菜もつくれないだろう。今までの苦労は何だったのだろう。借金で買った高いトラクターはどうすればいいのか。怒り心頭だ！　村は段階的に帰村させると言っているが、絶対といっていいぐらい若者は戻らないだろう。老人の村になるのか。店もない、働く場所もない、どうすればいいのか！

何年もかけ美しい村をつくり上げてきたのに、一瞬にして放射能で汚染され人間が住むことができない村にされた。

私は、東電や国に言いたい。「私たちは何も悪いことはしていない。3月11日前の村を返してください」。

第5章　土地利用型農業再生にかける農家の思いと取組み
――宮城・福島の農家ヒアリングから

1　はじめに

岩手・宮城・福島の被災地を対象とした第2～4章では、福島は放射能汚染を主題とし、岩手と宮城は農業に重きを置いたが、概況把握を主としたので、本章では具体的な農業者や農業経営に立ち入って事例紹介することにしたい。とはいえ対象は宮城・福島のごく一部の地域のごく一部の事例に限られる。事例紹介にとどまったのは筆者の分析能力の欠如が主たる理由だが、地域再生や農業再生は概念的にはできず、一人ひとりの経験や意向を聴くことから始まるという思いもある。

事例紹介にあたっては、概ね、地域の概況、農家のプロフィール、被災状況、復興への取組みの順に叙述したい。最後に、事例から引き出せることをまとめたい。また、所得など省略した項目もある。ヒアリングは２０１２年１～２月に行ない、数字は全てその時点のものである。

2　宮城県名取市閖上《ゆりあげ》地区――水田単作

(1) 地域

閖上地区は、大震災時にテレビで津波が瓦礫を載せて田んぼを遡上していく様相が映し出され、津波の不気味さを印象づけた、あの地域である。名取川をはさんで北が仙台市若林区、少し南が仙台空港である。２０１２年3月11日付の「朝日新聞」の「天声人語」には「人影のない閖上中学校の時計は2時46分で止まっていた。漁船が3隻、校庭に転がったままだ。生徒14人が亡くなったことを記す碑が新しくできた。高さ8ｍ、土を盛ったような日和山《ひより》に登ると、消えた街の広さがわかる」とある。閖上小学校では1名が亡くなった。その日和山にものぼってみた。この山が人工なのか、古来からのものなのか知らない。名前からして漁師が海や風をみるために築かれたのかも知れない。その海から津波は押し寄せ、恐らく日和山も飲み込んだ。この山に逃れたという話は聞かない。しかしこの山は今後の閖上地区の復興のランドマークになるだろう。

閖上町は明治合併村であり、１９５５年に4村と合併し名取町となり、58年に名取市になった。江戸初期から明治にかけて阿武隈川と塩竈港を結ぶ貞山堀（貞山は伊達政宗の諡号）が掘削されたが、その貞山堀と名取川を結ぶ中継地として栄え，仙台城下までの船運があり，藩の主要漁港，江戸廻米の積出し港であり，現在は沿岸漁業基地として笹かまぼこの生産が行なわれ，マリンプールなどレクリエーション地区にもなっている。以上は小学館『日本地名大百科』（１９９６年）によるが，我々が２０１２年１月に訪ねたときは，ところどころに防風林の松と家の残骸，土台が残るのみの「何もない」あっけらかんとした空地だった。

閖上は４００～５００戸からなるが，町区と岡区に分かれる。町区は農家，非農家が混住する水田地帯であり，岡区は純農村でカーネーション等の花き栽培で全国的に有名である。耕作反別は３６７haである。地域は昭和三陸津波（１９３３年）の被害を受け，それまでなかった堤防がつくられたが，今回は堤防があるから大丈夫と思い，逃げなかった人が亡くなった。人口６５００～７０００人の１割が亡くなっている。

町区と岡区では農業形態も違い，被害は町区が大きかったので，以下では町区についてみていく。町区には湊神社と前述の日和山があり，正月には詣でている。町区の下は実行組合で，それが農業集落にあたる可能性もあるが，通常は町区単位で動いている。

同区は海岸に近く排水不良な水田地帯で，年２～３回は冠水する（「白海」と呼ばれる）。野菜等はつくれない土地である。用水路も土側溝が多く，名取土地改良区は排水機場のポンプを増やす計画をたて，国の許可を得るために同意書をとりはじめようとしたところ，大震災にあった。

農家戸数は３５０戸くらいだが，うち40ａ以上の耕作反別の農家84戸が閖上推進協議会のメンバーになっている。言い換えれば零細な半農半漁家も多かった地域である。

(2) ヒアリング農家のプロフィール

地域を代表する4人の農業者が集まってくれた(全調査農家のプロフィールを後掲の表5－1にまとめておいた)。

Aさん…閖上推進協議会長、80歳、妻78歳、長男54歳(消防署)、嫁、孫2人。水田は8haで80枚に分かれる。瓦礫片付け中で、表土はあり、復旧可。トラクター50馬力、田植機6条、コンバイン5条(一昨年購入)、乾燥機3台、全てだめになった。トラクターは修理に300万円かかる。トラクター、コンバインは今年から農協への支払いが始まる。仮設住宅住まい。

Bさん…閖上町区復興組合長、57歳、妻62歳、犬1頭(死亡)。家は高くしてあるが、地震で壁をやられる。作業場が床下浸水。水田7haで転作はしていない。除塩もでき2012年から作付け可。

Cさん…復興組合会計係、70歳、妻67歳、息子たちは仙台市に転出。水田5ha、塩、ヘドロ、瓦礫があるが、表土15cmは残っている。

Dさん…名取土地改良区総代、53歳、妻46歳、長男23歳(会社員)、父母と娘2人。水田、自作2ha、小作10ha、うち利用権は3ha。小作地は閖上内、小作料は現物支払で、今年は米がとれないので払わない。相手もどこにいったか連絡が取れないが、話し合いで、賃貸関係は白紙に戻るのではないか。

４人とも人的被害はまぬがれているが、Ａさんは家をやられ仮設住まいである。前述のように排水条件が悪く水田単作農業の地域であり、自作規模は大きいが、高齢夫婦就農が主で、２世代専従経営はない。自作地の少ないＤさんは借地で12ha経営である。地域は大規模自作経営と零細経営に分化している。また地区には法人経営はなく、外部からの設立等の呼びかけも今のところない。

水田は津波にやられて瓦礫、ヘドロの処理と除塩中であり、２０１２年度からの作付けを予定している。しかし全体としてみれば、地区の西側は12年度作付けが可能だが、東側は12年度作付けは１割にとどまり、大半が13年度以降になるのではないかという。

（３）復興に向けて

・閖上港の近くでは町づくり推進協議会が15名体制で立ち上げられているが、市の職員も入り、「あれもだめだ、これもだめだ」でまとまりがついていない。その上部に閖上地区復興１００人委員会がある。地域は宮城サイクルスポーツセンターやマリンプールなどレクリエーション地区にもなっている。

地域の復興は、①避難道路、防潮堤、大雨による名取川の水位上昇に対する排水施設の建設といったインフラ整備、②町づくりと圃場整備、③担い手の育成の三段構えになるようだ。集団移転はない。

・２０１１年６月１日に市のトップを切って閖上町区農業復興組合が立ち上げられたが、これは前述の協議会メンバーに限らず参加している。市に復興組合のメンバーとして届け出たのは25名くらいで、うち出役しているのは20名、自宅から5名、仮設住宅から15名である。復興組合は瓦礫処理、堀の整備、草刈り、耕起（除草と荒らさないため）、業者が行なう除塩作業の手伝い、を行なっている。

町区復興組合には2011年度に2680万円の被災農家経営再開支援事業による支援金が交付された。これを使って作業に出た人には時給1500円、日当1万2000円を支払っている（市の取り決め）。出役している20名は平均62～63歳で反別の大きい人が多く、月20日出れば24万円の収入になる。ただしそこから草刈機の油代や除草剤の費用を負担する。当面の収入源として貴重であるが、24万円で割れば112月・人となり、20人の半年分に過ぎない。

・地域の田んぼは10a区画であり、人によっては畦を取り払って30aにして利用していた。15年前に圃場整備の話がもちあがったが、減歩や自己負担の問題があり、実施に至らなかった。今回は大区画圃場整備に取り組むために市、改良区、農協、市水田協で話し合っている。農業後継者はいないが、圃場整備のラストチャンスではないか。国は100a区画といっているが、場所的には30a、50aもあるのではないか。今の状態では誰も耕作する人がいなくなり、圃場整備をやって初めて今後につながる。除塩で現状復帰して13年度から作付けしながら順番に整備していくことになるだろう。そのためにも2012年8月を目途に100%の同意をとりたい。今回は地元負担ゼロでやる。農地は管理しないと荒れ地になり、3年で柳が生える。きれいにした農地に誰が責任をもつのか、問題はそれだけだという。

・4人は将来の営農をどう考えているか。

Aさん…先祖からの土地を守りたい。できれば集落組織で集団的にやりたい。息子もあと5、6年で定年で帰農する。孫もやりたければ組織に参加するだろう。

Bさん…後継者がいないので、今からカネをかけて農業できるか。町づくりがどこまで農地に入り込んでくるのか。それに対して自分の田がどれだけ残るのか。町づくり次第で、自分の食べる分だけつくるか、農業の会社に入るか、どのグループに属すかを決めるが、それは先の話で、今それを思うのはいやだ。

Cさん…やりたくても大型では自分はできない。やがて取り組む人のために整備する。

Dさん…トラクター75馬力と乾燥機3台が残る。息子も農業するだろう。個人で営農するかグループでやるか、いずれかだろう。それに対してAさんは「やはり共同化したほうがよいのではないか。しかし早めに言い過ぎると浮いてしまう。TPPの問題、コストの問題もあるし……」という。

Aさん、Cさんは高齢、Bさんは50代だが息子がない。世代継承の可能性をもつのは50代で借地経営をしているDさんだけだ。こういう状況下で、ともかく農地は守る、そのために後に来る人（世代）のために大区画圃場整備は行なう、営農組織形態や誰が担うかはそれから決める（決まる）という構えといえよう。

(4) 課題

課題の順序は次のとおりと考える。①閖上地区の全体の土地利用計画を決め、「市街がどこまで農地にやってくるのか」を明確にする必要があろう。そのうえで大区画圃場整備の区域が決まる。②そして圃場整備の同意取りになるが、多数の犠牲者を出した地域だけに地権者・名義人の特定が必要であり、犠牲者の場合にはその相続人からの同意の取り付けが必要になる。現行の100%同意慣行を継続したのでは困難が増すだろう。③そのうえで営農組織形態とその担い手が決まり、会社経営・共同経営（株式会社形態の農業生産法人か）が一つの焦点になり、そこでの水・畦畔管理作業と機械作業の分業再編の明確化が必要になる。またこれまでの地域農業は水田単作（水稲＋転作）だった。共同経営といえどもその単一経営のままでは成り立たないだろう。何らかの集約的な複合部門をとりいれる必要があり、それは世代交代を含むかも知れない。④そして共同経営に参加しないで営農を続けたい農家の農地をどのように確保するかが問題になる。併せて彼らの経営がなりたつための直売所向け農業等の条件整備も必要になろう。

閖上地区は、明治合併村・閖上町、そのなかでの町区（藩政村にあたるか）のまとまりがよさそうであり、4人もそれぞれ異なる実行組合から駆けつけてくれた。この明治合併ないしは藩政村を単位に将来を模索していける。閖上推進協議会が農業上の核になると思われるが、それは40a以上農家で組織されている。そこで、ⓐ零細農家を含む閖上町区全体、ⓑ推進協議会メンバー、ⓒ復旧作業に出役している比較的規模の大きい農家、この三層の農家階層構成を踏まえて、とくに比較的規模の大きい農家間の意向調整が閖上農業の将来を決めるだろう。

3　宮城県東松島市矢本町大曲地区―水田・施設園芸複合経営

(1) 地域

大字大曲は藩政村である。明治合併で矢本村になり、昭和合併で矢本町になり、平成合併で東松島市になった。東は北上川に連なり、南東に石巻港、西には航空自衛隊松島基地がある。海沿いには北上運河が走っている。北の仙石線、南の海に囲まれた地域である。大曲は小学校区でもある。

大曲村には六つの農業集落がある。１９９８年に大曲集落農家実践会がつくられた。目的は圃場整備、集団転作、農業所得増をめざすことで、根底には米価があがらず農業所得が上向かないことへの危機感があった。米価が30kg当たり５０００円を切り、専業農家ほど苦しい実状だった。農協も集落営農を推進しようとしており、それとマッチした。

大曲は農家戸数１３８戸、耕作反別１８０haである。14戸で大曲生産組合をつくり集団転作していた。14戸には専業的な複合経営農家が多い。大豆転作に取り組み、組合が交付金をもらい、参加者に10ａ４万円、管理作業をすれば５万円を払っていた。

大曲の農地の半分近くは貸し付けられており、村の農家は少数の専業的農家14～20名程度と、その他の農家に分化している。

大曲は海抜マイナス30㎝の地帯だが、地震でさらに1m地盤沈下した。暗渠を深く入れると塩水がでてくるところだった。

水田の4分の1は入作である。入作は戸数にして10戸足らずで、1戸2、3ha規模だ。実践会にも参加してもらっているが、転作分は大曲に任せて欲しい意向である。そしてできるなら入作地を転作に回したい。

大曲には法人組織はない。隣の赤井には農協のリース事業による若手4戸の法人がある。

(2) ヒアリングした3戸の農家

Eさん…矢本復興組合長、農業委員、農協理事。63歳、妻60歳、長男36歳、嫁36歳、孫は男の子3人、家族4人でパートを入れずに経営。半都会の地域なので、ずっと以前は果樹作をして小売りしていたが、収益が低下し、1970年代半ばからハウス栽培を開始した。その前には露地野菜もつくっていた。パイプハウスでホウレンソウ、トウモロコシ、キュウリ、ミズナ等をつくる。この地域は砂地で日照時間が長いので施設園芸の適地である。

自作3・5ha、小作5・0haの8・5ha経営。ハウス650坪で野菜栽培。地主は10名で、小作料は現物1・5俵水準、金納と現物の半々である。

人的被害はなかったが、床上50㎝の浸水。水田は3分の2が浸水する。2012年は3分の2は作付けする予定だが、残りは除塩中で見通しは立たない。ハウスも浸水したが、壊れなかった。ハウスは2011年秋にはキュウリ、ミズナを作付けした。

Fさん…大曲生産組合長。59歳、妻58歳、長男31歳（就農しているが独身）、母83歳。人的被害はなかったが、家は2・5mの浸水で全壊し、いとこの貸家に住んでいる。母は仙台の妹宅に行く。パート1人を年7カ月、時給700円で雇用しているが、やはり家をやられて借家住まい。大地震の時はハウスで作業中で、停電になった。津波が来てハウスから赤井方面に逃げて助かった。5mの津波だった。

自作3・3ha、小作1・5ha。地主は3人で条件はEさんと同じ。ハウストマト750坪で2回転、トマト収入が7割を占める。

水田は全滅した。復旧の見通しは立たない。水稲は赤井のいとこのそれを手伝う。赤井で80aと130aの水田を借りてつくっている。農機具も全滅したので借りてやっている。水田復旧を待っていられないので、自作地のハウス30aを更地にしてネギつくりを始めた。またヘドロを剥いで客土してパイプハウス10aを建てて夏秋トマトをつくっている。ハウスは15年かけてやっとローンが終わったところだ。修理費が大変だ。あとから建てた人は二重ローンに苦しむことになる。

生活は義捐金、従兄弟たちの支援、共済金等で支えており、食べるだけだが、そんなにかからない。気の利いた人は重機の仕事をしたりしている。

Gさん…64歳、妻63歳、息子はおらず、娘5人で、後継者なし。農業は夫婦でやっている。人的被害はないが、家は半壊した。

自作地2・6ha（うち畑20a）、小作地6・0ha、地主8人で利用権を設定している。ハウス400坪、キュウリ2作で露地野菜はやらない。ハウスは40年やってきた。水田は9割が被害を受け、2012年の作付けは3割だ。ハウスは水を被ったが回復できて2011年からつくっている。農機具は全滅した。

以上、3戸とも水田はかなりの借地をしており、古くから野菜のハウス栽培に取り組む複合経営で1000万〜1500万円の粗収益を上げてきた。それが水田は3分の2から全部が被災し、農機具も全滅し、ハウス栽培のいち早い再開で何とか農業を継続している。2世代専従経営化できているのはEさんのみで、Fさんは息子が就農しているものの2世代化はできておらず、Gさんは夫婦経営である。

(3) 復興に向けて

・賃貸借…Eさんは農業委員。農業委員会としては小作料の減額請求ができる旨の知らせはしたが、それ以上の指示はしていない。大曲地区で主な借り手が一度集まって話をした。地主から「今年は小作料をもらわなくていい」という話が出ているが、交付金やとも補償のカネも出ているし、土地改良区の経常賦課金も免除になったので、地主の気持ちも汲んで半額支払うことにした。今さら農地を返されても困る地主ばかりで、解約ということにはならず、そのままの形が継続するだろう。
・復興組合…復興組合は7月頃に矢本町として立ち上がり（Eさんはその組合長）、大曲は支部になる。復興組合は全戸参加になっている。組合の仕事は瓦礫処理、草刈り、水利施設の修理。行方不明者の捜索をしていたので作業が始まったのは秋になってから。なかでも瓦礫処理が大きく、業者が重機でやった後を組合が行なう。他集落に行くために大曲の水田の上を人が通り、さらに重機が走ったので、ガラス破片などが埋まっており、それが困る。砂とヘドロが大変で、草も生えなくなった。１日50人くらい出て20日くらいやったが、まだやりきれていない。
・圃場整備・機械装備…当地域は、地元負担10％、最終的な農家負担４～５％の経営体育成型の県営圃場整備事業に取り組み、１ha区画をめざしてきた。その最初の12 haの引き渡しを１週間後に控えて被災した。３人の話では「ともかく圃場を直す」。そこでまず事業継続か再整備かが問われる。

そのうえで問題は、第一に、農機具をどうするか。仲間で話し合い、個人で買うのはやめようということになった。第二に、整備後の農業形態をどうするか。圃場整備はもともと農地集積してコストをかけない農業をすることだった。すでに生産組合がつくられて大豆の集団転作の作業を引き受けており、さらに水稲も生産組合でやるかということになっていた。機械の共有・共同利用、そして将来の法人化について話し合っている最中だった。

園芸作に取り組む複合経営地帯であり、みんな忙しく自分の水田もおろそかになりがちだった。ハウスを新たに建てるとなれば、３００坪のパイプハウスで６００万円はかかる。そこで市が主体となってハウスのリース事業も検討されている。その場合は個別ではなく共同が前提になる。直売や観光も視野に入れつつ、自分で投資するより市の事業にのったほうがよいかもしれない。そこで、共同のハウスを生産組合が行なうのか、少数共同の形をとるのか、園芸と水稲を同一組織で同時に取り組むのか、が問題になる。水稲と園芸に取り組む農家を棲み分けることもありうる。

一方で地域のみんなで取り組みながら、他方で農地集積すれば、「失業問題」が出てくる。それについては管理作業に参加することで日当を稼いでもらう必要がある。

ともかく1月末にも生産組合長はじめ5～6人と農協、普及センターで3回の検討会を行ない、個別の後継者がいるのか、法人（会社）化するのか、会社として食っていけるのか、ある時から給料をだせるようになるのではないか、といった点についてたたき台をつくり、次の世代にも示したい。

3人は、自分たちのリタイアまでに形をつくり、次の世代に託し、自分たちの世代は経営の外交や経理を担当すればよい、と考える。

農協がプランつくりを主導し、水稲、園芸、畜産のプロジェクトをつくって検討している。

・近くに航空自衛隊基地があり、新しい戦闘機を入れる時に、騒音が激しいということで一部の農地を10ａ300万円で買い上げた。土地は未利用で業者を頼んで草刈りしている。そこで一部の地権者には、集団移転した後の水田を同じ形で国が購入するのでないかという「夢」をみている人もいる。

・家族も亡くして、やっとここまでやってきた。まるっきり暇になってボゥーとしているとダメだ。もうからなくても、仕事で気持ちを紛らわさないとまいってしまう。稲刈りすれば気持ちがスゥーとする。カネだけでなく気持ちの問題がある。こうして元気にしているが、先を考えると夜も眠れなくなる、という。

(4) 課題

大曲は40～50年の園芸作の経験をもち、現在では14～15戸の専業的な水稲園芸複合経営ができあり、これらの農家が園芸に特化するのではなく水田も借りて規模拡大してきており、また生産組合をつくり集団転作するなど、担い手の形と組織ができあがり、その他の農家は貸し手側に回るなど、農家の分化が進んでいた。それがともに1ha区画化に取り組んできた矢先に大震災が起こり、再出発せざるをえないことになった。それに伴う阻害要因もあろうが、このような形ができていたわけで、それを踏まえて復興プランを具体化することになろう。

大曲の課題は、前述のように水稲園芸複合経営地帯として、新たな協業組織化・法人化のなかで、水稲と園芸との関連をどうつけていくのか、という点にある。一つは園芸に特化する者と水稲を担う者へ分化する案であり、もう一つは複合経営としての組織化である。いずれにしても、農地集積を果たせば、「失業」する農家が出てくる。その労働力を位置づけ、包摂した組織化である必要がある。

筆者の東北での知見からすれば（宮城県内では「おっとちグリーンステーション」をはじめとする登米市米山町の各種取組みの歴史的事例）、複合経営としての組織化の事例のほうが多く、分化論はいずれに行くかの選択が難しく、世代による選択になる可能性もあり、そうすると水稲作の後継者問題を引きずることになりかねないといえる。

4　宮城県亘理町荒浜――水田単作

(1) 地域

荒浜は昭和合併で亘理町になった明治村である。実行組合は13丁目まである。500戸300haで旧荒浜農協があった(現在はみやぎ亘理農協に合併)。農業的には実行組合(集落)単位ではなく荒浜を一つの集落として対応してきた。

阿武隈川の河口を港代わりに使って船の出入りがあった。干拓地ではなく伊達政宗のお狩り場で、それを埋め立て築港した。荒浜は石巻とならんで伊達藩の江戸廻米の二大拠点港だった。高須賀地区(荒浜の北側の地区)は畑作地帯でイチゴ産地として有名だが、荒浜はゼロメートル地帯で水稲単作で、漁師が飯米確保に農地を求めたものが多く、住民の3分の1は半農半漁である。田んぼはバラバラで小さく、稲作で生活するつもりではなかった。

排水が悪く水で苦労してきた地域である。大正期に区画整理で10aにし、昭和に入りパイプライン化し、10aごとに蛇口で取水できるようにした。そのために用水路がいらなくなり作業が楽になった。利用権の設定を受けて、畦畔を取り去り大区画化する者もいるが、パイプラインがあるためこれまで圃場整備はできなかった。

（２）Hさん

荒浜では複数農家に集まってもらうことができず、Hさん一人からヒアリングした。

①Hさん

本人60歳、妻55歳、長男30歳、弟58歳の４人で農業をする。長男と弟は独身。弟は常雇。父（元農協組合長）は６年前に他界し、母86歳は健在。本人は１９９３年から農業委員で、農協理事も務める。家族経営協定を結んで、休日と給与を決めている。法人化は、する理由がないし、法人化すると地域から浮いてしまうのでしていないが、息子の代にはするだろう。青色申告で本人が事業主、妻、長男、弟には給与支払い。

・父はシベリア帰りで、当時は１・５haで大きいほうだった。父は基本法農政期に選択的拡大で養豚経営に取り組んだ。オイルショックで思わしくなくなり、和牛一貫経営に切り替える。本人も農業短大の畜産科を出た。和牛経営は、水稲作業受託が増えたので１９８０年頃にやめた。本人は30歳（82年）で経営継承した。その時は５haになっていた。

②農地

・現在は自作地21・2ha、小作地37・4haの計58・6ha。現在の自作地規模は3年前からで、開田と購入で増やしてきた。開田は高台の畑に畦畔をつくり、地下水を汲み上げてやった。阿武隈川の堤外地の桑畑も開田した。購入は〈作業委託→利用権→売買〉という経路をたどるものが多い。地価のピークは昭和50〜60年代で10a230万円までいった。2011年は60万円、あさって11aを買う予定だが、50万円だ。売買は全て県農業公社の農地保有合理化事業を通している。

・小作地はほとんど作業委託からの移行で、1980年頃に奨励金の影響もあり一挙に増えた。現在規模になったのは3年前である。未相続のため利用権を設定できないのが4haある。

地主は90名程度になる。小作料は物納で60kg、金納で1万2000円だ。ただしHさんは小作料を変えない主義なので、10年前の物納2俵というのもある。物納、金納は半々である。小作地を途中で返したことはない。

水管理をやってくれる人には再委託していたが、現在はまったくない。出し手も世代交代して自分の田がわからなくなっている。

・自作地も小作地も荒浜と逢隅が半々だが、10団地、半径4km以内に固まっている。

③経営

・転作は33%で20haほどやる。飼料米が3・1haで、残りは排水が悪いので保全管理している。前には大豆の集団転作をしたが、今はしていない。逢隅地区は集落営農でブロックローテーションしており、それに参加している。

・水稲38 haはヒトメボレが主体で、反収は８・５～９俵である。追肥をしないで自然に登熟する疎植法をしている。販売は直販と農協出荷だが、その割合は農協理事ということもありＮＡ。直販は東京はさけて関東の神奈川、静岡そして大阪等に試供品を送る形で開拓。客に値をつけてもらうこともしてみたが、安くつける人はおらず、５kgの真空パック、１カ月まとめ売りで、２５００円程度である。客は１００軒以上になる。

・資材は農協利用だが、普通とは違う肥料を使っている。

・機械装備は、トラクター50馬力2台、田植機８条2台、コンバイン6条1台、乾燥機60石４台、育苗施設１万枚用。これらは後述するように全滅した。

・２０１１年の農業収入は転作分のみ。復興組合の仕事には家の片付けで出られないので、これまでの蓄えで生活している。

④被災状況

・荒浜では１００人が亡くなった。Ｈさんは早く逃げた。それぞれ逃げた。家に戻った人、寝たきりの人は家ごと流された。家屋は全壊認定。Ｈさんたちは１カ月の仮設住まいの後に家に戻る。掃除して床板を張り替えたが、後は建て替える必要がある。弟さんと母はそれぞれ仮設暮らし。今年中にもどれるだろう。
・機械は全てだめだ。1台も動かない。乾燥機もだめだ。
・荒浜の水田は全てやられた。瓦礫を取り除いたが、人を捜索するために自衛隊の重機が入り耕盤が崩れ、ガラス、コンクリが田に入り、表面は片付けられたが、危なくて中に入れない。復旧には3年かかるのではないか。
逢隈地区（荒浜の西側、藩政村）の基盤整備地25 haも浸水したが、除塩して2012年は作付けられるだろう。
・利用権の解約はなかった。小作料支払いは、2011年はゼロ。作れるようになったら小作料は復活する。支払うのは作る者の責任だ。4 haを除き県農業公社を通じる転貸借で、こちらはトラブルがなかったが、相対ではトラブルもあった。
・お客からは激励、物資、果物などいろいろ寄せられた。放射能を心配してやめた人も5人ほどいる。「休みます」「やめます」という連絡。

（3）復興に向けて

・被災農家経営再開支援事業に係る支援金（水田作物10 a 3万5000円）は不満の元だ。専業農家は家の片付けがあり、復興作業に出られない。兼業農家はそれが少ないので出役でき、日当9000円で、Hさんとしてはもらえたら小作料の支払いに充てるつもりだったが、復旧作業に出られないためもらえない。それが農地集積の足を引っ張ることになる。せめて半分を面積割りで配分してくれたら小作料も払えたのに、という気持ちである。

高須賀地区は１ha区画の基盤整備をした。逢隅地区も基盤整備に入った。荒浜の農地は、前述のように10ａ区画のパイプラインで圃場整備できない。関係する地区は、個人で畦畔を抜いて60～１００ａにしたのが20％、基盤整備で１００ａ区画にしたのが50％、10ａ区画で残るのが30％（荒浜の農地３００haとすれば１００～１２０ha）になる。それを農家負担がない形で整備することを話し合い中で、１ha区画になるだろう。基盤整備に反対して「お前の農地を残す」といわれると困る農家ばかりで、みんな賛成せざるをえない。

土地改良施設も全壊した。排水機場が整備されないと米はつくれない。

・荒浜の認定農業者は12名で、最大規模はＨさん、15 ha規模が2戸、あとは10 ha規模、イチゴ農家、兼業農家だ。意向は、規模拡大が4戸、現状維持が3戸、離農が5戸だ。認定農業者といっても、後継者がいるのは当家だけだ。

当家は４人（Ｈさん夫婦、弟、長男）で１００haまでいける。その射程に入っていた。

１経営１００haとすれば荒浜の３００haは3戸で足りる。50 haとしても6戸だ。それで地域がもつのかという問題もある。前述のように水管理してもらう手もあるが、現在では水管理等を引き受ける地権者はゼロである。

・認定農業者の離農が前述のように5戸だと、１戸平均10 haとして約50 haの不換地処分になる農地をどうするかが問題だ。貸して小作料1万2000円もらっても、7000円は土地改良区に払うので、残るのは5000円のみ。やはり経済的な裏づけがないと所有権の意味がなくなる。Hさんも所有権はいらない。利用権があればよいとも考える。

・農地集積を進めるとして、地権者にはあの人には貸したくないという感情があるから、白紙委任する方向にもっていく必要がある。担い手の農家も離農する場合は白紙委任してもらう必要がある。なかには利用権を手放さないほうが（交付金等をもらえて）得をするのではないかという考えの担い手もいる。また仮設に住んでいるため、白紙委任の話も進まない。荒浜地区全体のことを考える大きな気持ちが必要だ。

白紙委任には動機づけ（交付金など）と窓口が必要だ。窓口としての農地利用集積円滑化団体には農協がなったが、農協は農地を扱ったことがなくノウハウがない。農業委員会にはあるが、円滑化団体にはなれない。亘理町農業公社（郡公社化も検討中）も自分で耕作するので円滑化団体にはなれない。動機づけとしての農地集積協力金や規模拡大加算も窓口（農協）と担い手農家の関係が問われる。むしろ県公社を通じる白紙委任の方式の条件を明確にして欲しい。

・機械は全滅したので助成が欲しいが、共同でないとだめといわれている。そこで町公社が機械リース事業をやれないか。

・外部からの農業参入の声はかかっていない。Hさんとしては、自分の米を食べてくれる人に農地も買ってもらったりしながら、つくる人と食べる人で小さな世界をつくれたらとも考える。

（4）課題

半農半漁の地域だった荒浜は、漁師が飯米のために確保した零細な農地と、そのなかで規模拡大した少数の担い手農家に分化しており、県公社も集合事業で成果をあげてきた。今回の大震災は荒浜地区の農地と機械を根こそぎにし、担い手農家からも離農意向がでてきた。

そこで地域の課題は、第一に、大区画化されていない農地１００～１２０haの大区画圃場整備、加えて既圃場整備地の再整備だろう。第二に、離農意向の担い手農家が集積していた農地の耕作継承をどう図るか。第三に、そのためにも白紙委任が不可欠だが、地元に経験、ノウハウをもつ適当な機関がみあたらない。以前から集合事業を行なってきた県公社を通じる白紙委任方式もありうるが、その助成条件が明確でない。第四に、この地域では個別経営対応が主で、集落営農的な動きは乏しい。個別経営だと機械の再装備が問題で、政策的には共同を条件とするようだが、荒浜には当てはまりにくい。そこで町公社による機械リース事業が提起されている。

担い手・認定農業者のまとまりや、話し合いが十分でないとみうけられるのがネックだが、それはこのような課題にチャレンジするなかで醸成されていくものかも知れない。

5　福島県南相馬市原町区

(1) 南相馬市の状況

市は2006年に北から鹿島町、原町市、小高町の3市町が合併してできた。3月11日は震度6弱の地震にみまわれ、そのほぼ50分後に津波がきた。2011年11月現在の死者636人、行方不明者10人、全壊1180世帯、半壊344世帯（以上の8割が津波による）、床下浸水111世帯である。

放射能被害については、小高区と原町区の南側が半径20km圏内の警戒区域（面積の約27％）、残りの原町区と鹿島区の一部が30km圏内の計画的避難区域（山側）と緊急時避難準備区域（9月30日まで）（同45％）、残りの鹿島区が30km圏外（28％）となった。また7月以降は特定避難勧奨地点142地点、153世帯が指定されている。市が四つの圏に分断され、行政をはじめ、そうでなくても大変なところ、より複雑な対応を迫られた（3月末、政府は警戒区域、計画的避難区域を①避難指示解除区域、②居住制限区域（20~50mSv、帰還まで数年）、③帰還困難地域（50mSv超、5年以上帰宅できない）に分けることとし、南相馬の同区域はまた3区分される）。

2012年2月の住民基本台帳の人口7万1494人に対して、市は3月26日頃の人口を1万人程度と見込んでいた。2012年1月5日の市内居住者は4万3124人、市外避難者2万6649

人、所在不明者1721人で、かなり帰郷したといえるが、なお4割はもどっていない。市の農地8400haのうち2722ha、32%が津波被害を受けた。そのほとんどが水田である。南相馬土地改良区の八～九つの排水機場も全壊した。原発30km圏内は作付制限されたので、市全域で2011年の水稲作付けを行なわなかった。

市は総合計画の一環として2009年に2012年度を目標とする農林水産業振興プランを策定していた。その基本理念は「環境にやさしい農林水産業」「6次産業化」だった。08年にはバイオマスタウン構想もたてられている。大震災を受けて2011年12月に「南相馬市復興計画～心ひとつに世界に誇る　南相馬の再興を～」を樹立した。農業については振興プランを引き継ぐ形で「植物工場や花卉工場などを活用した農産物の生産、大規模化や複合化などによる農業経営の強化、加工・販売、エネルギー供給などを一体的に行う複合経営の促進」をあげている。

この一つの背景には南相馬土地改良区理事長の渡辺一民氏（前市長）を会長とする「複合大規模農場経営研究会」の構想がある。それは農業支援組織としての農業復興公社を立ち上げ、補助事業の実施・運営主体となり、具体的には、津波被災農地と国道東側の農地計3800ha程度をエリアとして大区画圃場整備を行ない、農地は農地保有合理化法人（農協、県公社）が一括借り上げ、それを区ごとの三つの農場管理会社に転貸し、各管理会社のもとに複数の農場（土地利用型、施設型、畜産、食品加工、バイオマス発電）が張り付くもので、事業者の参入も想定する。

この構想は、公社―会社―農場の三者の関係が詰め切れているとはいえないが、平成合併前の旧市町ごとに地域農業を組織していこうとする構えはわかる。

理事長は、諫早干拓を視察してこの発想を得たそうだが、以前から福島県農業振興公社が農地保有合理化事業の農地集合事業（地域ぐるみでの農地の利用集積）を精力的に展開しており、南相馬市でも実践していた（大井塚原地区のアグリファーム未来――4人の構成員の1人が死亡、農地壊滅、高《たか》地区の高ライスセンター等）という実態があったといえる。

以下では、集合事業に係る原町区と小高区の3事例を紹介する。

（2）原町区萱原《かいはら》のIさん――田畑複合経営

①地域

萱原集落は136世帯、半分がアパート暮らしや土地を買って入ってきた人で、行政区に入っていない。行政区は60戸、農家が9割。集落では62名が死亡した。

集落の水田面積は70ha、その9割が被災。原発から24kmほどで現在は地区指定なし。

集落には認定農業者4名と、そのほか10名くらいが耕作しており、認定農業者は全体の7割を耕作しており、水田4～5ha、畑（野菜）3～5haの農家だが、残ったのはIさんだけだ。

水田10aをつくってみた。玄米は104Bq（ベクレル）、白米はノーデータ、糠は700Bq。玄米は規準が100Bq以下なので厳しい。水田は1000Bq、代掻きの後ではずっと違う。しかし塩害がある。

②Ｉさんの経営等

・本人58歳、長男30歳（サラリーマン、ゆくゆくは農業をする気があったが、現在はしていない）、嫁29歳（経理担当）、孫3人。母80歳。妻58歳は津波で死亡。Ｉさんは前任者が震災で亡くなったために行政区長。西川原水利組合１５０戸、１８０haの代表でもある。

標高６ｍの家で津波はまったく意識していなかった。海を見ていて、水平線が見えなくなって30～40分後（地震から1時間後）に来襲。２台の車で母をのせて逃げる。町のほうへの曲がり角で後続の妻の車がバックミラーから消えた。２週間後に遺体がみつかる。数秒遅れたら自分たちも命はなかった。

・最初の３カ月は嫁の実家、次の３カ月は仮設住宅、その後、新潟に行った人の家を借りて住む。自宅は海岸から９００ｍで建築禁止、自宅から２・５㎞離れた六号線の近くの畑の転用許可をとり土盛りして半年後には家を建てたい。無収入で保険で生活している。息子が勤める会社は大丈夫だった。

・水田は自作２・７ha、小作も含め15ha、畑は自作80ａ、小作も含め５ha、計20ha経営。ブロッコリーに10年取り組む。野菜（トマト、ナス、ピーマン、家庭菜園用苗など）、花の育苗もする。常時５人の従業員と10数名のパートを入れる。雇用者のうち２名は死亡、北海道や埼玉に逃げた人もいる。水田は借地１haを除き全滅、畑は自作地はだめだったが小作地が残る。借地は継続しているが、小作料は地主が東電に補償を求めることになる。地主は８戸で３ha弱が２戸のほかは１ha規模。２００万円以上の小作料を払っていた。12haの水田借地は40数枚に分散しており、最遠で２㎞離れる。30ａ区画で畦畔をとって利用していた。
・秋には友人の施設を借りてラン、パンジー等３０００本をつくる。ホームセンターなど3店舗で売るが半分も売れず、小学校等にあげる。消費者が花を買う気分になっていない。野菜苗は井戸の側の自作地20ａにハウスを建てて３分の１くらいの規模で行なう。育苗は水が大変で、井戸水が塩分を含んでおり、５００～６００ｍのボーリングを行なった。種まきは育苗センターを借りて行なった。自分で全部用意するのは金も時間もかかる。

③復興に向けて

・大区画圃場整備に取り組み、稲刈り１カ月後には畑にできる汎用性のある水田をつくりたい。ブロッコリーは連作障害があり、畑では農薬を使うが、水田だと水がきれいにしてくれるので薬を使わないで済む。また30ａ区画だと15 haがやっとだが、大区画なら50 haくらいの複合型・周年型は可能。震災はチャンスでもある。器をつくっておけばやる人は出てくるということで、みんなが大区画に取り組もうという気持ちにやっとなったところだった。集落の土地は自分たちで守りたい、よそから来て欲しくない。

大区画化に反対の人もいるので自分は表に出ず、側面から協力している。みんな家のためのカネがかかるので圃場整備の１％の負担も重たい。
・水田をブロックローテーションしつつ、ブロッコリーを春秋2回転する元の作型に戻りたい。農業は当家しか残らなくなった。今までやってきたことがゼロになったが、集落の70 haの農地に責任があり、それを後世に残す義務がある。

トラクター１台だけ残ったが、全てを再投資することはできない。補助事業で何とかしたい。誰か農業やりたい人がいれば一緒にやろう。そうでなければ雇用型の農業でやっていく。

息子も今年仕事を辞めて農業しようかというところだったが、今は仕事を辞める不安もある。自分は法人化を考えていないが、息子は企業的な農業がしたいという。

残された者は生きる義務がある。ここでやめたらこれまで積み重ねてきたものがゼロになる。70歳まで農業続けて、自分の田がどこにあるかわからない若い人たちに技術を教えたい。

(3) 原町区泉―有限会社・泉ニューワールド―水田単作経営

①地域とＪさん

・高平村の泉集落、87戸でほとんど農家。海岸から１㎞。集落は海岸っぷちで高台ではない。大規模半壊が多いが、被害のないところもある。

・本人57歳、妻56歳、長男31歳、嫁31歳、孫３人、父88歳（デイサービス）、母82歳、９人家族の全員無事。夫婦は車庫の２階、父母は１階、息子は相馬市のアパート住まい、嫁と孫は千葉に行き、息子が２～３週間に一度千葉に会いに行く生活。

・高平地区４集落２０６haで、１９９２～98年にかけて21世紀型水田農業モデル事業で圃場整備に取り組む。道路拡張で資金をまかない農家負担はゼロで80ａ区画にした。そのソフト事業として農地集積事業への取組みが条件づけられた。５ha以上の担い手が２ha以上の団地を地区の半分以上について集積する条件だった。小作料は２万円で水利費は地主負担だった。

・Ｊさんは当時は農協職員で、兼業で自作１・４haと、最後には５人になった仲間と組織をつくり賃取り（作業受託）をしていた。その形で３年行ない、２０００年に農協を辞めて専業化した。そして２００３年に組織を法人化した。法人は仲間の４戸で立ち上げたが、他の３戸は出資のみで、実際はＪ家で行なっている。出資金は３１０万円で１６０万円を当家が出した。法人化した理由は、役所に勧められたからで、何だかわからなかったが、税理士も節税になりよかろうということで踏み切った。

②泉ニューワールドの経営

・労働力は、本人、妻（経理担当）、長男、従業員１名の計４人。パートを延べ１００人程度。嫁は子育て中で法人には加わらない。従業員は31歳で職を転々として６年前から法人へ。仕事のできる人だ。長男と従業員は月給＋ボーナス７カ月分。給与を低く抑えてボーナスを多くする形にしている。

・経営面積は45haで全て借地。うち６haはＪ家の貸付け。Ｊ家は法人化直前に30ａ、法人化後に90ａ、その前に３・７haの所有地拡大、３年前に90ａ拡大。10ａ50万円程度で、合理化事業を通じて購入。地域は高齢化と借金で農地の売りも結構あるという。賃借していた水田の購入なので規模拡大にはなっていない。資金は本人の退職金と「借金はするな」という親の助けである。
借地39 haは作業団地的には６カ所で３km以内にまとまっている。借地は全て県公社の集合事業を通じてであり、地主が誰かは知らない。
・作付けは水稲８ha、大豆23 ha、麦13 haだった。水はけが悪くブロックローテーションはできない地域である。土地利用型で規模拡大の道を歩んできた。露地野菜は寒いので好きでない。法人は黒字経営だった。

③被災状況

・45 haの３分の２は津波にやられる。２０１２年は農協の勧めで麦10 haを播いた。津波被害のないところは全て作付け予定。水田は大規模化しているので復旧と除塩だけで済む。しかし堤防が決壊し、田に石が入り、復旧にはＩさんのところより時間がかかるかも知れない。被害圃場の整備は１％負担で10ａ６０００円ともいう。
原発20～30 km圏内で、放射能の汚染度は不明だ。麦・大豆は放射能は問題ないが、農協出荷しても売れないだろう。水稲は国の作付け許可が出ないとだめだ。
・トラクターは３台（１０５、92、75馬力）と兄（水稲15 ha経営）との共有50馬力１台。１台を除き要修理で１台60万～70万円かかる。コンバインはリース会社から年１００万円で借りているが、修理代に２５０万円かかる。修理代は自己負担になる。田植機も全損。

④復旧に向けて

・放射能被害による不耕作の補償として東電に10ａ5・9万円を要求中（県の協力機関と農協中央会が期待所得として10ａ5万9000円を算定）。それに対して小作料は2万円。作れないことに対する補償なので借り手がもらうことになるが、作らなくても黙ってもらえるということで、「補償金目当ての貸し剥がし」が起こる可能性が生じている。そうなるとせっかく担い手に集積した農地がまたバラバラになる。県公社は更新を呼びかけている。5・9万円には小作料は含まれていないのでそれは地権者が東電に請求することになる（民主党の戸別所得補償政策の時も「貸し剥がし」が懸念されたが、大量現象にはならなかった。貸し手としては長期的には安定的に借りてもらわざるをえなくなっているからで、一時のカネ目当ての行動はとりにくいといえる—筆者コメント）。

・排水路が破損しているので借りても作れない。スピード感をもって復旧することが大切。津波被害の復旧には2～3年かかるのではないか。放射能の被害は国に補償してもらうが、何か作らないと話にならない。汚染がなければ60歳でリタイアするつもりだったが、65歳に延びた。それまでに軌道に乗せたい。

・地域では請け負っていた人が私よりも上の年代で総なめにやられた。復旧すれば60 haぐらい作ることになるのではないか。

6　南相馬市小高区
―ファーム蛯沢（特定農業団体、水田園芸複合経営）

（1）蛯沢集落とＫさん

①蛯沢集落は海から２km、総戸数27戸、農家21戸、面積27ha。昔の干拓地で強制排水していた。排水機２台がやられるが、放射能で業者も修理に入れない。全ての農地が２m湛水し、瓦礫で埋まった。住宅は高台で津波の被害はなく、床下浸水ですんだが建物の被害はある。何よりも12km以内の原発被害地域だ。死者はでなかったが、避難先で80歳台の高齢者２名が亡くなる。原発事故が終わらないと復旧とはいえない。

②県営圃場整備が７集落２２０haを対象に１９９５年から始まり、２００９年に終わったばかり。換地処分は終わったが、精算が終わっていない。１００ａ区画が４分の１、残りは70ａ、50ａで10ａもある。

償還は３年据え置きで、受益者負担は10％だったが、２・５％に軽減された。土地改良区の運営賦課金は免除、償還も営農再開まで繰り延べになった。

地域の圃場整備率は40％で低く、２０１２年度には取り組もうとしていた。それも含めて再圃場整備になる。

・小高区、浪江町、双葉町の3町にまたがる請戸川土地改良区の地域。土地改良区は4月に職員を全員解雇した。それには反対も強く、職員4名を再雇用したが、復興組合に出向するだけの力はない。改良区が1600戸の調査をしたが、家も農機もないため営農再開できない農家が7割にのぼった。

③Kさん本人58歳、妻57歳、長男33歳、嫁32歳、中学生の男の子、父82歳、母81歳。全員無事。長男は建設会社勤務で福井県に行く。妻は娘の出産をひかえいわき市に避難。仮設住宅に入ったが手狭で10日目に原町の借り上げ住宅に移る。両親は鹿島区の仮設住宅住まい。一家が4カ所に分かれ、生活費がかかる。妻は休業中で休業補償をもらっているが、復職は無理だ。

・9代目になる農家。本人は30歳で就農し農業専業でやってきた。合併前は町会議員、農業委員をしていた。現在は、小高区集落営農組織連絡協議会長、同認定農業者協議会長、JAそうま稲作部会長。

・自作地3・5ha、小作地2ha、水稲、ハウス野菜、露地野菜、繁殖和牛10頭の複合経営。妻は介護関係の職で春秋に手伝う程度。

・父が露地野菜のソラマメ、コマツナを趣味でつくっているが、100万円以上の売上げになる。父がどうしてもやるといって和牛1頭を残す。

④小高地区には認定農業者が100名程度おり、7割が水稲、残りがブロッコリー、花などの複合経営と養豚、酪農などの畜産だ。

(2) ファーム蛯沢（特定農業団体）

①圃場整備の段階で集団転作に取り組もう、ついては水稲も一緒にやろうということで2001年に全戸参加の営農改善組合を小高で最初に立ち上げた。2003年にファーム蛯沢を設立し、営農はファームが行なうことにしたが、調整のために組合も残した。機械利用組合や転作組合は解散し、利用改善団体（営農改善組合）とファームに集約した。ファームの対象面積は、蛯沢集落27 haのほか、隣の板川集落、耳谷集落から13 ha、計40 ha。ファームは特定農業団体なので、県農業公社を介して転借している。耳谷集落は80 haあるが組織もなくリーダーも育たないということで半分はファームに貸してもよいという話だった。ファームも80 haはやれると考えていたところに震災でやられた。

②構成員は4名。Kさんを組合長に、Lさん（64歳、自作3 ha、小作1 ha、水稲単作、建設業兼業、妻63歳はファームのハウスのリーダー）、Mさん（59歳、自作3 ha、水稲単作、妻はハウスのサブリーダー）、Nさん（60歳、自作2・5 ha、小作1 ha、水稲単作と測量関係の兼業、妻は幼稚園の先生）。

・トラクター6台（90〜40馬力）、田植機8条1台、コンバイン6条1台。機械は全て助かった。

③水稲28 ha、大豆10 ha、ハウス24間×3・5間が4棟。ハウスはトルコキキョウ、ストック、コマツナ（冬）。水・畦畔管理と防除は農家に再委託する。ファームの手も回らないし、まったく何もしないと困るというのが理由。3年1巡のブロックローテーションを行なう。ハウスは構成員の妻2

人と5～7人の女性で行なう。

④構成員の年収は平均400万円。管理作業は時給800円、ハウスは時給900円。小作料は償還金を出せる程度ということで10a1万3000円（小高区で統一）、水利費は借り手持ち。交付金等は全てファームに入り、年度末の剰余金を地権者に10a5万円程度を還元。地権者は小作料と合わせて6万3000円程度になっていた（つまりファームが独立しているのではなく、営農改善組合をベースとした集落営農組織になっている）。

（3）復興に向けて

①復興組合を小高区15集落1000haで2012年2月に設立する予定。行政区から各2名ずつ委員が出て計30名に市役所、農協が出席して1月24日に準備会をつくる。2012年4月には常磐道から下の地域は警戒区域の解除をめざし、復興組合として農地の復興に取り組みたい。

②小作料の支払いは利用権については県農業公社が対応する。原発事故による不耕作補償10a5・9万円（前述）には小作料が入っていないので、借り手の小作料支払いは減免で合意し、地主は東電に補償を要求することになる。不耕作の損害補償はファームが受け取るが、昨年秋に地権者の全体会を開き、内部処理として補償金は地権者に全て戻すことにした。

③営農再開は集落営農組織連絡協議会として取り組む。協議会には七つの集落営農組織が入り、小高区の半分程度を占める。大井塚原の法人・アグリファーム未来は100haやっているが、作業中に

津波で2名が死亡し、62歳の社長はやる気をなくす。これも誰かが引き受ける必要がある。

・現在の集落営農組織がカバーしている常磐道の下側の８００ha程度について、現在の集落営農組織を解散して、小高一本の組織を立ち上げ（前述の農場管理会社の構想を指す）、１００ha単位ぐらいに再編しつつ、現在の集落営農組織の人材を活かし、基幹作業は4～5名、地権者は管理作業、女性はハウス作業を担当する。機械は買わずにリースで回していく。

④常磐道から上に7集落あり、小高の3分の1程度の農地があるが、線量が高い。海岸線は水につかり、防波堤下の地盤は40cmから2m沈下した。高さを戻しても作物は作れないからバイオマス施設、メガソーラ、太陽光発電、植物工場等の構想があるが、数百億円単位のカネがかかる。国がカネをもってくる話になる。

⑤営農再開には10年かかるのではないか。再開には次の世代の担い手確保が必要になる。圃場再整備に反対の人も、担い手が育たず、誰も作ってくれなくなるということで賛成せざるをえないが、瓦礫や車の撤去に時間がかかる。規準の１００Bqをクリアしても風評被害でだめになる。作物をつくってナンボの農家が1～2年つくらないと生産意欲をなくす。米を作らなくても、口に入るものを作らなくても、転作に認めてもらって何かを作り営農意欲を持続させる必要がある。

7　まとめ

（1）調査対象

われわれのヒアリングは、2012年の年明けに関係者のご厚意により土日曜等を利用して行なった。一方で一刻も早く現地の状況、農家の声に直に触れるべきと思いつつ、他方で日頃のつきあいのないよそ者がのこのこ押しかける非常識を慮り、このような時期、形をとることになった。

結果的に、ヒアリング対象者は専業的な農業経営を営んできた、地域農業のリーダー的な方々になった（表5－1に調査農家の一覧を示した）。地域農業構造を知るにはその他の兼業農家、零細農家の方々の声も聞くべきという批判は簡単である（農業構造については第3章を参照）。しかしそういう方々の多くは高齢者を除き農業以外のところに活路を求めていると推測され、調査できても、地域農業について根掘り葉掘りお聞きするのは見当違いとも判断される。結果的に本章はリーダー的農家の目からみた地域農業再生の方向であり、取組みだと受け止めていただきたい。

企業形態的には、任意組織（大曲生産組合）、特定農業団体（ファーム蛯沢）、法人組織（泉ニューワールド）のほかは、全て個人経営である。作目（経営組織）的には、「水田単作経営」と「水田・園芸作複合経営」に分かれる。それはほぼ地域による違いであり、後者には東松島の大曲、原町萱原

表5-1　調査農家のプロフィール

調査地区	農家	本人年齢	家族	自作地	小作地	備考
名取市閖上町町区	A	80	妻78、長男54（消防署）、嫁、孫2人	8	−	閖上推進協議会長
	B	57	妻62	7	−	町区振興組合長
	C	70	妻67	5	−	進行組合会計係
	D	53	妻46、長男23（会社員）、父母補、娘2人	2	10	名取土地改良区総代
東松島市矢本町大曲	E	63	妻60、長男36、嫁36、孫3人	3.5	5	矢本振興組合長、ハウス650坪
	F	59	妻58、長男31、母83	3.3	1.5	大曲生産組合長、ハウス750坪
	G	64	妻63	2.6	6	ハウス400坪
亘理町荒浜	H	60	妻55、長男30、弟（雇用）58、母86	21.2	37.4	農業委員、農協理事
南相馬市原町区萱原	I	58	長男30、嫁29、孫3人、母80、（妻58死亡）、常雇5、パート10数人	3.5	16.5	畑5ha、ブロッコリー、野菜・花苗
南相馬市原町区泉	J	57	妻56、長男31、嫁31、孫3人、父88、母82、従業員1名、パート延100人日	6	39	有限会社・泉ニューワールド、水稲・転作
南相馬市小高区蛯沢	K	58	妻57、長男33、嫁32、孫、父82、母81	3.5	2	特定農業団体・ファーム蛯沢、ハウス336坪

注．経営は大震災前の状況。家族の欄の続柄の次の数字は年齢、自作地・小作地はha。

のIさん、蛇沢のファーム蛇沢が入る。前者の「水田単作経営」とは正確には、〈水稲＋麦大豆転作〉の経営をさす。転作物があれば単作とはいえないが（そこで「水田単作」とした）、転作物は政策作物であり、内発的な水田の複合的利用には遠い。水田土地利用型農業といってもよい。

それを分けるのは概ね地形・地目である。地形的には津波被害を受けた海に近い調査地域は、歴史をさかのぼれば干拓地的なところが多く、ゼロメートル（以下）地帯で排水不良で、園芸作には適さない。他方で砂地で水はけがよければ園芸作適地になる。

(2) 被災状況

ヒアリング対象者については、Iさんが奥さんを亡くしたほかは人的被害はなかった。その理由は、我々は死者にはインタビューできない、ということに尽きる。家屋の被害は同一地域でも場所によって微妙に異なるが、全・半壊が多く、借り上げ住宅暮らしの方も多かった。家族は離散し4カ所に分かれ住む場合もあり、生活費もかさんだ。

水田はほとんど津波被害を受けており、瓦礫、クルマ、ガラスが入り、ヘドロで埋まった。遺体捜索や瓦礫等処理のために重機が入り、それがまたガラス等の破片をばらまくことになり、耕盤を崩した。海に近く排水不良の地域が多く、排水機場が水田の命綱になるが、それが津波にやられた。

機械は水につかり使えなくなった例が多く、修理可能なものも修理代は思いのほかかさむ。ハウスも浸水したが、全壊には至らないケースが多かった。経営体としては機械・施設整備が今後の再生の一つの鍵になろう。

放射能被害は、原町区の事例は原発から20～30㎞だが、小高区のファーム蛯沢は12㎞の警戒区域内に入る。水田の水稲作付けは禁止で、作付け再開見通しはたっていない。警戒区域では水田の復旧作業もままならない状態である。これらの地域は津波・放射能の二重被害に苦しめられている。

（３）地域・農業再生の範域

しかしどの地域も農業再生の意気に燃えている印象を受けた。だが「お元気ですね」というと、大曲の方のように「昼間は元気にしているが、先を考えると夜は眠れなくなる」という。

農業再生の単位としてどのような範域が考えられているか。調査農家が暗黙のうちに想定している範囲は、名取市の事例では閖上（明治村）あるいは閖上町区（藩政村か）、東松島市の事例では大曲（藩政村）、亘理町の事例では荒浜（明治村、藩政村でもある）である。

南相馬市では昭和の市町である原町市・小高町が平成合併後に「区」になり、前述の区ごとの農場管理会社構想があるため、いちおうその「区」を単位にしているといえる。原町は江戸時代の宿駅・原ノ町に発した明治村であり、小高は中世の郷村名であり、明治に町制施行した。中近世から昭和村まで連綿と続いた範域であり、歴史的に由緒ある地名である。

原町や小高では農業集落を基盤にした法人化や集落営農組織の展開がみられたが、その他の地域では藩政村、明治村単位で農業対応してきたようであり、小高でも集落単位の組織を解散して小高一本での対応を考えている。

平成合併してできた南相馬市は、前述のように原発事故の被害区域の設定に際して、4区分されるなど複雑な対応を余儀なくされたが、それは平成合併が広域的過ぎたことを示唆する。実際には原町、小高といった〈明治村→昭和村〉単位での対応を要したし、農業再生の単位もそこに置かれている。

復興組合も藩政村・明治村の閖上、矢本、亘理、原町、小高を単位に結成され（原町、小高は計画中）、昭和村単位のところはその支部が藩政村・明治村単位に置かれている。

以上から、農業再生の地域単位としてはほぼ藩政村ないしは明治村が念頭に置かれているといえる。ただし明治村がそのまま昭和村になったところもある。

そのことは、一方では農業集落（むら）が農業再生の単位としては小さく、また昭和合併いわんや平成合併が再生単位としては大き過ぎることを示唆する。

（4）大区画圃場整備事業

調査地域の多くがすでに大区画圃場整備に取り組んでいるか、取組み中だった。取り組んでいないのは亘理町荒浜の10a区画と原町萱原の30a区画だが、前者は周囲が大区画化しており、荒浜でも個人で畦畔を取り払い大型化するなど、農業上のその必要性は強く認識されており、反対すれば取り残されてしまう雰囲気だった。後者は大区画圃場整備の条件が醸成されつつあったまさにその時に津波被害を受けた。

圃場整備をしないことには農業再生の次のステップを踏み出せないというのが被災地域の共通認識だといえる。そして恐らく、これが地元負担が限りなく少なくて済む圃場整備のラストチャンスだろうという思いがある。そして圃場整備するとすれば、すでに経験している１００ａの大規模区画が暗黙の合意といえる。

また、そのためには排水機場の再建が必要であり、排水条件を抜本的に改善し、汎用性の高い圃場に整備することにより、米麦大豆の水田農業なり、園芸作を取り入れた複合経営の条件を確保することが肝要だといえる。

（５）再生の期間

津波被災からの復旧には今後2～3年とする見方が多い。被災からは3～4年ということになる。ただし放射能汚染地域は、11年産の作付けのない地域（警戒区域、計画的避難区域）は引き続き作付け制限され、旧・緊急避難準備区域は２０１２年の作付けを自粛する。さらに２０１２年4月からの食品新基準のkg当たり１００Bqを超える米が検出された旧市町村単位の地域は２０１２年の作付けが制限される（ただし流通防止策を盛り込んだ管理計画を作成・履行した地域は例外を認められる）。また１００Bqの基準値を下回っても「風評」被害が解消されない限り商品生産にはならない。ファーム蛯沢のKさんは営農再開には10年かかるのではないかというが、それも確たる根拠あってのことではなく、むしろ希望的観測だろう。

調査対象者は50歳台後半から60歳までの年代の方が多かった。地域の社会的責任を担う世代ということだろう。その年代はいわば人生の総仕上げ期である。彼らとすれば、相撲でいえば大関、横綱への昇進を目の前にして大ケガで休場を余儀なくされたということか。あるいはこのまま円満にリタイアを待っていたところを襲われたということか。

彼らの多くは、個人あるいは集団として地域の相当の農地を引き受けてきた、その意味での「担い手」であり、地域農業に責任をもつ身である。そうすると、今後の人生は、自分の代の営農再開というよりも、地域の農地を復旧し、営農条件を整え、営農形態を定めて次世代に繋ぐという世代交代・経営継承を果たすことに置かれる。そのような経営主体の継承だけでなく、自分の家の農地がどこにあるのかわからなくなってしまった次世代地権者の地域農業への関心やコミットを持続させることも今一つの任務になる。これらの課題のために自ら思い描いていたリタイアの時期を5〜10年先延ばししなければならない。

津波被災地はこれから圃場（再）整備に取り組むとして、順次工事が進むなかで営農を継続していくことになる。そこにも一定の中断はあるが、水稲作付けを禁じられている放射能被害地は格段に深刻である。そのなかで共通に聞かれるのは、ともかく農業者である以上は何か作物をつくっていないと営農意欲が失われるということである。口に入る食料の生産でなくてもいいから何かをつくり続けたい。そのことで営農意欲が凋れないようにしたいというのが切実な声である。政策的にも転作物の幅を拡げる等の対応姿勢が求められる。

被災地で最初に繁盛したのがパチンコ屋とコンビニだという。やるべき仕事もなくパチンコに興じるしかないのが一つの現実であり、家庭という内食基盤を失えばコンビニの中食頼りになる。残念ながら閖上中学の時計は3月11日2時46分で止まった。放射能汚染地域の水稲作も禁じられた。課題は「いかに時計の針を止めないで時計を修理するか」（東畑精一）だ。その「時計の針を止めない工夫」が様々に主体的に試みられている。

同時に、そのような無理の伴う対応を先の見通しなしに永続できるわけではない。除染には不明の面が多いが、せめて政策目標として期間を明確にすべきである。

(6) 経営形態

圃場整備への取組みと併行して模索されるのが、営農組織形態である。

前述のように、ヒアリングは比較的規模の大きい農家に対するものだったが、彼らの目からみる限り、地域農業の階層分化は相当程度進んでいたようだ。水田単作経営の地域はとくにそうだが、複合経営の地域も、集約型の園芸作は専業でないと取り組めないから、分化傾向は同様であろう。荒浜のように漁師が飯米確保に農地を得て半農半漁の生活を営んでいたという歴史もある。農業構造については統計的確認も必要だが、統計にはなかなか現われない現実もある。高齢化、そして専業的に農業する層と農地貸付けに傾斜する層への二極分化がある程度進んでいたうえに、大震災が残念ながら離農傾向を促進する方向に作用するとすれば、その延長上に地域農業の再生を考える必要がある。

そしてこの地域で特徴的なのは、集約的な園芸作を取り入れた農家がそれに専作化するのではなく、同時に土地利用型農業の規模拡大を追求している、その点でまさに複合経営としての規模拡大を果たしている点である。園芸作を取り入れることで専業的な条件を確保しつつ、専業農家として土地利用型農業の規模拡大を図る動きといえる。

その際に、宮城・福島両県に特徴的なのは、農地保有合理化法人としての県農業公社が農地集合事業等を活用して、地域の地権者から一括して利用権の設定を受け、それを担い手にまとまった形で転貸借する形で、一定の利用集積、大規模経営化、集落営農化等を実現しつつあった点である。公社は大震災に際しても地権者と借り手経営との利害調整に動いている。

今日の農政は、このような中間保有・転貸借方式ではなく農地利用集積円滑化事業を創設し、地権者から白紙委任を受けた農地を担い手に斡旋する（賃貸借は地権者と借り手で直に結ぶ）方式を優先させようとしている。しかし亘理町荒浜でも見たようにその実態的基礎はとぼしい。やはり農地保有合理化事業の中間保有・転貸借方式が地域ぐるみでの利用集積にはふさわしい。また震災以前から地域では一定の農地売買も見られた。震災はそれを加速する可能性がある。所有権と利用権をともに扱う点でも合理化事業はふさわしいといえる。

そこで次の問題は、それを個別経営として追求するのか、何らかの協業経営化がめざされるのかである。いち早く方向を打ち出したのは、前述の南相馬市における昭和村単位の農場管理会社のもとに複数の農場をもつ「複合型大規模農場」の構想である。この構想は、前述のような地域における規模拡大や、規模拡大経営が同時に集約作を取り入れ複合経営化を図っている現実を踏まえた構想といえる。

ほとんどの農家の農機が壊滅状態となり、その再装備には５０００万円以上がかかり、二重負債の危険性もある。それに対して農政の助成は個別経営はアウトで何らかの共同のみを対象とすることから、個別経営でなく協業経営の選択が有利になる可能性がある。しかしその点は再考を要する。昔の部分協業と異なり、今日の協業体はそれ自体一つの個別経営であり、個別か集団かを分ける意味がないからである。

農業においても創造的復興論や災害資本主義の提起がなされている。農水省は、名取市、岩沼市、亘理町、山元町等で２００～２５０haの農地を借り上げて最先端技術の大規模実験農場をつくる計画であり、サイゼリヤ、カゴメ、日本ＩＢＭ、グランパ、伊藤忠等の中央資本も施設園芸、野菜工場、綿花栽培等に乗り出している（第３章を参照。２０１２年８月５日付「日本農業新聞」は「植物工場続々と」と報じている）。しかしその多くは野菜工場や施設型農業であり、地域農業の課題になっている土地利用型農業の担い手をどうするかという議論とはかみ合わない。事実、調査地では農外資本の動きは見られなかった。

また民主党農政は、ＴＰＰと農業再生の両立を図るため、20～30haの1中心経営体に5年間で集落農地の8割を集積する「人・農地プラン」を作成した地域には各種交付金を交付するとしている。

被災地域の農業再生のための大区画圃場整備と大規模農場への集積の計画は、政府の人・農地プランと重なる面がある。しかしそれは、すでに地域で醸成されていたが、大震災で中断されてしまった動きを再開しようとするものであり、あるいは地域農業としてはいずれチャレンジしなければならない課題に大震災を通じて直面しているといえる。次世代に継承する農地基盤と経営形態をどのように構築するのか。地域リーダーは、そのような農業の「器作り」を、白地に絵を描くのではなく、自分たちの営為の継続として模索している。

一方で農場型の大規模経営をめざしつつも、それだけになってしまったら、大曲や荒浜のHさんが懸念するように、地域が成りたたなくなり、「失業問題」が生じてしまう。それに対して大曲や蛯沢は、これまでの実践を踏まえて、地権者には管理作業を委託する、女性は施設園芸を担当する等の構想を描いている。それだけでなく兼業農業・高齢農業・直売所向け農業を志向する農家にもその活動の余地を確保する必要があろう。

確かに農業集落単位に考えれば、土地利用型農業で2世代専従経営を設立させようとすれば最低でも30ha規模が必要で（拙著『地域農業の担い手群像』農文協、2011年、終章）、そうすれば集落農地が1経営体に集積されてしまうというジレンマに地域農業は直面している。そこで調査地では農業再編の地域単位を農業集落ではなく藩政村あるいは明治村に求めるという動きを示している。担い手層が地域的にまだらに存在する現状では、集落より広い範域の設定により多様な農業経営の共存の可能性もより高まるといえる。このような地域単位は、目的あっての人為的なそれではなく、長い歴史的な取組みの中で自ずと形成されたものであり、必要だからといって直ちにまとまりができるものではない。しかし同時に、歴史的な「地域」が今日に生きているということは一つの示唆を与えるといえる。

【あとがき】

調査にあたっては、農家の方々のほか、梶谷貢（宮城食健連事務局長）、岡田孝（宮城県農協労組）、金成顕悟（宮城県農業公社常務）、渡辺一成（南相馬土地改良区理事長）、発田栄一（南相馬市農林水産課長）、遠藤貢市（複合型大規模農場経営研究会事務局長）の諸氏にお世話になった。調査同行者は、平田啓、松澤厚、岡阿弥靖正（以上、農業・農協問題研究所）、小野甲二（当時は全国農地保有合理化協会、現在は東京農大校友会事務局）、池田辰雄（全国農業新聞）の諸氏である。記して厚くお礼申し上げる。

なお調査から一定の時間が経過しているが、本稿では基本方向の確認を主眼とした。

第6章　東日本大震災がもたらした漁業被害と復興

1　はじめに

震災復興とは、被災地に暮らし働く被災者を悲惨な状態から再生させることだと思うのだが、震災後の行政庁の対応やメディアの対応を見ていると必ずしもそうではないようである。

水産業においても、漁業者が高齢化し新規就業者が少なく、衰退著しいのだから、震災前の状況に戻してはならないとし、このときこそ構造改革すべきだとの論調が少なくなかった。震災から1年半が過ぎた現在でもそのような論調は絶えない。もちろん、被災地・被災者自身が震災からの復興を発展の手がかりにしたいと考えることはおかしくない。だからといって、行政庁やメディアが、被災地から離れたところで、被災地に配慮することなく、また被災地が混乱することを想像することもなく、受け手のはっきりとしていない復興構想や改革論を展開してよいものであろうか。具体的には、漁港集約化を織り込んだ食糧基地構想や漁協から漁業権を剥奪する水産復興特区構想などがそれである。これらの構想は、被災地の復興の道筋が定まっていない、震災からたった2カ月の間に、平然と公表され、被災地を混乱させた。水産復興は出足から躓いていたのである。

本章では、東日本大震災がもたらした漁業被害を素描するが、その被害を地震や津波によるものとして見るだけでなく、復興プロセスの中で発生している人災にも着目する。その上で、漁業復興の展望を素描する。

2　震災からの経過と復興方針

(1) 人への被害

まずは、人への被害である。被災3県（岩手県、宮城県、福島県）における漁協あるいは漁協系統が集計した漁協組合員の死亡・行方不明の被害状況（表6－1）を見ると、対組合員比は岩手県3％、宮城県4％、福島県7％となっている。

次に、年齢別の被害状況を知るために、宮城県漁協のみのデータしかないが、年齢別・死亡・行方不明者数を図6－1に示した。70代が最も多く、次いで60代そして80代が多い。示されているとお

表 6−1　被災 3 県の組合員の被害状況

		岩手県	宮城県	福島県
組合員数（被災前）	正 准	10,667 3,581	10,437	1,267 328
死亡・行方不明者数（組合員数に占める割合）		375 3%	452 4%	111 7%
家屋（戸数）	全壊 半壊	4,349	4,827 724	
役職員への被害	死亡 行方不明	16 8	 1	2

資料：全漁連、各県漁連、各漁協への聞き取り。

り、70代、80代については准組合員が多い。今日の60代、とくに60代前半の組合員は体力があり、相対的には高齢者といえないが、被害は高齢者および准組合員に偏っていたことがわかる。

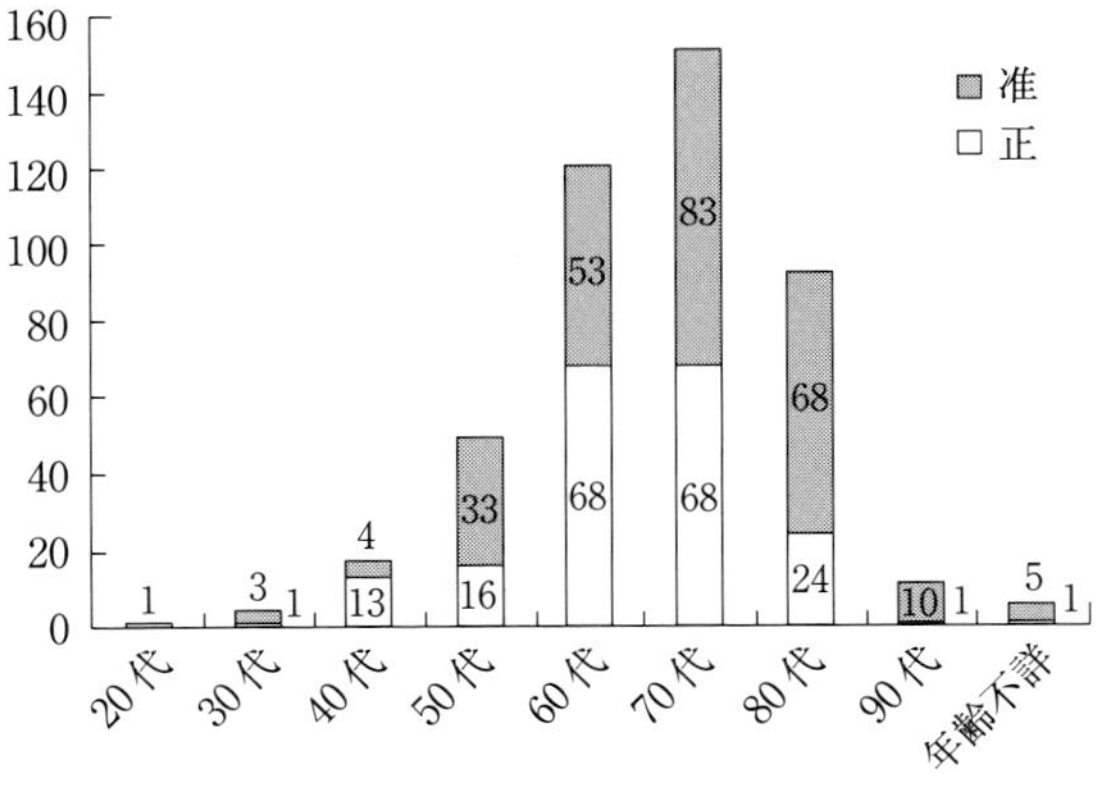

図 6−1　宮城県漁協における死亡・行方不明年齢別組合員数

資料：宮城県漁協。

これらの数値からは、「漁家」という経済主体の単位がどのような被害を受けたかがわからない。岩手県、宮城県の両県では、組合員の家屋の被害状況が示されており、この数値を見る限り、家族構成員への被害が想定される。三陸地域では、カキ、ワカメ、ホタテガイ、ノリなど、仕立てに手間を必要とする養殖業が盛んに行なわれてきた。しかも、これらの養殖業は、職住一体型の空間の中で、家族労作的に行なわれてきたことから、数値には見えない甚大な被害がある。

人への被害は漁協の組合員だけではない。漁協の役職員へも及んだ。とくに、岩手県である。岩手県では16名の役職員が津波の被害者となったが、彼らのほとんどは地元消防団に属する職員であった。彼らは震災直後、水門を閉めるために防潮堤に向かい、その使命を果たすために犠牲になったのである。それだけではない。震災後、沖合で操業している組合員へ無線連絡するために漁協の事務所に残り、命を落とした漁協役員・幹部職員もいた。

(2) 物的被害

表6-2は水産業における震災・津波による被害状況を記している。被災した漁船は2万8000隻を超えた。漁船および漁港、その他施設を含めた被害総額は約1・2兆円を超えた。ただ、この被害額は、漁業とその周辺の施設やインフラを対象にしたものにすぎない。水産加工業、製氷業、物流、造船業などの水産関連産業は含まれていないのである。これらを含めると、数千億円加えた被害額になろう。

表６–２　東日本大震災の地震・津波による水産関係の被害状況（平成23年12月26日現在）

主な被害	全国	
	被害数	被害額（億円）
漁港施設	319漁港	8,230
漁船	28,612隻	1,822
養殖関係		1,335
うち養殖施設		738
うち養殖物		597
共同利用施設	1,725施設	1,249
合計		12,636

資料：水産庁「水産復興マスタープラン」。

漁船被害については、被災隻数以外が報道されておらず、的確な状況を記すことができないが、おそらくそれらの90％以上は磯場や近海海域で使うＦＲＰ製の小型漁船であろう。小型漁船は漁業者なら誰でももっており、もともと母集団が大きい漁船階層だからである。しかし被害額からすると建造費が数億円する沖合で使われている鉄鋼漁船のほうが大きい地域もある。八戸、気仙沼、石巻、小名浜港などといった大規模漁港では、中型イカ釣り漁船、旋網漁の運搬船、遠洋マグロ延縄漁船、サンマ棒受網漁船などの大型漁船が岸壁に打ち上げられていた。これらのなかには復旧した漁船もあるが、その修繕費もまた数千万から数億円単位である。

漁港の被害も甚大である。表６–３にその状況を示した。この表から見て取れるように、震災の被害が甚大であった岩手県、宮城県、福島県の漁港はほぼ全滅である。多くの港で、防波堤は原形をとどめておらず、防波堤のブロックは散在しており、また岸壁は地盤沈下により冠水し

表6-3　漁港の被害状況

（全漁港数）	第１種	第２種	第３種	第４種	計
北海道（282）	9	1	1	1	12
青森県（92）	14	1	2	1	18
岩手県（111）	80	23	4	1	108
宮城県（142）	115	21	5	1	142
福島県（10）	2	6	2	0	10
茨城県（24）	11	0	5	0	16
千葉県（69）	5	4	2	2	13
計（7道県）	236	56	21	6	319

注：1．平成23年6月23日時点での各道県からの報告。
2．第1種漁港は、その利用範囲が地元の漁業を主とするもの。
第2種漁港は、その利用範囲が第1種漁港よりも広く、第3種漁港に属さないもの。
第3種漁港は、その利用範囲が全国的なもの。
第4種漁港は、離島その他辺地にあって漁場の開発または漁船の避難上特に必要なもの。
資料：水産庁「水産復興マスタープラン」。

ているところが多く、使える状態ではなくなっている。漁港は漁業にとって最も重要な生産基盤である。それは海の航路から陸路へと結節する物流拠点だからである。その漁港がこのような壊滅的状態になったのだから、この3県の漁業の立て直しにはかなりの時間を要することは想像に難くない。

次に流通関連の施設の被害を確認しておこう。水産業においては、漁業と水産加工業は車の両輪のような関係だとよく捉えられている。どちらが欠けても水産業は成り立たない。両者は、利害が相反する関係にあるが、その関係を繋いできた場が、荷捌き所がある産地市場であった。しかし、これらの機能については表6−4に示されるとおり、被災3県はほぼ壊滅的状態となった。被害総額は327億円である。

岩手県や宮城県では、津波により市場の建屋

表6-4　震災による市場の被災状況

	全市場数	被災状況	被害額（100万円）
北海道	52	被災15カ所程度（浸水、設備破損等）	97
青森県	7	被災2～3カ所（浸水、設備破損等）	2,503
岩手県	13	すべて被災（全壊11、大半は壊滅的被害、宮古・久慈・大船渡は建屋が残存）	14,266
宮城県	10	すべて被災、壊滅被害（全壊9、浸水、設備破損等）	10,577
福島県	12	すべて被災（半壊4、建屋・機器の流出5、原発避難地区2）	3,188
茨城県	9	大半が被災（全壊2、水没1、浸水3など）	1,122
千葉県	2	一部で被害	1,000
	105		32,753

資料：水産庁。

が壊れ、荷捌き所の屋根や外壁が原形を失うなど全壊状態となった。それでも、その後、復旧が進み、原発災害で再開のめどが立たない福島県を除けば、各県のほとんどの市場は再開するに至った（福島県でも県外漁船を受け入れる小名浜市場は再開）。しかし、市場の取扱数量・金額ともに例年を大きく下回る状況となった。比較的被災を免れた岩手県宮古市、久慈市、大船渡市の市場、宮城県塩竈市の市場は早期に再開したが、それを除く被災地の市場は、漁船を受け入れる能力をなかなか回復させることができなかったからである。岸壁が地盤沈下して接岸できる箇所が少ない、製氷施設が被災して氷の供給能力が低い、カツオ一本釣り漁に必要な餌料・カタクチイワシを供給できない、凍結庫・冷蔵庫が復旧していない、などがその原因である。もちろん、それらの要因が複合してい

表6−5　水産加工場の被害状況

	被災加工場数				加工場数（2008年）	被害額（100万円）
	全壊	半壊	浸水	被災合計		
北海道		4	27	31	570	100
青森県	4	14	39	57	119	3,564
岩手県	128	16		144	178	39,195
宮城県	323	17	38	378	439	108,137
福島県	77	16	12	105	135	6,819
茨城県	32	33	12	77	247	3,109
千葉県	6	13	12	31	420	2,931
合計	570	113	140	823	2,108	163,855

資料：水産庁。

たため、市場の漁船受け入れ機能が麻痺したともいえる。

次に、市場の背後に立地している水産加工業者の被害について
である。被害状況を記した表6−5を見よう。被害額は1600億円を超えている。ただ、この被害額は施設に限られている。水産加工業界の被害は、施設・設備などストック部分に限らず、原料、半製品、製品などフロー部分もかなりの金額に及んでいよう。公表されていないため状況把握は無理であるが、冷蔵庫に保存されていた数万tにも及ぶ原料在庫、製品在庫は冷蔵庫ごと被災し、その後廃棄されたのである。

被害は宮城県に集中している。宮城県は国内でも水産加工業者が多い地域である。石巻や気仙沼といった大規模な漁港には広大な水産加工団地がある。それらの団地は漁港近郊にあったことから被害も際だって大きかった。気仙沼だけで1000億円を超えているといわれている。数値では計りきれないが、これらの漁港都市の加工、流通機能は完全に失われたとみてよいであろう。

（3）水産復興の方針

東日本大震災復興構想会議は、震災から1カ月で立ち上げられ、２０１１年6月25日に「復興への提言～悲惨のなかの希望～」を公表した。ただ、被災各県はその公表を待つまでもなく独自の復興スタンスを公表し、東日本復興構想会議の委員として出席した各県知事は各県の方針を会議に持ち込んだ。そこで、復興方針を明確に打ち出した岩手県と宮城県の内容について確認しておこう。

岩手県は、震災復興の基本理念として、「被災者の人間らしい『暮らし』、『学び』、『仕事』を確保し、一人ひとりの幸福追求権を保障する」と、「犠牲者の故郷への思いを継承する」を掲げた。[1] この考えに基づき、産業復興の取組みは「『なりわい』の再生」をテーマとしている。そして、水産業の復興に関しては次のような方針を明確にした。漁業協同組合の機能を回復させ、漁協を核にした漁業・養殖業の構築、産地魚市場を核にした流通・加工体制の構築、である。このことは、岩手県の沿岸漁業や養殖業が漁協の力で発展してきたことと、流通加工業は産地市場を挟んで漁業とともに発展してきたことを尊重したことにほかならない。また、これは復興の主導権を現地に委ねたということも意味している。

宮城県は、復興計画策定に向けて「創造的復興」をベースにした基本理念を掲げた。[2] 詳細は割愛するが、防災視点の空間改造、産業構造の改革、規制緩和などが主たる内容である。「水産県みやぎの復興」を掲げた水産復興に関しても、以上の理念が踏襲されている。「復興のねらい」には「原形復旧」は困難という前提のもと、「法制度や経営形態、漁港の在り方等を見直し、新しい水産業の創造と水産都市の再構築を推進」など、改革論が明記されている。具体的な取組みとしては、「沿岸拠点漁港を選定し、漁港を3分の1に集約し、他の漁港は後回しにする」「漁業・養殖業においては、国に直接助成制度の創設を求める一方で、施設の共同利用、協業化などの促進や民間資本の活用など新たな経営組織の導入を推進する」「競争力と魅力ある水産業の形成のために漁業・関連産業の集積・高度化を図り、流通体系を再整備し、ブランド化や6次産業化を進める」を取り上げ、そして「民間資本導入の促進に資する水産業復興特区」を検討することとしている。

以上のように、同じ三陸地域であるが、岩手県と宮城県の復興方針に大きな差異が生じたのである。このような両県の復興方針が、両県の知事により、東日本復興構想会議に持ち込まれたが、「復興への提言」では以下のような内容が記載されたのである。

○沿岸漁業・地域

沿岸漁業は、漁村コミュニティーにおける生業を核として、多様かつ新鮮な水産物を供給している。小規模な漁業者が多く、漁業者単独での自力復旧が難しい場合が多いことから、漁協による子会社の設立や漁協・漁業者による共同事業化により、漁船・漁具などの生産基盤の共同化や集約を図っていくことが必要である。あわせて、あわびなどの地元特産水産物を活かした6次産業化を視野に入れた流通加工体制を復興していくことも必要である。沿岸漁業の基盤となる漁港の多くは小規模な漁港である。地先の漁場、背後の漁業集落と漁港が一体となって住民の生産、生活の場を形成している。その復興にあたっては、地域住民の意見を十分に踏まえ、圏域ごとの漁港機能の集約・役割分担や漁業集落のあり方を一体的に検討する必要がある。この場合、復旧・復興事業の必要性の高い漁港から事業に着手すべきである。

○沖合遠洋漁業・水産都市

沖合・遠洋漁業は、水揚量や市場の取扱規模が大きいだけでなく、関連産業の裾野も広い。適切な資源管理の推進、漁船・船団の近代化・合理化を進めるなどの漁業の構造改革に加え、漁業生産と一体的な流通加工業の効率化・高度化を図ることが必要である。関連産業との結び付きが強いことから、加工流通業、造船業などの関連産業が歩調を合わせて復興することが必要である。

沖合・遠洋漁業の基盤となる漁港は、基地港であると同時に他地域の漁船によって水揚げされた水産物や周辺の漁港からの水産物が集積される拠点漁港となっている。市場や水産加工場などをもち、水産都市を形成し、水産物の全国流通に大きな役割を果たしている。したがって、一刻も早く漁業が再開されるよう、緊急的に復旧事業を実施するとともに、さらなる流通機能などの高度化を検討すべきである。

○漁場・資源の回復、漁業者と民間企業との連携促進

津波により、漁場を含めた海洋生態系が激変したことから、科学的知見も活用しながら漁場や資源の回復を図るとともに、これを契機により積極的に資源管理を推進すべきである。

漁業の再生には、漁業者が主体的に民間企業と連携し、民間の資金と知恵を活用することも有効である。地域の理解を基礎としつつ、国と地方公共団体が連携して、地元のニーズや民間企業の意向を把握し、地元漁業者が主体的に民間企業と様々な形で連携できるよう、仲介・マッチングを進めるべきである。

必要な地域では、以下の取組を「特区」手法の活用により実現すべきである。具体的には、地元漁業者が主体となった法人が漁協に劣後しないで漁業権を取得できる仕組みとする。ただし、民間企業が単独で免許を求める場合にはそのようにせず地元漁業者の生業の保全に留意した仕組みとする。その際、関係者間の協議・調整を行う第三者機関を設置するなど、所要の対応を行うべきである。

「沿岸漁業・地域」や「沖合遠洋漁業・水産都市」については、概ね正当な認識に基づいた水産行政的な妥当な対応案が記載された。漁村あるいは水産都市を正当に捉えており、どこの被災県にも当てはまる内容になっていた。しかし、「漁場・資源の回復、漁業者と民間企業との連携促進」については、宮城県の主張が採用された格好となった。詳細は後述するが、宮城県漁協が猛反発した「水産復興特区構想」の骨子が明記されたのである。

水産庁は、「復興への提言」が公表されるまでは、瓦礫撤去への補助事業や通称激甚災害法に基づく災害復旧への対応など初動的な対策や、第１次補正予算の事業推進および第２次補正予算に向けての事業策定の準備を粛々と進めていたが、「復興への提言」が公表されると、その３日後に「水産復興マスタープラン」を公表した。その内容は水産復興策の全体像とその体系を示すものであったが、その中には、「復興への提言」に記された内容もほぼそのまま記載されていた。見逃してはならないのは、いうまでもなく「水産復興特区構想」である。

(4) 福島県の水産復興方針

水産復興については三陸ばかりが注目された。それに対して、福島県においては、原発災害への対応に追われ、水産業の復興方針が岩手県や宮城県のように速やかに策定されなかった。放射能による海洋汚染が深刻化するなか、水産復興への対応を進めるどころではなかったのであろう。２０１１年８月11日に策定した福島県復興ビジョンにおいては、漁業に関しては「共同利用漁船の導入による経営の協業化や、低コスト生産による収益性の高い漁業経営を進めるとともに、適切な資源管理と栽培漁業の再構築を図る」という文面だけであり、原発災害からの復興とは思えない内容であった。

２０１１年12月、福島県はようやく福島県復興計画（第１次）を策定した。「原子力に依存しない、安全・安心で持続的に発展可能な社会づくり」、「ふくしまを愛し、心を寄せるすべての人々の力を結集した復興」、「誇りあるふるさと再生の実現」を基本理念として、原子力発電所については全基廃炉方針を打ち出し、そして原発災害からの復興の道筋として「モニタリングの徹底」と「除染」を掲げたのであった。

復興計画の重点プロジェクトとして、水産業の再生については、「甚大な被害を被った機械・施設・インフラ等の復旧」、「中長期的には適切な資源管理と栽培漁業再開」、「加工業や観光業と連携した地域産業の6次化を進めることによる付加価値の高い漁業経営の確立」の三つのステップで果たすとした。復興ビジョンでは示していなかった方針を初めて具体的に示したのである。

しかし、復興計画には、原発災害への対応と水産再生の間に大きな隔たりがある。一般住民、商工業や農業関係者にとって除染は原発災害を和らげる手段になるかもしれないが、水産業においては復興を遅らせる対策になりかねないからである。つまり除染は、汚染物質を回収し、あるいは放射能を除去し、どこかに格納するという作業でない以上、河川や地下海水を介して、放射能が海へ流れ込み、「海への移染」に繋がる恐れがあるからである。それゆえ、いくら上記のような重点プロジェクトを行なったとしても、福島県の水産業は「再生」のスタート地点にさえたどり着くことができないのである。

放射能汚染への対応が海洋汚染への対応を含まない限り、福島県の水産業界はいつまでも放射能災害の呪縛から逃れられず、水産再生への道筋が断絶しているといえよう。

そのことを棚上げにしたとしても、重点プロジェクトの内容については、岩手県のように何を「核」にするのか、是非はともあれ宮城県のように何を「梃子」にするのかなど、復興のポイントがない。淡泊な内容であり、総花的な内容であり、物足りなさを感じてならない。おそらく、地元の水産業界のなかで、これを見て希望をもてたという人はいないであろう。

しかし、裏を返せば、原発災害からの復興の道筋が見つからないなかで、水産業再生のための「絵」を描くことができるのであろうか。問題はその一点だけである。原発災害がなければ、独創的な復興計画が描けていたのではないか。岩手県や宮城県のようには復興方針を描けない状態に追い込まれているのが、今の福島県の水産行政・水産業界であろう。

3　漁民不在の創造的復興

(1)　食糧基地構想

２０１１年４月17日、「朝日新聞」が朝刊に「東北に食糧基地構想　農地・漁港集約、政権が法案提出へ」という見出しの記事を掲載した。タイトルの如く、農業、漁業ともに生産基盤を集約化し、農村・漁村を職住分離し、集落を高台に移転させるという内容である。

農業では、耕作放棄や離農などにより分散している農地を集約し、大規模農業を営めるような圃場を再開発する、漁業では、点在している漁港を集約し、その背後に水産加工業など関連産業の団地を形成させせようとする内容である。すなわち、これは、分散している生産力を生産基盤ごと集約して、国際競争力の強化を図ろうという内容である。

農地集約化においては「規模の経済」を効果的に引き出すことは可能であろう。しかし、漁港においては、それを集約化しても生産効率の向上は見込めない。それどころか、もしかしたら生産効率を落とすことになるかもしれないのである。理由は簡単である。漁港は、船着き場であり、水揚げ場であることから、それが集約化されても、漁場が集約化されるわけではないからである。

沿岸における漁場は局所的に形成されているが、それらは広く分散している。各漁場へのアクセスのことを考えれば、それぞれの漁場に近い漁港があるほうが効率的である。効率性という観点からみれば、漁港が集約化される意味はない。

また、養殖漁場においては、それ自体が集約的である。しかし、養殖漁場でさえも、適地適作という概念のもとに漁場が立地しており、分散的である。ノリ、ワカメ、コンブ養殖などの海草類においては、潮流や栄養塩に恵まれた漁場、カキ養殖やホタテガイ養殖においては、養殖対象種の餌料となるプランクトンや有機懸濁物、あるいは適正水温との関係の中で漁場が選択されている。それゆえ、適地に集約するという考え方はあるが、それは狭い範囲の話であり、農地のように養殖場を単に集約し拡大して競争力を高めるというわけにはいかないのである。

食糧基地構想は、農漁業の生産力拡充を図る拠点開発政策である。もっともそれは、国際競争力強化の旗印のもとに国の経済発展を図ろうとした、かつての臨海工業地帯の拠点開発の考え方と何ら変わりはない。深刻な海洋汚染や公害問題をもたらしたこれら過去の開発行為の問題は、自然環境の破壊問題ばかりがクローズアップされてきたが、今我々が過去の教訓に学ばなければならないことは、産業ナショナリズムに満ちたそうした開発行為が、漁村集落にあった自然と人間社会の関係、すなわち漁村集落における「自然、漁業、暮らし・文化の一体的関係」を粉砕したことにあるのではなかろうか。おもむろに集約化、効率化、国際競争力を掲げる食糧基地構想は、地域性を考慮した構想とは到底思えないのである。

食糧基地構想のような机上の構想は、創造的復興という美名のもとで想像されがちである。だが、この構想は構想で終わり、法制化には至らなかった。それどころか、当初宮城県が掲げた漁港集約化は、いつの間にか、漁港を原則すべて残し、漁港機能を集約するという内容に置き換わった。

自然災害により被災した公共土木施設については災害査定をして国庫予算を使って復旧することが原則となっている。公共土木施設災害復旧国庫負担法という根拠法が、暴走する創造的復興構想の歯止めとなったのであろう。

しかしながら、宮城県は、２０１１年12月８日に１４２の漁港を拠点漁港60港とそれ以外の漁港に分けて、後に地元漁民と協議することなく一方的に復旧予定を公表した。その波紋は被災地に広がり、漁民からの県への抗議が何件か発生した。拠点漁港は２０１３年度までに優先的に復旧が進められ、拠点以外の港にあった加工施設などの付随施設が集約される予定であるが、拠点漁港以外の漁港は、最小限の機能の復旧に止められ、復旧は後回しになる。漁港利用者に対しての事前の意見・意向調整を行なうことなく公表したため、拠点漁港からもれた漁港の利用者が抗議したのである。なかには、もともと拠点的な位置づけにあった県管理の第2種漁港も含まれていた。

このように漁港集約化から漁港機能集約化へと構想転換が図られたが、結局、漁村・漁場・漁港を巡る総合的な考え方が行政庁に欠落していたことに変わりはなかった。

震災復興においては、水産業の復興計画と同時に、漁村計画も併行して樹立されていくであろう。その計画の基本思想として、「自然・漁業・暮らし（文化や漁村コミュニティー）」という総合的な考え方のもとで復旧をどのように進めていくかが重要な課題である。(3)

(2) 水産復興特区構想の法制化

2011年12月26日、東日本大震災復興特別区域法（以下、特区法）が施行された。その中に、認定復興推進計画に基づく事業に対する特別の措置として設定された「漁業法の特例（第14条）」がある。これは、東日本大震災復興構想会議において村井嘉浩宮城県知事が提言した「水産復興特区構想」に基づいて創設された、「特定区画漁業権免許事業」について記載した条文である。

この事業の内容は、漁協に管理権が与えられてきた特定区画漁業権を、県が復興の担い手になりうる外部資本が入った漁民会社に直接免許できるというものである。つまりそれは、漁業権管理の権限を漁協からはく奪することを意味する。これまでも外部の企業などが漁業権を得ていたケースはあった。しかし、漁業権の管理は、あくまで漁業法に則って漁協に委ねられていたのである。そのため、この構想が公表された直後から、地元漁民のみならず隣県の漁民までもが猛反発し、その波紋は全国に広がった。また、宮城県議会でも、この構想の撤回請求を巡って紛糾した。この動きは、宮城県内では業界や政界だけでなく、市民運動にまで及んだのである。しかし、この構想の法制度化の手続きは着々と進められ、立法化に至ったのである。

以下、特定区画漁業権の体系を確認するとともに、この特区法に対する懸念と諸問題について論じ、そして立法化までに浮き彫りになった意思決定過程の問題について言及する。(4)

①特定区画漁業権と漁民の自治

漁業権は、都道府県知事が経営者に直接免許する経営者免許漁業権と、漁協が都道府県知事から管理の権限を受けて「漁業権行使規則」に基づいて組合員に権利を行使させる組合管理漁業権とに分けられる。経営者免許漁業権は、定置漁業権と区画漁業権（特定区画漁業権漁業を除く養殖業を営むための権利）があり、組合管理漁業権は、共同漁業権（漁協の管轄海域で漁業者が共同管理すべき漁業を営むための権利）と特定区画漁業権がある。三陸において盛んに行なわれているカキ、ホタテガイ、ワカメ、ノリ、ギンザケ、ホヤなどの水産動植物の養殖を対象とした権利が、今回の事業の対象となる特定区画漁業権である。

特定区画漁業権における「漁業権行使規則」には、どの区域にどのような水産動植物をどのように養殖するか、あるいは漁場利用料をどうするかなど、養殖技術や漁場管理に関わる項目が細かく規定されている。この規則は漁協の中で組合員の合意形成を経て作成され、都道府県にも認められている。漁協（あるいは漁業地区）ごとに作成されることから、その内容はそれぞれに異なってくる。漁場の自然的社会的環境は多様だからである。自らの地域の漁場環境を最もよく知る漁民らが漁業権行使規則など漁場利用のルールの作成主体となり、漁民らの相互監視と漁民らの主体性を基本とした漁場管理体制が、漁協ごとに形成されているのである。

一般にはあまり知られていないことだが、漁民の間では、漁場の使い方を巡り、絶えず様々な利害対立が存在している。養殖漁場の場合、利用者である漁業者ごとに海面が区切られ占有されているが、もしもそうしたルールがなく、漁民それぞれが漁場を身勝手に使ってしまうと、すぐに漁場紛争に繋がってしまう。そこに行政が介入しても漁場で監視・監督するというわけにはいかないので、紛争は簡単には解決されない。だからこそ、漁民らは、漁業や養殖業を営む「権利」を得るだけでなく、漁業権行使規則の作成を通して、秩序形成のための活動に「参加」する「責任」も果たさなくてはならないのである。

このように、漁業権の権利には「責任」が付加されており、その責任履行には漁民らの「自治」が必要なのである。そして、自治形成のためには漁民が「参加」する組織が必要とされ、その自治組織が漁協という存在なのである。すなわち、こうして形成した自治組織には、紛争防止機能を含んだ漁場管理システムが内蔵されている。漁協が漁場管理団体とも呼ばれる所以である。

しかし、特定区画漁業権は、漁協にしか管理の権限が認められていない共同漁業権とは異なり、その管理権が優先的に漁協に認められているだけで、漁協が管理権を放棄すれば個別の経営体に直接免許されうることにもなっている。そのとき、特定区画漁業権は組合管理漁業権ではなくなり、経営者免許漁業権となる。ただし、その場合、都道府県知事の恣意で免許してはならず、申請者の適格性の審査が実施され、免許されることになっている。さらに競願になった場合は漁業法で定めた適格性の優先順位に従って高い順位にある組織形態の経営体に免許されることになっている。この仕組みは特区法を見る上で把握しておかなければならないことである。

②特区法の懸念とその問題

特区法第14条は、上記のように漁協が管理権を放棄しない状態にあっても、個別の経営体が県知事に直接免許されるよう、特定区画漁業権に関する優先順位が緩和される内容となっている。

その具体的な内容とは、被災地で養殖業を営んできた漁業者が、独自で事業再開が困難であるとき、復興の円滑かつ迅速な推進を図るのに「ふさわしい者」に県が特定区画漁業権を免許できる、である。つまり、その「ふさわしい者」に対しては県が特定区画漁業権を直接与えるというのだ。もちろん「ふさわしい者」は漁協に所属する必要はない。

では、いったいどのような者がふさわしいのか。この解釈はかなり厄介であるとともに問題性を孕んでいる。

形式的な内容については、「漁業法上で定められた特定区画漁業権者の適格性優先順位の第2位、第3位に該当する組織に限られる」となっている。第2位は、地元地区の漁民の7割以上が出資者である法人であり、これは実体として漁協と同じくする組織であること、第3位は、地元地区の漁民7人以上で構成される法人経営体であり、水産業協同組合法上で定める漁業生産組合（協同組合法人）そのものか、実体としてそれに近い法人である。つまり特区法は、いわゆる民間企業への漁業権開放というものではなく、たとえ漁民以外の個人・法人から出資金を受け入れたとしても、その法人の経営の軸は地元地区の漁民らにあり、その経済余剰の大半は地域内に残る、ということを約束している。それゆえ、免許される組織形態自体には問題性はない。

しかし、特区法14条の問題は、以上のような免許者の形式的な側面ではなく、適格性の要件に隠されている。要件は以下のように五つある。

一　当該免許を受けた後速やかに水産動植物の養殖の事業を開始する具体的な計画を有する者であること。

二　水産動植物の養殖の事業を適確に行うに足りる経理的基礎及び技術的能力を有する者であること。

三　十分な社会的信用を有する者であること。

四　その者の行う当該免許に係る水産動植物の養殖の事業が漁業生産の増大、当該免許に係る地元地区内に住所を有する漁民の生業の維持、雇用機会の創出その他の当該地元地区の活性化に資する経済的社会的効果を及ぼすことが確実であると認められること。

五　その者の行う当該免許に係る水産動植物の養殖の事業が当該免許を受けようとする漁場の属する水面において操業する他の漁業との協調その他当該水面の総合的利用に支障を及ぼすおそれがないこと。

注目すべきは「五」の項目である。これは既存の漁民に配慮して、漁場利用における協調性を問う適格性の要件として取り上げられたと考えられるが、この文面では拡大解釈が可能であり、今のところ「他の漁業と協調」できるかどうかをどのように審査するのか、そしてその審査基準はどのようになるのか、などについてはまったく明らかにされていない。この要件こそが、既存の漁民にとって最も重要要件であるにもかかわらず、である。

もし、このまま適格性の基準を国が明確にしなければ、宮城県は、特区構想を推進してきた立場として、特定区画漁業権免許事業における適格性基準の範囲を広く設定してしまうであろう。適格性審査が形骸化される可能性が否めない。

だが、特区法14条の運用において、批判されなくてはならないことはそれだけではない。組合管理漁業権に備えられてきた紛争回避機能を含んだ漁場管理システムが免許者に及ばなくなっていることである。このままでは、特区の傘の下で漁協の組合員資格を得ることなく「権利」を取得でき、かつ漁場管理コストの支払いや漁業権行使規則遵守という「責任」を負わなくてよい免許者と、全ての「責任」を負わなければならない漁民とが漁場競合することになる。

こうした両者の利害対立が紛争の火種になることは想像するに難くない。それゆえ、特定区画漁業権免許事業は漁民の分断を生む欠陥を抱えた事業である。漁業権制度にある漁場管理システムに代わる何らかのシステムがこの事業体制の中に仕組まれることが約束されなければならない。

水産復興特区構想を立案した宮城県は立案者でありながら、紛争防止に資する漁場管理システムについてまったく提示していない。県内の漁業調整の任務を担う行政庁の対応としては無責任な対応といわざるをえない。同時に紛争防止策や免許対象者の管理・監督方法の立案を踏まえないまま、特区法を成立させた国の責任も重い。

③熟議なき立案過程

水産復興特区構想公表から特区法成立までの経過を辿ると、立案過程の中に腑に落ちない点が多々ある。まず、2011年5月10日に宮城県知事が構想を公表するまで、漁業権管理団体である漁協に何ら相談しなかったことである。混乱を招くことが想定されるため、反発を意図的に避けることが目的であったのであろうか。次に、東日本復興構想会議の検討部会では、特区構想に関して漁業経済の専門家が警鐘を鳴らし、構想推進という結論に至らなかったにもかかわらず、その議論がまったく無視されたことである。本委員会では、村井義浩宮城県知事と元朝日新聞論説員の高成田亨氏による度重なる強い主張により、(5)特区構想は復興構想会議の提言書に記載された。そして、その提言書が公表されてわずか3日後の6月28日、水産庁から公表された「水産復興マスタープラン」には特区構想が記載されていた。現行制度でも組合員になれば十分に外部企業の参入が可能であるということを最も把握しているのは水産庁である。被災地の知事の提案だからといって、「熟議なし」にそれを受け入れたことについては疑問を感じざるをえない。

こうして、現場の反論を受け付けず、専門家の意見も受け入れず、監督官庁も異議を申し立てないまま、わずか2カ月半の間に、特区構想の法制化の地固めが進んだ。

つきつめると特区構想とは、漁民を古くて閉鎖的といわれる漁協の事業体制から切り離し、企業化を進める政策的糸口であるといえよう。しかし特区法は、紛争発展の可能性を払拭していないどころか、新たなビジネスモデルが創出されることさえも約束するものではない。なぜなら、漁業と異業種の連携事例の多くは部分的な取組みかあるいは実験的な段階から脱していないからである。これでは漁民分断という犠牲が伴った実験場建設にほかならない。特区法による漁村の復興・再生などはありえない。

4　惨事のなかで揺らぐ漁協

水産復興特区構想が公表されて以来、漁協へのネガティブキャンペーンが続いている。大手中央紙をはじめとするマスコミ、ビジネス雑誌の書きぶりは厳しく、不当なものが多い。「漁協が漁業権を独占している」、「漁業権が既得権益化している」、「民間企業の参入を妨害し、漁業・養殖業を衰退させている」というものである。さらには、埋立・浚渫や原発・火力発電立地では補償金を吊り上げ、低コスト開発を妨げているという内容も報道されている。

確かに、共同漁業権は漁協にしか免許されないし、特定区画漁業権は漁協に優先的に管理権が与えられているし、外部の企業は漁協に所属しない限り簡単に特定区画漁業権を得ることができないし、漁協の販売事業が低調ぎみであるため漁業経営は低迷しているし、漁協は海浜部の開発行為に対しては漁をする権利の侵害として補償金を要求してきた。それゆえ、メディアの言説は事実無根のことを指摘しているのではない。

だが、それらの表現はそうした漁協を、漁業・養殖業の発展や海洋開発を阻害し、荒稼ぎする〝諸悪の根源〟として捉えている。繰り返すが、組合管理漁業権については、先述したとおり、「権利」と「責任」が一体化したものだし、現行制度は企業参入を阻んではいない。既存の漁業者であろうと、外部の企業であろうと、漁場で養殖業を営むことになると、どこかの組織が、紛争防止、資源管理という「責任」を負わなくてはならず、その役割を行政庁に代わって漁協が担っているだけである。「漁協が漁業権を独占している」ということを問題提起するのなら、漁場管理をめぐる責任遂行の部分についての対案がない限り、それは謂われのない不当な指摘でしかない。この状態では、参入障壁に守られた既得権益者と吊るしあげておけば大衆受けするという腐ったジャーナリズムによる提起としかいいようがない。

このようなメディアを介した「漁協いじめ」は、ステレオタイプ化する報道側の体質問題と漁協サイドの協同組合の形骸化問題が重なって増幅している。ここでは、協同組合としての今日的漁協のガバナンスを巡る諸問題について触れておきたい(6)。

ところで、漁協は、日本の中では最も協同組合らしい組織だといわれてきた。それを支えてきた漁業制度は世界に誇れる制度ともいわれてきた。その謂われの中には、漁業者らの共同管理による資源の持続的利用の成功がよく取りあげられるが、最も普遍的なこととしては、漁協における「組合管理漁業権」の運営を巡る組織体制が協同組合的な組織原理に基づかざるをえないというところにあろう。

ただ、こうした漁協の協同運動の底流にあるものは、英・独・仏などの欧州諸国から輸入されてきた「協同組合思想」そのものではなく、漁村が地先の磯猟場を近世から「一村専用漁場」として利用し管理してきた、その歴史的実践から培われてきた「感覚」「慣習」のほうが強いのではなかろうか。しかもその感覚・慣習は、各地域、各漁協の中で培われたものなので、地域ごと、漁協ごとで異なり、地域性・個別性をもっている。それゆえ、「組合管理漁業権」と「漁民」の関係は、協同組合を介した関係という以上に、漁業者集団すなわち漁場利用者らの自治的集団（＝漁村）を介した関係と考えるべきである。漁協合併が進んだ現在でも、組合管理漁業権が旧漁村の中で管理されているという事実からもそのことが窺える。何度も改正された漁業法や水産業協同組合法上でもそれを担保している。それゆえ、組合管理漁業権制度は行政介入なく漁場利用・漁村が安定するための心臓部といっても過言ではない。それが否定されることになれば漁協の存在価値が失われる。

だが、今日、その組合管理漁業権という制度の存続が脅かされる状況になっている。震災以前から制度改革を訴える圧力が強まっていたのである。

2006年に日本経済調査協会で設置された高木委員会（高木勇樹委員長）の「緊急提言」から始まり、その後、規制改革会議、行政刷新会議などで何度もこのことが取りあげられた。これらの議論では「漁業権を漁協から企業へ開放せよ」という骨子であった。また、東日本大震災からの復興政策として宮城県が提言した水産復興特区構想も、漁民主体の会社がその対象ではあるが、漁協からの漁業権開放という内容には変わりない。この構想については2011年12月に復興特別区域法において「漁業権に関する措置」として制度としても成立した。付帯決議として「地元の漁業者の理解を基本として」が加えられているが、もし漁業権に関する措置の特区申請があり、それが何らかの形で了承された場合、特定区画漁業権の一部が開放されたことになるので漁業権開放攻撃はよりいっそう強まることになることが予想される。

このように漁協は危機に直面しているが、この危機は今の漁協に内在している「協同の揺らぎ」からも形成されている。

そこで、特定区画漁業権と漁協の事業に関連した問題について言及しておこう。議論は、貝類・藻類養殖などの無給餌養殖に絞ることにする。

無給餌養殖には、ノリ、カキ、ホタテガイ、ワカメ、コンブなどが生産対象物となっており、これらは漁協との係りにおいて魚類養殖などの給餌養殖タイプとは事情が大きく違う。その多くが養殖業と漁協の事業が一体的関係になっていることである。戦前から行なわれていたノリやカキ養殖も含め、無給餌タイプの養殖のほとんどは、特定区画漁業権が漁業法に登場した１９６２年以後に漁協の事業（系統も含めた販売、購買、共済、信用）とともに拡大・発展してきた。漁協事業として最も特徴的な側面は、販売面であり、共同販売事業体制（以下、共販事業）が主流となったことである。この事業体制を通して、貝類・藻類の養殖業は、買参権をもつ地元の問屋・流通加工業者とともに漁村の地域経済を支える存在となったのである。

しかし、そのような歴史的展開の中で形成されてきた漁協事業体制に対して不満をもつ組合員は少なくない。不満の内容、程度はさまざまであるが、よく聞く代表的な内容のみを取り上げておこう。

その一つは、「漁協や系統団体は何の努力もしないで口銭だけとっている」という、そもそも組合員が共販事業の仕組みや理念を理解していないことから出てくる不満である。組合員には価格決定権がないため、価格低落傾向が強まるなかで、こうした不満はより増幅する傾向にある。

筆者の理解では、漁協や系統団体は、組合員から無条件で販売委託を受けて、出荷物に売れ残りが出ないような営業活動を行ない、代金決済機能の役割を果たし、代金回収リスクを背負い、共販事業を実施している。販売先の与信管理も担っている。そのことで、組合員は売上代金を短期間で確実に手にすることができ、また販売先の破綻が組合員の経営に直撃しないようになっている。すなわち、共販事業は組合員の販売代行機能というだけでなくセーフティネット的機能を果たしている。その上、収穫前に事前に投資しなければならない漁具や資材などの購買利用の支払いについては、収穫時期に合わせて共販事業による売上げから天引きされることになっている。そのような漁協の事業システムの決済機能が組合員の資金繰り悪化を防ぎ、漁村経済の維持・発展に寄与してきた。

だが、漁協から享受している、こうしたサービスは組合員にとってはあって当たり前のこととなっている。しかもそのサービスはリスク代替も含まれているため形として見えにくい。組合員がはっきりと確認できるのは、販売金額から一定の比率で差し引かれる口銭料など漁協への支払金だけである。そのため、共販事業は漁協・系統団体の口銭稼ぎの仕組みと見られがちになるのであろう。共販事業は組合員にとってはありがたい存在であるはずだが、こうした「悲劇」が内在している。

もう一つは、個別の組合員のきめ細かな生産努力が出荷物価格になかなか反映されにくいことに対する不満である。こちらは前述と比して高度な不満である。多くの共販体制では、商品の規格、等級分けが規定されているが、価格はあくまで等級別に付されるので、その範囲でしか個人の努力は反映されない。個人のブランド力はなかなか価格に反映されない仕組みになっている。

いずれにしても組合員のなかには以上のような不満や誤解または燻《くすぶ》りがあり、なかには価格形成力が弱く、個別のブランドが発揮できない共販事業に納得できず、共販事業から離脱して自ら販売ルートを開拓して直販しようと考える組合員がいる。実際、考えているだけでなく、事実、系統団体・漁協を通さず、自ら販売を実践している組合員がいる。ただ、これらの漁協、組合員は自ら直販していても共販事業の枠組みに入っており、口銭料に該当する代金を系統団体や漁協に納めている。このことからは、歴史的経緯から特定区画漁業権の取得と漁協事業の利用が一体的な関係にあったことを示している、と同時にそこには漁業者集団（組合員ら）を束ねてきた紐帯の存在が確認できる。ただ、その紐帯は外からは見えないため、外からは漁協が所場代を取る「やくざ」のように映ってしまうし、直販する組合員のなかには不満を拭いえないものもいる。

このように、現状では組合員は個別の努力が反映されにくい環境の中で、都合の良い面も悪い面も含めて漁協の事業と付き合わなくてはならないことになっている。組合員は事業利用者というだけでなく、本来、漁協の所有者であり、事業運営者であるからこそ、こうした運命を背負っているのだが、しかし時代の移り変わりとともに「所有」と「経営」が分離し、そのことへの理解が薄れて、漁協内外から共販事業体制への疑問が生じているように思える。個人的利害関係が強まれば強まるほど、世代交代が進めば進むほど、こうした疑問は拡大するであろう。そしてそこに「協同の揺らぎ」が発生する。宮城県の水産復興特区構想はこうした「協同の揺らぎ」に目をつけた構想なのである。

震災後、被災地では、多くの漁協は津波により建屋を失い、仮設施設での運営を余儀なくされた。また組合員のほとんどは避難所そして仮設住宅へと住居を移した。このような状況が、漁村というコミュニティーの中にあった漁協と組合員との関係を悪化させ、今まで以上に漁協ガバナンスの危機を露呈させた。

5　復興への展望

(1) 震災に対応した国の補正予算

水産庁が掲げた東日本大震災からの復興は、水産業を構成する各分野を総合的かつ一体的に復興するというものである。予算措置もそのような考え方に基づいて組まれた。

震災後の水産関係補正予算は、第1次が2153億円、第2次が198億円、第3次が4989億円と、破格の予算措置がなされたのである。2011年4月段階で組まれた第1次補正予算では、漁民らによる海岸・海底清掃等漁場回復活動への支援事業（漁場復旧対策事業：123億円）、漁港・漁場・漁村の復旧事業（漁港施設等復旧災害事業など：308億円）、漁船保険・漁業共済への補助（940億円）、漁船の調達・定置網などの再建を支援する事業（共同利用漁船等復旧支援対策事業：274億円）、養殖施設・種苗生産施設の再建を支援する事業（養殖施設復旧支援対策事業：274億円）、金融支援（223億円）など初動的な対策に対応した支援事業が準備された。

ところが、第1次補正予算の構成は、産地市場や水産加工機能の再建を支援する水産共同利用施設等復旧支援事業が僅か18億円であり、漁業と水産加工業で成り立つ水産業においてはバランスを欠いた予算措置となっていた。そのことから2011年6月に水産加工業界が政府に対して窮状を訴えるとともに予算措置支援を強く要請した。政府はそれを受けて第2次補正予算においてはこの事業への予算補充を予算措置のメインとした。第2次補正予算額198億円のうち実に193億円がこの事業に充てられたのである。ただ、被災した水産加工業者に対する支援事業はこの段階でまったくないわけではなかった。第1次補正予算において中小企業の復旧対策として予算化されたグループ支援事業（中小企業等グループ設備復旧整備補助事業：119億円）である。しかし、この事業は商工業全般が対象となっているため、水産加工業者だけを対象としておらず、しかも水産加工業界の施設・設備への被害総額は1600億円を超えていたことから119億円という予算が不十分であることは自明であった。こうした事情を受けて、第2次補正で予算補充を図ったのだが、水産庁は2011年11月に成立した第3次補正予算でも水産共同利用施設等復旧支援事業に対して予算を補充した。その額は637億円である。また、中小企業庁も、グループ支援事業に対して、第2次補正で156億円、第3次補正で約1101億円の予算補充を行なった。当初、被災した水産加工業者への財政支援は手薄であったが、こうして、財政支援は広く行き渡ったのである。しかしながら、原料・半製品・製品在庫の流失による損失については残り続けていることから、二重ローン問題は未だ被災企業に重くのしかかっている。ちなみに、2012年3月時点で、被災3県の水産加工施設の再開状況は831中417施設となっている。

ところで、第3次補正予算では、共同利用漁船復旧支援対策事業（364億円）、養殖施設復旧支援対策事業など（162億円）、漁港施設等災害復旧事業など（2560億円）、漁場復旧対策事業

（168億円）など、これまでの補正予算の枠組みに予算を補充しただけでなく、新たな対策として漁業・養殖業の再生を促す「がんばる漁業」「がんばる養殖」という事業が組まれた。これは、漁協が漁業者グループに生産委託し事業予算からコストを前払いして操業を再開させ、水揚金を国庫に返納するという事業である。「がんばる漁業・養殖」の予算は800億円を超えている。事業期間は、3年間あるいは5年間であるが、事業期間中は、漁協が漁業者グループを生産面・経理面・販売購買面すべてにおいて管理しなくてはならず、漁協への事務負担・マンパワー不足が危惧されている。復旧・復興資金に苦難している漁業者にとっては願ってもない事業ではあるが、震災による漁協の事務機能の弱体化が大きなネックになっている。

（2）漁業・養殖業の再開状況

以上の補正予算の効果がはっきりと現われるのは震災から数年先になると思われる。しかし、震災から10カ月後の状況を見ると意外と驚く結果である。

水産庁が公表した「東日本大震災による水産業への影響と今後の対応」（2012年3月7日現在）によると、2012年1月における被災3県の水揚量は前年度比71%、金額ベースで66%となっているのである。被災漁船のうち復旧した漁船は約4分の1の7525隻であるにもかかわらず、である。

このように水揚数量が7割にまで回復したのは、北太平洋海域で操業する大量生産型の漁船、大中型巻き網漁船、沖合底曳網漁船が比較的被災を免れ早期に再開されたこと、かつ一部の大漁港の市場機能がかなり回復し、壊滅的被害を被った大漁港でも一定程度市場機能を回復させ県外船を受け入れることができたこと、そして大型定置網の再開が進んだことがあげられる。つまり量産型の沖合漁業や定置網漁業の再開がこうした結果をもたらしたのである。

養殖施設の復旧状況については、ワカメやギンザケで5～7割になっている。養殖業の復旧状況は現時点では水揚数量で現われていないものの、多くの地域で、協業化により事業再開が進んだ。協業化による再開は、資材・設備・漁船不足への初動的対応とされている。陸上機械などへの初期投資が多額なノリ養殖業などでは、共同経営化に進む可能性が考えられるが、多くのケースでは将来的には個別経営に戻すという約束で協業化が図られている。

震災後の対応として進められた協業体制は状況に応じて徐々に変化していくものと思われる。あくまでそれぞれの地域の実情に適した形が再編されることになろう。集団化、協業化は尊いものではあるが、必ずしもそれが永続的な事業体制というのではない。

他方で、水産業協同組合法上の漁業生産組合や会社法上の合同会社を設立して、養殖業を企業的に再開したケースが宮城県内で5組出てきた。法人化したことで一定期間、それらの体制により養殖業を続けられることになるだろう。

しかし、復興の議論として重要なことは、事業再開の手だてがどのようにつけられたかであり、養殖業者としての「誇り」が取り戻せたかであり、そして養殖業者間のコミュニティーやネットワークが維持されるかどうかである。養殖業の復興を考えるとき、協業化や共同経営化あるいは企業化などの経営組織論に議論を収斂させてはならない。さまざまなケースが想定されるからである。

沿岸漁業と養殖業の再生の議論に欠かせないのは漁協の今後である。特に復興過程において組合員との関係の再生が図れるかどうか、漁場利用だけでなく経済事業などを巡る漁協の組合員自治が復興できるかどうかである。今後も注視していきたい。

（3）漁港の復旧

宮城県および岩手県における漁村の集落移転や漁港など生産基盤の整備については、完了するまでには3年から5年はかかるとされており、復旧のプロセスは始まったばかりといえる。前述のように7割の回復が確認されたが、現場の状況は、破損した生産基盤の中で、使える部分を使ってかろうじて再開しているというレベルである。

岩手県・宮古港や宮城県・塩竈漁港では、市場が早々と再開し、水揚量を順調に回復させた。もともと大型の沖合底曳網漁船やまき網漁船などを受け入れてきたこれらの港は、岸壁の破損状況が比較的軽症であったため、大量水揚機能の早期回復が可能だったのである。漁港区域内の用地や岸壁の地盤沈下が著しい石巻地区や気仙沼地区では本来的な機能を回復するには大々的な復旧工事を要するとされている。

いうまでもなく、拠点的な漁港は交易の場であることから、漁港の規模は交易の規模を指す。それゆえ、大震災からの水産業の復興には拠点漁港の復旧は欠かせない。そのことから、拠点漁港の早期復旧の必要性については復興政策に十分に反映されている。

しかしながら、小規模漁港の存在意義については軽視されている。先述したが、宮城県はすべての漁港を復旧するとして当初の漁港集約化を漁港機能集約化に用語を変更し、内容を若干変更したが、それはあくまで、震災により被災した公共土木施設は国費で補修するという原則がそうさせたのであって、基本的には小規模漁港の切り捨てを示唆していたし、その考え方を大きく改めたとは思えない。なぜなら、宮城県は優先して復旧する漁港選びに漁民の意向を調査することなく、各漁港の1年の水揚金額を尺度にして選定したからである。

確かに、小規模漁港は交易の場ではなく、小規模ほど港での水揚げの取扱いが低い。しかし、小規模漁港は、漁村と漁場という二つの空間を繋げる大事な役割を果たしてきた社会資本であり、その存在が水揚げ促進を促す基盤になるだけでなく、漁場保全を促す基盤にもなってきた。小規模とはいえ、漁港は、漁場、漁村という空間の在り方を規定する重要な存在である。集落移転、集落の高台移転の議論とも大きく関わるが、漁港の復旧は漁民の暮らしと仕事の再生との関係で判断しなくてはならない。復興過程における漁港復旧の考え方を見直さなくてはならない。

（4）福島の漁業の行方

福島県の沿岸域においては、海底清掃やサンプリング調査（魚介藻類への被曝調査）のための操業が行なわれているものの、本格的に操業を再開しているのは他県海域で操業できるまき網船団やサンマ棒受網漁船など沖合に展開する漁船のみである。ただし、そのような漁船が、福島県内の小名浜港において水揚げした量は例年と比較すると微々たる量である。小名浜港に水揚げするのは、主として地元の船主である。しばらくこうした水揚げ状況が続くであろう。いわき近辺の水産流通業界の縮小再編が進むことが心配される。

仙台湾に面する相馬地区（旧相馬原釜漁協）では、復興への意欲が強く、流通まで含めた試験操業の体制づくりが早い段階から進められてきた。とにかく、漁業を再開したいという意気込みが強く、被災した漁船の復旧も早かった。しかし試験操業だったとしても漁獲物から放射能が検出されると、その後の風評被害を抑えきれない。そのため、漁獲物から放射能が検出されるのを恐れて試験操業の判断さえも慎重になり、なかなか踏み込めないでいた。２０１２年6月になって初めての試験操業が行なわれたところである。

最も悲惨な状況にあるのは福島第一原発から20km圏内にある避難区域の地区である。警戒区域に指定されている地区（請戸地区、富岡地区など）に暮らしてきた漁業者らとその家族は、慣れ親しんできた海に近づくことさえできず、地元を離れて避難生活を続けている。大熊町や双葉町では、故郷を捨てなくてはならないかもしれない、ということさえ想定されている。こうした避難地区の漁業の行方はまったく先が見えない。

福島県という県域の中でも、震災復興を巡る展望の格差が広がっている。福島の漁業の今後を考えるとき、複眼的に見ていかなければならないし、政策支援の在り方も柔軟に対応していかなければならない。

6　おわりに

東日本大震災は、大地震、津波、火事、原発事故などを含む複合災害、多重災害をもたらした。それらは水産業、水産都市、漁村を直撃し、水産業で栄えた町並みは一変し瓦礫の山へと変わり果てた。

津波のエネルギーの脅威に晒された漁業者の多くが、震災直後、海に近づきたくないと口にしていた。これを機会に漁業を廃業するという漁業者も少なくなかった。しかし、時間がたつにつれ漁業者の継続意識は変化していった。宮城県漁協が2011年5月に行なった組合員への意識調査によると、継続意思有りの割合が正組合員71％、准組合員51％、8月から9月にかけて行なわれた調査によると、正組合員81％、准組合員39％となった。正・准で格差が生じるものの、廃業を選ぶ者は高齢者や兼業漁業者であったという。専業的に漁業を営んできた漁業者の継続意思は強かったようである。そして漁協および漁業者らの後の懸命な再開準備により、徐々に水揚げペースがあがっている。

現場においては、さまざまな対立を乗り越えて、こうした復興の兆しが出ている。だがその一方で、都市部のマスメディアや為政者らから、漁協・漁民は謂われのない批判や、漁民不在の復興構想、漁民を分断させる構想を浴びせられてきた。自然災害としての規模以上にこうした人災による被災が復興を妨げているように思える。

今後の復興は、復興政策を円滑に進めていくというだけでなく、いかにこの人災を減災するかが重要であろう。

注

（1）岩手県「東日本大震災津波からの復興に向けた基本方針」2011年4月11日。

（2）宮城県「宮城県震災復興計画～宮城・東北・日本の絆　再生からさらなる発展へ～」2011年10月。基本理念は次の五つである。「災害に強く安心して暮らせるまちづくり」「県民一人ひとりが復興の主体・総力を結集した復興」「『復旧』にとどまらない抜本的な『再構築』」「現代社会の課題を解決する先進的な地域づくり」「壊滅的な被害からの復興モデルの構築」。

（3）この内容については、拙稿「水産復興論に潜む開発主義への批判と国土構造論から見た漁村再生の在り方」『漁港』53巻2、3号、28～35ページを参考にされたい。

（4）この節においては、ほぼ拙稿「熟議なき法制化　『水産復興特区構想』の問題性」『世界』2012年3月号、33～36ページの内容と同じである。

（5）「東日本大震災復興構想会議議事録」2011年6月11日。

（6）この節の中段部分の文章は拙稿「危機に立つ漁協と協同の揺らぎ」『漁業と漁協』2012年2月号を加筆・修正したものである。

第7章　国際社会のなかの東日本大震災と復興

1　本章の課題

被害規模のみならず、被害対象・分野の広がりは東日本大震災の特徴ともいえるが、その点を踏まえ、本章では、この震災に対する国外の動向等を取り上げ、震災がもたらした影響を国際的側面から論じる。

直接的な被害は三陸海岸沿いの壊滅的な地域に代表されるように、目に見えて明らかである一方で、東日本大震災は多方面に対して間接的な被害を与え、目に見えないままに、その被害を拡大させつつある。東日本大震災は世界的に注目を浴びているが、それは国内にとどまらず国外に対しても多大な影響を与えているからである。国内被災地の深刻な被害がゆえに、より被災地の状況を詳細に把握して、復旧・復興への対応が求められる一方で、震災後の国際情勢によって、被災地や日本全体を取り巻く環境自体が大きく変化しつつあり、そうした国外への視点なしには、震災がもたらした事態の本質は把握できないと考えられる。世界的な視野から東日本大震災を相対化するとともに、国際情勢との関係から浮かび上がる諸問題を整理するなかで、日本社会が抱える特異性や脆弱性が析出されるだろう。国際社会のなかにおける東日本大震災の位置を踏まえ、そこから、被災地に必要とされるべき復興政策を検討していかなくてはならない。

2　世界における東日本大震災

(1) 〝災害〟としての東日本大震災

東日本大震災に限らず、地震、豪雨、台風の猛威に対する人的被害・建物被害は毎年のように繰り返されている。こうした自然現象による被害は日本全国で発生するため、どの地域に居住していても危険性は不変であるといえよう。しかし、同一の自然現象が発生しても、一般的にその被害は地域ごとに異なる。たとえ、東日本大震災のような巨大地震・津波であっても、県ごとに、また市町村ごとに、被害規模・性質は異なって現われる。そうした相違を分析的に把握するために、本章では以下のように概念を整理する。

世界銀行・国連（２０１１：22－23）では、自然現象（Hazard）を「生命、身体、資産に悪影響を及ぼす自然のプロセス」と定義しており、洪水、暴風、旱魃、地震等が相当する。そうした自然現象は無住地でも発生するものの、当然ながら、影響を受ける可能性がある人口や資産がなければ「被害」も生じない。また、被害は地域の脆弱性によって異なると指摘されている。脆弱性とは「被害に対するひとつの特性であり、（ⅰ）建築物の設計・強度といった物的資産、（ⅱ）社会構造・信頼関係・家族のネットワークといった社会関係資本、（ⅲ）政府の支援を得たり政策・意思決定に影響を及ぼしたりする政治的アクセス等」が想定されている。この脆弱性は地域によって差があり、同一の自然現象に対しても、被害の少ない地域や被害からの復旧・復興が迅速に進む地域、逆に、対応が遅く被害を拡大させてしまう地域が現われてしまう。これらの脆弱性を削減するために、自然現象が発生する可能性を低下させる予防措置、さらには、避難訓練の実施や防災計画の策定といった準備が必要となる。そのうえで、災害（Disaster）とは「危険にさらされる人口や資産と脆弱性が組み合わさった結果、社会が被る自然現象の影響」と定義されている。したがって、人的被害や建物被害の原因は自然現象そのものではなく、災害にある。

災害は自然現象を受ける地域が脆弱である場合に発生するのであって、災害の防止のためには、地域が抱える社会的、政治的、経済的、さらには文化的、制度的特徴に起因する脆弱性を削減する方法を実施しなくてはならない。東日本大震災による犠牲や損害は地震・津波という自然現象を契機としつつも、主な被災地である東北や日本社会全体における脆弱性が露呈した結果であるといえる。原発事故やそれを含めた震災対応をめぐる政治的不手際等はそれを顕著に物語っているのであり、東日本大震災が自然災害というよりも人災の様相を呈していたと指摘される所以でもある。

この自然現象と災害を概念上、区別することによって、東日本大震災は自然現象による被害だけではなく、日本社会における予防措置や事後的対応の不備から発生した〝災害〟であると位置づけられる。したがって、その原因究明や復旧・復興過程において、被災地や日本社会が抱える脆弱性に着目する必要がある。脆弱性を削減していければ、自然現象自体は回避できずとも、災害は緩和・予防できるからである。本章が課題とする震災をめぐる国際的動向の分析を通じて、日本社会の特異性とともにその脆弱性が析出されるだろう。

(2) 世界で発生する大規模災害と東日本大震災

一般公開されている世界唯一の国際災害データベースであるＥＭ－ＤＡＴを用いて、東日本大震災を世界で発生してきた他の災害と比較し、相対化する。ＥＭ－ＤＡＴは世界保健機関（ＷＨＯ）とベルギー政府の支援を受け、災害疫学研究センター（ＣＲＥＤ）が提供している。ＣＲＥＤは、10人以上が死亡し、少なくとも１００人の被災者がいるか、「非常事態」や国際的支援の要請が行なわれた地震、ハリケーン、洪水などの災害に関するニュース記事や不特定の情報源から、死者数、負傷者数、損害額のデータを収集している。

表７－１は自然現象別に世界で発生した死者数を示している。２００１年から２０１１年にかけ

表７−１　世界における自然現象別死者数

	2001 ～ 2011 年		1991 ～ 2000 年	
	死者数	割合（%）	死者数	割合（%）
旱魃	1,518	0.1	3,393	0.9
地震・津波	700,885	64.7	60,949	15.9
熱波・寒波	147,471	13.6	9,285	2.4
洪水	59,395	5.5	99,261	25.9
嵐	173,499	16.0	207,896	54.3
火山	560	0.1	941	0.2
山火事	723	0.1	906	0.2
合計	1,084,051	100.0	382,631	100.0

出所：EM-DAT: The OFDA/CRED International Disaster Database（2012 年 2 月 12 日）より作成。

て、世界では、１０８万人以上が自然災害によって死亡しているが、そのうち、地震・津波による人的被害は70万人超であり、自然現象全体の約65％を占める要因となっている。地震・津波による被害が圧倒的に多い一方、１９９１年から２０００年にかけて発生した自然現象別死者数を確認すると、死者数は38万人にのぼるものの、２００１〜２０１１年に比べると相対的に被害は少ない。したがって、地震・津波による被害拡大は近年の自然災害の特徴といえよう。

表７−２では、２００１年から２０１１年における１０００人以上の死者数発生国とその要因別被害規模を示している。表７−２からは地震・津波と嵐を要因とする災害において、１０００人以上の被害が発生している点、さらには、その被害はアジアおよび中南米において集中的に発生している点を確認できる。２００４年におきたスマトラ沖地震による被害が東南アジア諸国に深刻な被害をもたらしているとともに、２００８年に発生した四川大地震、

表7−2 1,000人以上の死者数発生国とその要因別被害規模

（2001〜2011年）　　　　　　　　　　　　　　　（単位：人）

	地震・津波	嵐	代表的な災害名称と発生年
アフガニスタン	1,247	331	
アルジェリア	2,281	23	
バングラデシュ	4	5,515	シドゥル（2007）・アイラ（2009）
中国	90,947	3,177	四川大地震（2008）
エルサルバドル	1,160	361	エルサルバドル大地震（2001）
グアテマラ	9	1,719	
ハイチ	222,570	3,693	ハイチ大地震（2010）
インド	37,788	1,315	インド大地震（2001）・スマトラ沖地震（2004）
インドネシア	175,330	4	スマトラ沖地震（2004）
イラン	27,767	40	バム地震（2004）・ザランド地震（2005）
日本	20,401	536	東日本大震災（2011）
ミャンマー	145	138,681	ナルギス（2008）
パキスタン	73,578	392	パキスタン北東部地震（2005）
フィリピン	15	7,281	
スリランカ	35,399	9	スマトラ沖地震（2004）
台湾	6	1,041	
タイ	8,346	43	スマトラ沖地震（2004）
アメリカ	3	3,829	カトリーナ（2005）
ベトナム	0	1,347	
計	696,996	169,337	
割合（%）	99.4	97.6	
世界	700,885	173,499	

出所：EM-DAT: The OFDA/CRED International Disaster Database（2012年2月12日）より作成。

さらには２０１０年のハイチ大地震、２０１１年の東日本大震災が多数の犠牲を発生させている。嵐に関しては、地震・津波被害ほどの規模ではないものの、各地に被害を与えており、２００５年にアメリカで発生したハリケーン・カトリーナが含まれている。より具体的な国別の被害状況を踏まえると、おもにアジア・中南米の途上国において大規模災害が発生しており、地理的に巨大な地震や嵐に見舞われやすい側面もあるが、むしろ、建物の耐震性や防災設備の設置等が遅れているような、自然の脅威に対して脆弱な国々で被害が拡大している状況にある。その意味では、先進国における甚大な被害は極めて少数であり、表７－２においても、１０００人以上の犠牲が発生している先進国は日本とアメリカのみである。つまり、東日本大震災は先進国災害の特異なケースといえよう。ただし、被害規模だけをみれば、世界で発生した他の大地震に比べ、被害は低く抑えられている。

（３）震災被害の三重性

〝災害〟としての東日本大震災は被災地に深刻な被害を与えるだけでなく、日本全国、および海外にまで直接的、間接的に多大な影響を及ぼしている。各地が抱える脆弱性を顕わにしつつ、人的被害や建物被害、農林水産業被害のような１次被害から、原発事故を契機に生じた放射能汚染や電源喪失による生活や事業活動への支障のような２次被害まで、事態は複雑化し、東日本大震災は震災被害への対応が難しい状況にある。

震災被害の特徴は第一に、その広域性にある。警察庁による２０１２年２月22日時点の被害状況発表によると、死者・行方不明者は1万9139人に及ぶが、人的被害は12都道府県、建物被害は21都道府県で発生しており、被害範囲は非常に広域である。また、被害とはいえなくても、地震に伴う首都圏交通機関の不通により、首都圏515万人が帰宅困難者となった（首都直下地震帰宅困難者等対策協議会事務局、2011年）。また、原発事故に伴う電力供給の低下によって、計画停電や電力使用制限が生じ、首都圏の生活のみならず、広範にわたる事業活動に対して支障をきたしている。さらに、原発事故によって飛散した放射性物質は全国各地において空間線量を上昇させ、半減期が比較的長い放射性セシウムは東北から信越・首都圏にかかる11県に沈着し、広範囲にわたって汚染を拡大させている。こうした震災被害の広域性が迅速かつ適切な支援を難しくさせたといえよう。

震災被害の特徴として、第二に、その地域性を指摘できる。広域にわたって被害が発生したものの、甚大な被害は東北・三陸海岸域に集中している。犠牲者数は宮城県が突出しているが、岩手県、福島県を合わせた3県で全体の99・6％を占めており、さらに、各県の海岸沿いに位置する市町村で深刻な被害が生じている。これらの三陸海岸域の市町村では、津波によって浸水した区域の人口が総人口に占める割合を表わした「浸水域人口率」も70～80％と非常に高い数値を示しており、深刻な被害は一部地域に集中している状態が浮かび上がる。東北・三陸海岸域では、震災以前から産業空洞化や過疎化、高齢化が進行していた地域であり、限界集落、交通不便、買物難民、さらには医療崩壊が焦眉の課題であったうえに、震災被害が直撃し、被害の拡大を招いたといえる。市町村合併を通じて大規模化した自治体の周辺部において、とくに、そうした震災前からの衰弱と震災被害との重複が顕著に現われていると指摘されている（岡田、２０１２年）。また、そうした被害の集中だけでなく、地震そのものによる建物被害や液状化現象、さらにはダム決壊、地滑り、原発事故に伴う放射能汚染等、各地における被害の様相も異なり、地震という同一の自然現象に起因しつつも、地域の脆弱性に応じた災害として現出している。

第三に、震災被害の国際性である。東日本大震災が世界的にも注目された背景には、世界中に配信された津波被害の惨状があるだけでなく、各国に与えた政治経済的側面がある。被災した地域には、自動車、電機、半導体、デジタルカメラ等の最終製造拠点やそのための素材・部品製造工場が多く立地している。とくに世界的に高いシェアを誇る素材、たとえば車載半導体であるマイクロコンピューターやそれに使用されるシリコンウェーハーを生産する工場が損壊・停電により操業停止したために、これらの部材供給の途絶は世界各地のサプライチェーンを巻き込む事態に発展している。さらに、原発事故は各国に動揺を与え、直接的な放射能汚染に対する警戒のみならず、日本製品に対する輸入規制の発動や原発政策およびエネルギー政策の見直しにまで発展し、東日本大震災は日本にとどまらず、世界に多大な影響を与えた災害と化している。一方で、原発事故対応や復興需要を新たなビジネスチャンスと位置づけ、市場参入を狙う海外資本の動向も浮かび上がり、「災害資本主義」としての側面も露呈している。

東日本大震災は地震・津波・原発事故が重なり、災害規模が拡大するとともに、その震災被害も広域性・地域性・国際性が複雑に絡み合い、復旧・復興への取組みも複数の諸側面を同時並行的に対応しなければならない。この複雑な震災被害の三重性ゆえにか、震災に対する現在の政策的対応は本来求められるべき被災者の生活や地域社会の再建から逸脱する方向に進展しつつあるといえよう。

3　世界経済の動向

(1) 震災による貿易収支の変動

震災によって、操業継続が困難になった企業やそうした企業と取引のあった企業では、部品調達が進まず、生産が大幅に減退した一方、電力不足に起因する計画停電は東北電力管内や東京電力管内の生産活動を大きく制限し、国内生産、さらには国外との貿易に影響を与えている。図7‒1には、近年の貿易収支と2011年の為替レートの動向が示されている。震災後、グローバル・サプライチェーンへの影響が大きい自動車部品や電子部品等の製造停止とそれによる輸出の大幅減少、また原発停止による代替燃料輸入の急増が貿易収支を悪化させると懸念されてきたが、それを裏づけるように、2011年の貿易収支は2兆4960億円の輸入超過である点が明らかにされている。10兆円超の輸出超過であった2007年から一転して、リーマンショックを契機とした世界的な金融危機の影響を受けた2008年でさえ、年間の貿易収支は6・6兆円の貿易黒字を確保していた。その後、2010年には貿易黒字を大きく回復させていたものの、震災によって、そうした傾向は途絶するに

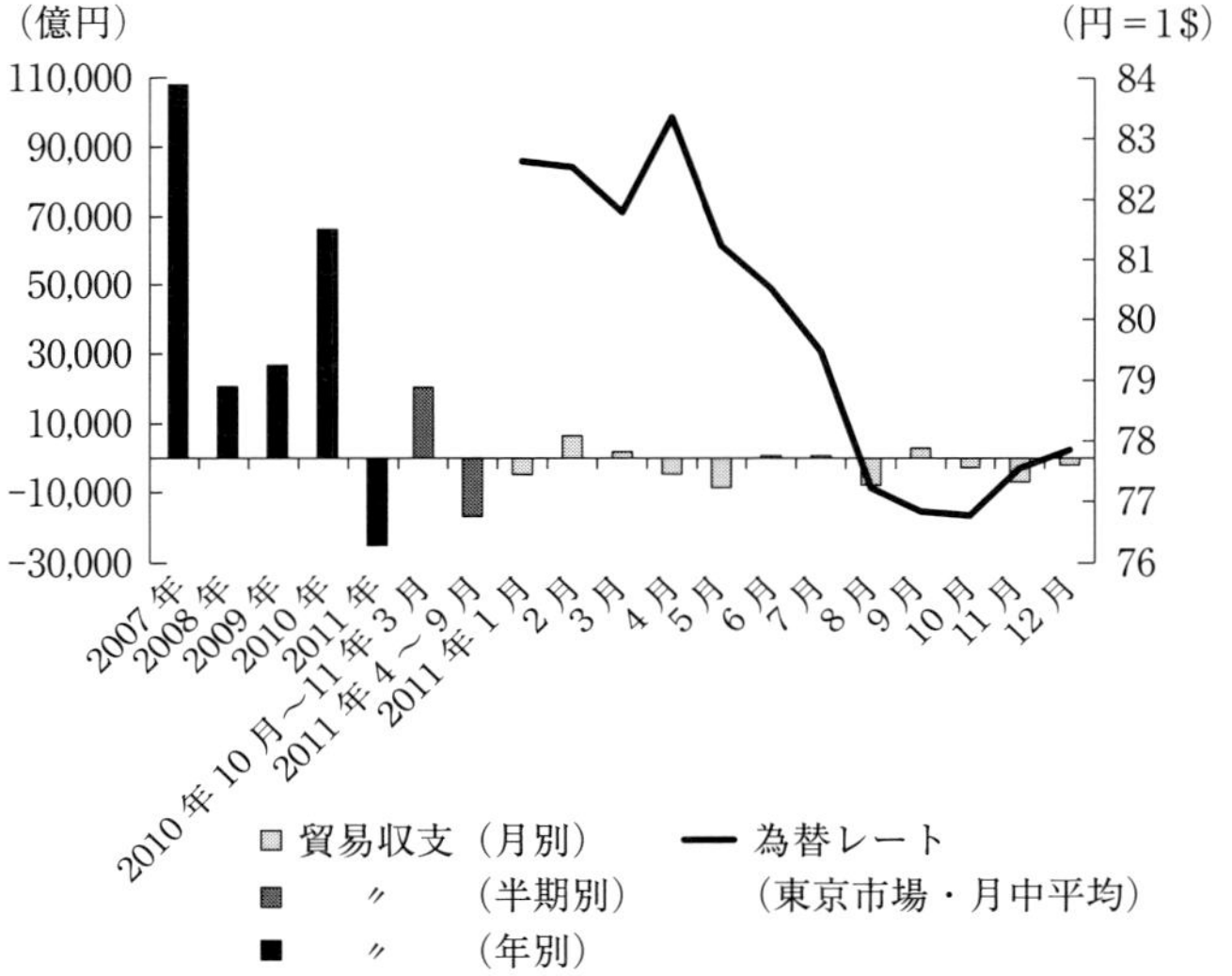

図7−1　貿易収支の動向

出所：財務省「貿易統計」、日本銀行「主要時系列統計データ表」より作成。

至ったのである。２０１１年の貿易赤字は第２次オイルショック後の１９８０年以来、31年ぶりの事態であり、それだけ震災の影響が貿易動向に反映されたといえる。

２０１０年10月から２０１１年３月までの半年間の貿易収支と２０１１年４月から９月までの半年間を比較すれば、３月の震災発生以降の急激な変化が如実に表われている。とくに為替レートの推移をみれば、震災後に円急騰と円高圧力の低下、さらなる円高水準の進行と大きく変動している。震災直後には、株価急落や中東情勢不安等からリスク回避的な市場の動向によって円が買われ、機関投資家である保険会社が保険金支払いのために海外資産

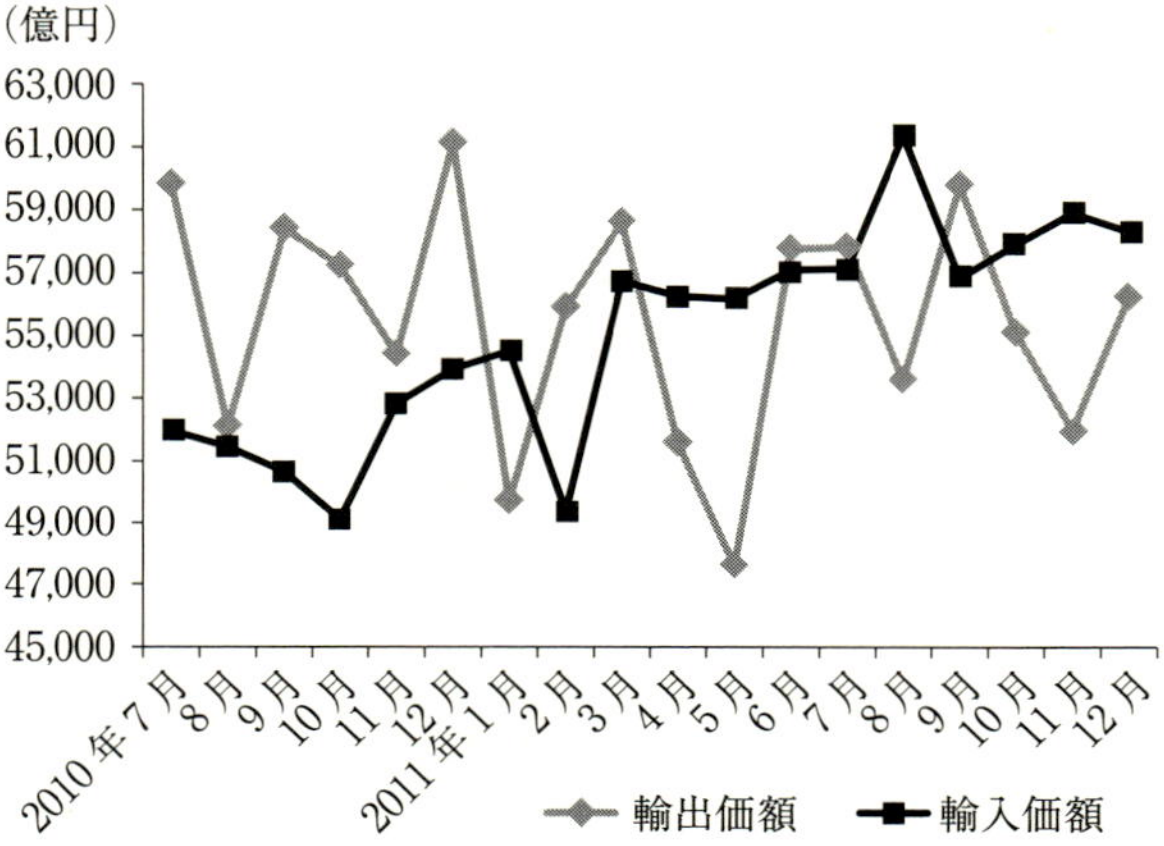

図7-2　輸出入価額の推移

出所：財務省「貿易統計」より作成。

を引き戻すという思惑により円が急騰し、Ｇ７の協調介入による反転もあったものの４月以降はギリシャの債務再編への懸念やアメリカの金融緩和政策の継続等により、円高水準はさらに昂進して１ドル76円台の歴史的な水準にまで達している。したがって、この為替レートの傾向は輸出を抑制し、輸入を増大させる方向に作用し、貿易収支を悪化させる一因にもなったといえる。

図７-２は月別の輸出入価額の推移を示しており、震災後の２０１１年３～５月にかけて輸出価額が急落し、その一方で、３月以降は輸入価額が高止まりし、輸出価額を上回る状況にある。これが２０１１年の貿易赤字の実態であるが、図７-２より、震災を契機とした貿易収支の悪化はやはり輸出の低迷と輸入の増大に起因している点が鮮明化する。代替燃料需要の増加が輸入水準を上昇させているため、輸出の低迷が貿易収支を直接的に変動させる状態にあるといえるが、生産基盤が復旧・復興しても歴史的な円高は輸出の回復を阻み、そういった意味でも震災被害は現在も継続中にあ

る。

震災による生産活動の減少は２０１１年3月の鉱工業生産の動向に直接反映され、経産省東北経済産業局「東北地域鉱工業生産動向（鉱工業生産指数）」では、東北地域の業種別に生産動向を確認すれば、鉄鋼業が前月比65・６％減、パルプ・紙・紙加工品工業が前月比59・３％減、化学工業が前月比47・１％減、さらには乗用車や自動車部品を含む輸送機械工業が前月比43・８％減（そのうち乗用車同56・６％減、自動車部品同35・７％）、食料品・たばこ工業が前月比36・０％減、電子部品・デバイス工業28・５％減の順に大きく落ち込んでいる。

その一方、『通商白書２０１１』によれば、同時期における全国の業種別生産動向では、輸送機械工業が前月比46・７％減（そのうち乗用車同54・２％減、自動車部品同42・１％減）と高い低下傾向を見せ、非鉄金属工業が前月比16・５％減、一般機械工業が前月比14・５％減と続くように、自動車産業における生産低迷が顕著である。東北では、自動車産業も大きな生産低迷にあるものの、そのほかの業種はそれ以上の低迷状況にある。

このような国内産業の低迷が輸出に与えた影響は２０１１年４月の貿易動向に明確に表われている。財務省「貿易統計」によれば、輸出全体としては同年前月比12・４％減と1割超の減少率を記録しているが、主要商品別にみると自動車は同年前月比67・０％減、デジカメ等の映像記録・再生機器は同年前月比54・１％減、さらに電子部品として集積回路は同年前月比24・０％減、音響機器は同年前月比36・０％減と大きな落ち込みが確認できる。より個別の製品に着目すると、自動車部品のうちマイクロコントローラーは4月に同年前月比27・8%減、5月には同年前月比38・7%減へと減少幅を拡大させ、スマートフォン関連部材として必要とされる中間財の半導体（DRAM）は4月に同年前月比68・6%減、5月に同年前月比70・2%減に至るなど、自動車産業や電子機器産業において輸出急減は明らかである（ジェトロ、2011年）。

その一方で、輸入に関して同様に2011年4月の貿易動向から確認すると、輸入全体は同年前月比9・0%増であるが、主要商品別にみると、石油製品は同年前月比62・7%増、ガソリンである揮発油は同年前月比36・3%増、液化天然ガス（LNG）は同年前月比17・5%増と原発事故に起因する代替燃料の輸入が大きく目立っている。そのほか、震災後の品不足への対応から、有機化合物が同年前月比31・9%増、穀物類が同年前月比36・7%増、野菜が同年前月比7・6%増、果実が同年前月比13・5%増と通常以上に輸入されている点が確認できる。

被災した東北や北関東の事業所には、世界的にも高いシェアを誇る素材、中間財を生産している企業が少なくない。また、こうした地域には高い技術力をもとに競争力を有している中堅・中小企業も多く、最終製品需要側が調達先を容易に変更できずに、これら企業製品の供給停止は海外の工場の操業低迷を連鎖的に引き起こしている。他方、日本経済の停滞を懸念して、震災直後には原油価格も低下したものの、その後は図7－3に示すように中東情勢も反映して価格上昇が継続し、代替燃料需要の増大とあわせて輸入価額の増幅をもたらしている。LNGも同様であり、図7－4のように、需要の増大に応じて取引価格も上昇しているが、とくに、日本やヨーロッパ各国における原発政策の動揺を反映してか、取引価格もこれらの国々で伸長している。

結局、このような輸出低迷と輸入増大は４月以降も継続され、２０１１年度上半期（４～９月）集計において、輸出に関して、輸送用機器は対前年度比12・9％減、電気機器は対前年度比９・１％

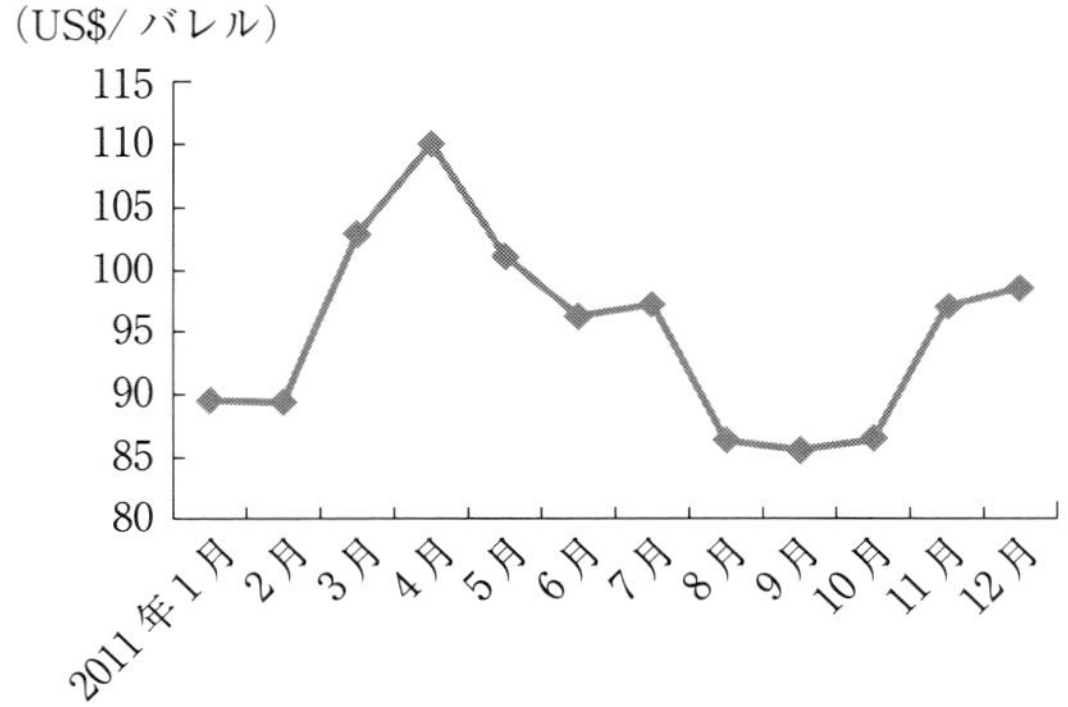

図７-３　原油価格の推移

注：ニューヨークマーカンタイル取引所のWTI原油先物価格。
出所：IMF, Primary Commodity Prices より作成。

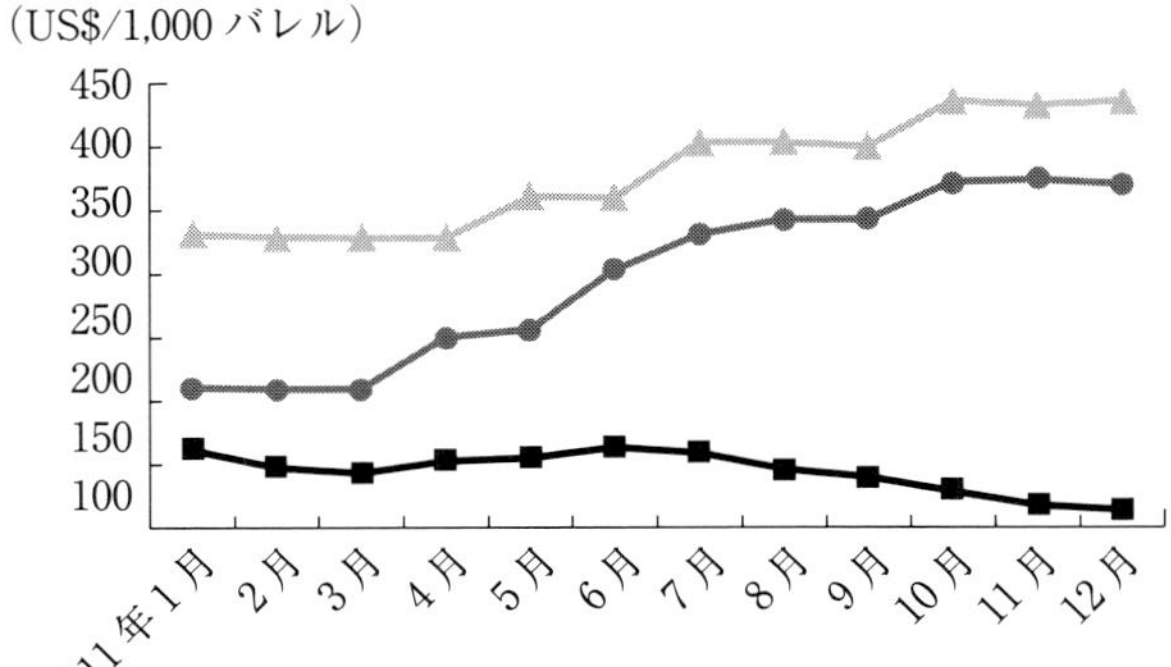

図７-４　天然ガス価格の推移

出所：IMF, Primary Commodity Prices より作成。

減、食料品は対前年度比14・1％減となり、輸送用機器や食料品の落ち込みは長期的に及び、また輸入に関して、ガソリン・LNGを含む鉱物性燃料は対前年度比27・3％増、医薬品等の化学製品は対前年度比16・6％増であり、これらの傾向が震災以降固定化されつつある。

(2) 世界経済と被災地産業

震災被害は被災地域の生活・産業を一変させただけでなく、日本経済、さらには世界経済に多方面で波及したが、とくに国際的に行なわれる資材・部品の調達から生産・物流・販売等、一連の活動の連鎖、つまりグローバル・サプライチェーンの視点が多く取り上げられている。これまで確認してきたように、岩手県、宮城県、福島県の東北3県や茨城県等の被災地域には、日本の自動車部品産業、半導体等の電子部品産業やそれらの生産に不可欠な素材関連産業が集積しているために、供給網の停滞が懸念されたが、これら被災地域に所在する貿易拠点からの直接的な貿易額は、貿易統計の2010年数値で、輸出が約1兆3800億円、輸入が約2兆4300億円であり、日本全体に占める割合はそれぞれ輸出2％、輸入4％にすぎない。

確かに、石巻港から輸出される紙製品が全国比42・6％であったり、八戸港から輸出される鉄とニッケルの合金であるフェロニッケルが全国比81・0％であったりと、個別には被災地域の貿易港から輸出される割合が高い品目も存在するものの、国際的なサプライチェーンに多大な影響を及ぼす部品類の輸出割合はごくわずかである。『通商白書2011』によれば、貿易統計2010年数値で、東北から輸出される自動車部品はわずか全国比０・３％、電子部品は全国比０・４％にすぎない。しかし、その一方で、サプライチェーンへの懸念が言明されてきた対象は自動車部品であり、またその素材としても広く用いられる電子部品類である。確かに、被災地域で生産される部品類が国外の自動車生産にも影響を与えてきたものの、上述の輸出割合をみる限り、それほどまでに懸念されるべき程度とは考えにくい。果たしてその懸念の背景にはどのような構造があるのだろうか。

表７－３は東北で生産される製品に対する需要者の地域別構成比を２００５年時点の地域間産業連関表に基づいて示しているが、ここから東北で生産される自動車部品・同付属品の55・１％は関東によって需要され、東北内での需要（28・８％）以上に関東へ移出されている点がわかる。通信機械・関連機器は自動車部品と同様に、東北内での需要（26・７％）以上に、関東での需要（42・１％）が高く表われている。それに対し、電子部品は生産額の26・４％が関東に対する需要であるものの、61・０％は東北内に投入されている。電子部品はそれ自体が中間財として、東北内における電子関連部門（電子部品、電子計算機・同付属装置、通信機械・同関連機器）に再投入されるため、東北内需要が高く表われているといえる（経産省、２０１１年）。その他産業の動向をみても、東北生産品は東北内での需要と関東からの需要が生産額の80％前後を占めている状況にある。

東北では部品製造の産業集積が進んでいるために、１次部品生産が東北内での２次部品生産に再投入され、域内での需要を生み出していると同時に、それら多くの素材・中間財が関東によって需要され、関東で生産される製品の部材へと組み込まれている。この地域間産業連関表から、東北と関東は

表7-3　主要産業における東北生産品に対する需要者の地域別構成比

（単位：%）

	北海道	東北	関東	中部	近畿	中国	四国	九州	東北+関東のシェア
農林水産業	4.5	55.9	24.9	2.9	7.5	1.0	0.9	2.3	80.8
飲食料品	5.2	45.4	34.3	4.6	5.9	1.2	1.0	2.5	79.7
パルプ・紙・板紙・加工紙	2.1	47.8	33.1	4.1	10.6	0.8	0.4	1.0	80.9
非鉄金属	1.0	45.2	39.0	4.8	5.3	3.6	0.1	1.0	84.2
金属製品	2.7	43.9	38.2	6.2	4.6	1.9	0.5	2.0	82.1
一般機械	1.3	44.0	34.5	6.6	5.8	2.4	0.7	4.7	78.5
通信機械・同関連機器	2.3	26.7	42.1	6.0	10.4	3.3	2.0	7.2	68.8
電子計算機・同付属装置	1.1	54.2	27.6	6.9	3.6	3.8	0.8	2.0	81.8
電子部品	0.9	61.0	26.4	5.0	2.7	1.0	0.8	2.2	87.4
自動車部品・同付属品	0.0	28.8	55.1	6.6	2.6	0.9	0.0	5.9	83.9

注：1. 金額の多い上位10部門を表示。
　　2.「九州」は沖縄を含む。
資料：経済産業省「平成17年地域間産業連関表」。
出所：ジェトロ『ジェトロ世界貿易投資報告』2011年、70ページをもとに加筆。

自動車部品をはじめとした部品製造において、垂直的分業構造がかなり強固に築かれている点が浮かび上がるのである。

貿易統計2010年数値では、関東から輸出される自動車部品は全国比35・5%を占めている。その関東で生産・輸出される部品製造は先述のとおり、東北で生産される部材を用いているため、東北における素材・中間財は間接的に輸出されていることを意味している。『通商白書2011』では、東北を経由した関東における自動車部品の間接輸出の比率を64・5％と算出している。したがって、サプライチェーンに対する懸念の実体は被災地域の部品製造産業自体の生産停滞にあるというよりは、被災地域からの移入によって支えられていた関東の部品製造産業の調達不足にあったわけである。そうした構造があるがゆえに、被災地域では、鉄鋼業やパルプ・紙・紙加工品工業、化学工業が輸送機械工業よりも急激な生産低迷に直面していたにもかかわらず、被災地域以外を含めた全国水準では、自動車産業や電子機器産業の生産・輸出低迷が際立ってしまい、関東に生産・輸出拠点を置いている資本の利害が被災地産業の被害実態以上に表出されたといえよう。

ただし、第1章岡田論文や第6章濱田論文でも述べられたように、被災地の地域産業、とりわけ津波被害の集中した三陸海岸域の主要産業は漁業を基点とした水産加工業や水産関連産業であり、必ずしも自動車産業や電子機器産業のようなグローバル・サプライチェーンに携わる産業が多く立地しているわけではない。震災被害の深刻さに応じて、被災地域の生活や産業の再建を優先的に図る必要があるにもかかわらず、そのような復旧・復興政策は十分に進んでいない。

4 食品安全性の動揺と規制強化

（1）食料品の輸出入動向

震災後の貿易動向についてはすでに確認してきたが、さらに、食料品を対象にした輸出入動向として、２０１１年4月の輸出額は前年同月比22・９％減、輸入額は前年同月比16・１％増であり、貿易動向全体と同様の傾向を示し、輸出低迷と輸入増大が顕著である。日本の農林水産業における輸出額は４５１３億円（２０１２年速報値）であり、農林水産業生産額５兆５５６５億円（２０１１年数値）の８％程度である。もともと輸出割合が高くないなかで、その輸出が一層低下した結果となっている。震災によって農地の浸水や漁港施設の損失等、生産現場での被害が大きい点に加え、震災に伴う港湾施設等の損壊といった供給側の被害によって輸出が減少しただけでなく、需要側の購買意欲の低下、つまり放射性物質による農林水産物汚染の懸念、さらには輸入規制措置の実施によって、輸出が低調に推移している。

２０１１年4月の食料品輸出動向を品目別に確認すると、冷凍魚を中心とする魚介類が急激に減少しており、べにざけを除いた冷凍太平洋さけ、冷凍さんまが顕著な影響を受けている。また、加工食品の落ち込みも際立ち、そのなかでも育児用の食品調製品の下落幅が大きい（ジェトロ、２０１１

年）。国別の動向としては、表7－4が示すように、ロシアへの輸出額が前年同月比70％減と顕著であり、中国（同年前月比64・1％減）、EU（同年前月比54・2％減）、中東（前年同月比40％減）と他の諸国も同様に、震災を契機に日本からの輸入を急減させている。これら諸国はとくに輸入規制水準が厳しく、日本からの輸出実績は極端に低下している。一方、穀物や果実を中心に、EU、中東、さらには、アメリカからの食料品輸入が増加している。

表7－4　2011年4月における国別の食料品輸出入動向　（対前年同月比％）

貿易国	輸出	輸入
アメリカ	-6.5	13.4
EU	-54.2	32.9
中国	-64.1	2.3
ASEAN	-17.8	10.5
中東	-40	37.9
ロシア	-70	-16.5

出所：財務省「貿易統計」より作成。

　農林水産業の生産基盤の復旧が十分に進んでいない背景は前章までにおいて詳細に解明されているが、そうした農林水産業の供給側の問題のみならず、放射性物質の拡散が収まりきらない原発事故の影響によって、各国の輸入規制措置が継続的に実施されているという需要側の問題も日本の食料品輸出の動向に大きく作用している。

（2）各国の輸入規制動向

　東日本大震災に伴う原発事故に関連し、一部の国・地域において、日本の輸出品に放射性物質の検査を要求する、もしくは生産地証明を要求するなど、各国政府レベルで規制を強化する措置等が実施されている。また、民間企業レベルにおいて、積荷拒否等によって日本製品の輸出が実質的に困難になる事例も生じている。表7－

5には、日本の食料品に対して規制措置を導入した国・地域、ならびにその措置内容と対象品目を分類して示しているが、2011年12月2日時点で、累計45カ国・地域が放射能汚染への警戒を具体化させている。実施されている規制措置の内容は各国によって異なるが、47都道府県全ての食品に対する輸入停止という厳しい措置から、放射性物質に対する検査証明書の添付を要求する措置、また食料品が生産された産地の証明書を要求する措置、さらには自国での全ロット検査、サンプル調査を実施する措置まで行なわれている。

これら輸入国による規制措置は野菜、果実、牛乳、乳製品、魚介類、さらには肉類や茶等の品目が対象とされており、放射性物質が検出された品を中心とするが、そのような個別品目とは無関係に、日本で生産される全ての食料品に対して規制措置を実施している諸国も多い。また、放射能汚染に対する警戒から輸入規制措置が実施されているため、当然ながら、原発周辺地域が主な規制対象とされている。

東北・関東を産出県とする品目に対して、12カ国が輸入停止を実施し、16カ国が放射性物質に対する検査証明書を要求し、5カ国が輸入国自身による検査を実施している。ただし、こうした規制措置は日本全国47都道府県で産出される食料品にまで及んでおり、放射性物質が検出されていないような産地の農林水産物をはじめ全国の品目に対して、3カ国が輸入停止を、8カ国が放射性物質検査証明書の要求を、16カ国が産地証明書の要求を、さらに19カ国が自国における検査の強化を行なっている。すなわち、東北・関東に限らず、日本全国の農産物・食品に対して、世界各国が実際の放射性物

表 7–5　海外の規制措置一覧

	実施国・地域数			
	全品目対象		品目限定	
輸入停止（47 都道府県）	2	イラク、クウェート	1	UAE
輸入停止（東北・関東）	6	中国、ニューカレドニア、サウジアラビア、マカオ、台湾、ロシア	6	韓国、ブルネイ、レバノン、シンガポール、香港、アメリカ
放射性物質検査証明書の要求（47 都道府県）	5	オマーン、カタール、バーレーン、エジプト、コンゴ民主共和国	3	UAE、レバノン、インドネシア
放射性物質検査証明書の要求（東北・関東）	11	韓国、タイ、ブラジル、EU、スイス・リヒテンシュタイン、ノルウェー、アイスランド、クロアチア、仏領ポリネシア、モロッコ、コロンビア	5	香港、フィリピン、ベトナム、アメリカ、エクアドル
放射性物質検査証明書の要求（輸入停止地域以外）	1	レバノン	2	中国、ブルネイ
産地証明書の要求	12	韓国、ニューカレドニア、タイ、マレーシア、ブラジル、EU、スイス・リヒテンシュタイン、ノルウェー、アイスランド、クロアチア、仏領ポリネシア、モロッコ	4	中国、シンガポール、フィリピン、エクアドル
輸入国にて全てロット検査（47 都道府県）			1	フィリピン
輸入国にて全てロット検査（東北・関東）	1	マレーシア	1	ベトナム
輸入国にて全てロット検査（東北・関東以外）			1	台湾
輸入国にてサンプル検査（47 都道府県）	12	EU、スイス・リヒテンシュタイン、ノルウェー、アイスランド、クロアチア、香港、インド、ネパール、パキスタン、ミャンマー、ウクライナ、イラン	1	フィリピン
輸入国にてサンプル検査（東北・関東）			3	アメリカ、オーストラリア、ニュージーランド
輸入国にてサンプル検査（東北・関東以外）	1	サウジアラビア	5	シンガポール、台湾、ベトナム、アメリカ、オーストラリア
規制措置の完全解除	2	カナダ、チリ		

注：規制措置・対象品目の相違ごとに実施国・地域数を計上しているため、重複が発生している。
出所：農水省「諸外国・地域の規制措置（12 月 2 日現在）」より作成。

質の検出状況とは無関係に、リスク回避に向けて行動しているのである。

こうした各国の規制措置の結果、日本産の農林水産物や加工食品は輸入停止によって販売機会が失われるだけでなく、各種証明書の取得等に対して追加的な費用・時間がかかり、大きな負担を強いられる状況に陥っている。それだけでなく、原発事故は安全性や高品質性を標榜する日本産の農林水産物や加工食品の信頼性自体を大きく動揺させる事態を招いたといえよう。また、このような規制措置は食品に限らず、他の鉱工業製品にも波及しており、日本からの船舶やコンテナ、貨物外装に対して検査が実施されている。食用ではない自動車や電子機器をはじめ、輸出用製品全てが放射性物質の検査を受けている状況にある。

(3)〝迅速な〟アメリカの対応

大気中に放出された放射性物質は米や野菜、果実、林産物、また稲わら・牧草を給餌された家畜等から検出されている。同様に海洋に放出された放射性物質は食用の海藻や小型魚に始まり、食物連鎖を通じて汚染対象を拡大させている。さらに、土壌中に降り注いだ放射性物質や河川を通じて下流域に漂着した放射性物質によって、今後栽培される農産物や海産物も継続的に汚染被害に曝される可能性が強まっている。こうした事態に対して、日本政府は国際放射線防護委員会（ＩＣＰＲ）の見解に基づき、公衆防護措置を導入している。

ＩＣＰＲでは、放射性物質による健康への影響を、「閾値（しきい値）」以下では被害がでないとする「確定的影響」と、そもそも閾値が存在せずに被曝線量に比例して癌の確率が高まる「確率的影響」に分類している。今回の原発事故による放射性物質の拡散は閾値がない「確率的影響」に相当し、具体的には積算被曝線量１００ｍSv当たり、癌発生確率が０・５％程度増加すると想定されている（日本学術会議会長談話、２０１１年）。

政府による公衆防護対応として、第一に、汚染した飲食物の消費を直接に制限する措置（出荷制限・摂取制限）、第二に、汚染した空気、土壌、水、飼料等から放射性物質が飲食物に移行しないように制限する措置（作付制限等の利用制限）が講じられている。実際には、２０１１年3月17日に原子力安全委員会が定めた「飲食物摂取制限に関する指標」を食品衛生法に基づく暫定的な規制値として厚生労働省が設定し、これを上回る食品は、食品衛生法第6条第2号に相当するとして食用に提供されないように各自治体に通知がなされている。例えば、放射性セシウムの場合、飲料水・牛乳・乳製品：２００Bq（ベクレル）／kg、野菜・穀類・肉・卵・魚・その他：５００Bq／kgと設定されている。さらに、3月21日には、原子力災害特別措置法第20条第3項の規定に基づき、茨城、栃木、群馬、福島県で生産される野菜、原乳等の一部品目に関する出荷制限が実施されている。ただし、この暫定規制値はあくまでも政府による制限措置を実施するための「判断基準」にすぎず、暫定規制値以下であれば、放射能汚染による健康被害が発生しないという意味ではない点には留意が必要であろう（北林、２０１２年）。

こうした日本国内での初動対応をもとに、アメリカは3月22日には即座に輸入規制を開始している。アメリカ食品医薬品局（ＦＤＡ）は茨城、栃木、群馬、福島県産の牛乳、乳製品、果実、野菜、さらにはこれらの加工品に対して、輸入警告（FDA's Import Alert 99-33）を発令し、検査を行なわずに直ちに留置する運用を開始している。この輸入警告によって、警告対象である全ての積荷は港湾等に留置されてしまい、それらの積荷を輸入する場合には、検査を通じて基準違反ではない旨を輸入業者は証明しなければならない（Johnson 2011）。この輸入警告は4月12日に改定され、上記４県に加え、千葉、埼玉県産の牛乳、乳製品、果実、野菜、加工品に対しても、検査を経ずに早急に留置する運用を行なっている。その後も、日本政府が品目・産地による出荷制限を発表する都度、輸入警告の対象となる品目・産地も変更され、２０１２年7月25日に改定された輸入警告では、福島、茨城、栃木県産の牛乳・乳製品およびその加工品のほか、福島、茨城、栃木、岩手、宮城、千葉、群馬、神奈川県産の43品目以上に及ぶ野菜、山菜、肉、魚介類およびその加工品が依然として輸入停止とされ、福島、栃木、茨城県以外の産地からの食品、飼料等がサンプル検査対象である。つまり、震災直後よりも輸入停止品目は拡大しているのである。

（４）各国の規制措置とその正当性

アメリカをはじめ各国が日本の農林水産物や加工食品の輸入を規制した背景には、当然ながら、放射能汚染に対する世界の不安がある。日本で生産された食品の安全性に対する国際的な懸念が高じたため、国際機関は放射能汚染に対する諸見解を表明している。国連食糧農業機関（ＦＡＯ）、世界保健機関（ＷＨＯ）、国際原子力機関（ＩＡＥＡ）による共同声明では、「いくつかの日本産食品において、消費に適さないレベルでの放射能汚染が発生している可能性がある」と指摘されているものの、日本産すべての食品が汚染されているわけではなく、「ガイドライン・レベルに示された基準以下の放射線レベルであれば食しても人体には安全である」と述べられている（FAO/WHO/IAEA 2011）。このガイドライン・レベルとは、コーデックス委員会で作成された放射能汚染に関する指標値を指しており、農産物貿易における安全基準として標準化されている。

農産物・食品の国際的な貿易において、放射性物質に関する規則として、このガイドライン・レベルは国際的に合意されているが、改めてＦＡＯ、ＷＨＯ共同声明によってその規則が確認されている。それによると、ガイドライン・レベルが示す基準値を超えていない食品は人間が摂取しても安全であり、一方で、ガイドライン・レベルの基準値を超えた食品の場合、流通の可否および流通のための諸条件については各国が判断すべきと規定されている（FAO/WHO 2011）。日本が定める指標値は表７－６のように、放射性ヨウ素に関してはガイドライン・レベルよりも許容値が高く、逆に、放射性セシウムに関しては許容値が低く設定されている。多くの国は日本国内の措置を反映して、自国消費者の健康を守るために輸入規制措置を講じているが、科学的根拠のない規制を禁じるＷＴＯ協定に基づき、輸入規制に関してもコーデックス委員会によるガイドライン・レベルに準拠しなければならない。長期的に影響が継続する放射性セシウムに対して、日本の暫定規制値はガイドライン・レベルを下回っているのであり、とくに出荷制限等のない品目に対しては、輸入国の規制措置は国際貿易の

表7-6　放射性核種に係る日本、各国およびコーデックスの指標値

（単位：Bq/kg）

	放射性ヨウ素　I131				放射性セシウム　Cs134 Cs137				
	飲料水	牛乳・乳製品	野菜類（除根菜・芋類）	その他	飲料水	牛乳・乳製品	野菜類	穀類	肉・卵・魚・その他
日本	300※1	300※2	2,000	魚介類　2,000	200	200	500	500	500
Codex※3	100	100	100	100	1,000	1,000	1,000	1,000	1,000
シンガポール	100	100	100	100	1,000	1,000	1,000	1,000	1,000
タイ	100	100	100	100	500	500	500	500	500
韓国	300	100	300	300	370	370	370	370	370
中国	−	33	160	食肉・水産物 470、穀類 190、芋類　89	−	330	210	260	肉・魚・甲殻類　800、芋類　90
香港	100	100	100	100	1,000	1,000	1,000	1,000	1,000
台湾	300	55	300	300	370	370	370	370	370
フィリピン	1,000	1,000	1,000	1,000	1,000	1,000	1,000	1,000	1,000
ベトナム	100	100	100	100	1,000	1,000	1,000	1,000	1,000
マレーシア	100	100	100	100	1,000	1,000	1,000	1,000	1,000
アメリカ	170	170	170	170	1,200	1,200	1,200	1,200	1,200
EU※4	300	300	2,000	2,000	200	200	500	500	500

注：※1　乳児の場合、放射性ヨウ素は100。

※2　放射性ヨウ素が100を超えるものは乳児用調製粉乳および直接飲用に供する乳に使用しないよう指導。

※3　放射性ヨウ素の欄に記載した数値（100）は、Sr90、Ru106、I129、I131、U235の合計。放射性セシウムの欄に記載した数値（1,000）は、S35、Co60、Sr89、Ru103、Cs134、Cs137、Ce144、Ir192の合計。

※4　日本の食品にのみ適用される値を掲載。乳幼児食品の場合、放射性ヨウ素は100、放射性セシウムは200。

出所：農水省資料より作成。

ルールに違反していることになる。そのため、ＦＡＯ／ＷＨＯ共同声明は各国による輸入規制に対して、批判的な見解を表明している。

このような事態に対して、日本政府は２０１１年3月29～30日に開催されたＷＴＯ会合をはじめ、国際会議や閣僚会議において、食品への放射能汚染に対しては適切な処置を実施していると説明し、科学的根拠に基づき必要な対応を慎重に行なう重要性を強調しつつ、不当な輸入禁止措置等をとらないように各国へ繰り返し要請している。5月19～20日に開催されたＡＰＥＣ貿易担当相会合では、各国によって「ＷＴＯ協定と不整合な措置を回避する」との議長声明も採択されている。しかし、現在も日本産食品への規制措置は継続中のままである。

ＷＴＯ協定に則して国際貿易ルールを順守するべきであれば、ガイドライン・レベルが示す「科学的根拠」に基づき、各国は規制措置なしに日本産食品を通常どおり輸入する姿勢が求められる。ただし、コーデックス委員会が作成したガイドライン・レベルは国際的な安全基準と位置づけられているものの、日本国内で定められている暫定規制値は必ずしも安全基準として位置づけられておらず、国際基準と国内基準の評価軸そのものが微妙に異なっている。ガイドライン・レベルは食品の特性（伝統食や地域経済にとって不可欠な特産物）に配慮し、指標値よりも高い水準で規制値を当該政府が別途定めてもよいという考えを示している点を踏まえ、ＩＣＰＲでは、被曝線量の低減に有益だとしても、汚染食品の販売に対する制限による地域経済の混乱や消費者の不買、代替食品の提供による販売不振は正当化されてはならないという勧告を発している（放射線審議会基本部会、２０１１年）。また、食品に対する放射能汚染の安全性評価については、放射線以外の影響からの明確な区別が難しい点や疫学的データの対象集団規模が小さい点、曝露量の推定が不正確である点等から、必ずしも「科学的に」因果関係が解明されているとはいえない側面もある（北林、2012年）。

このように、一方では「科学的根拠」自体も曖昧な部分が大きく、また他方では定められた「科学的な」指標に基づいているとしても、輸出国政府の判断次第では、指標値以上の基準値も正当化され、逆に伝統食等であれば輸入規制措置も正当化されなくなり、国際基準も国内基準も安全性の確保にとって十分に有効とはいえない実態がある。

上述のように、率先して輸入規制措置を実施したアメリカはこれまで遺伝子組換え作物をはじめ、多くの農産物貿易に際して、「科学的根拠」に基づかない貿易制限措置を非難し、自由貿易ルールの徹底化を各国に強く求めてきたが、茨城、栃木県産の牛乳・乳製品およびその加工品のように、日本国内で出荷が制限されていない産地・品目についても依然として輸入規制を継続している状況にある。そうした意味で、食品の放射能汚染を懸念して講じられた各国の規制措置は、国際的な合意の得られた指標に基づいた「国際貿易ルール」からの逸脱を政治的に判断した結果でもある。アメリカ等の規制措置は利己的な対応と捉えられる一方、それだけ食品の放射能汚染は深刻だとも捉えられる。

日本の国内措置は食品の安全と安心を確保するために、2012年4月1日から新基準値が適用されている。従来の暫定規制値で許容していた年間線量5mSvからガイドライン・レベルが定める年間1mSvに基づく基準値へ引き下げられたため、個々の品目に対する暫定規制値は従来の4分の1〜20分の１水準へと大幅に厳しくされている。国際基準と国内基準の部分的整合化および厳格化が各国の輸入規制措置に変化を与え、「自由貿易ルール」への拘泥を瓦解させるのか、また国内規制値の厳格化が直接に「安全」を意味するのか、今後の展開が注視されよう。

5　世界各国からの日本に対する視線

(1) 海外メディアが報じた東日本大震災と日本人

すでに確認したように、２００１年以降、世界において地震・津波による甚大な被害が続出しており、人的被害だけをみれば、東日本大震災は海外で発生した自然災害よりも小規模である。ただし、先進国で発生した大規模災害である点や津波被害の生々しい映像が配信された点、さらには原発事故に対して懸念・不安が高まった点から、世界各国が東日本大震災に注目している。海外メディアの報道は図らずも海外の人びとがどのように震災を捉えているのか、また被災した日本をどのように感じているのかといった点を浮かび上がらせている。別冊宝島編集部（２０１１年）がまとめた各国メディアによる報道やコラム記事から、その特徴を概観する（『世界が感嘆する日本人：海外メディアが報じた大震災後のニッポン』）。

アメリカのメディアは日本人の「ガマン」と「ショウガナイ」という心性に多く触れ、震災に対する日本人の行動に高い関心を示している。理不尽な自然災害に直面し、多くの犠牲が発生していても公然とその悲しみを顕わにせず、救援物資が不足し、避難所でも劣悪な環境を強いられているにもかかわらず、礼儀正しさを失わず、秩序をもって行動している被災地の人びとの行動を、極限状態に陥っても高いレベルで他者への思いやりを示し続ける「ガマン」の価値観から、また眼の前の現実を被災者自身が受け入れようとしている「ショウガナイ」の姿勢から、読み解こうとしている。ハリケーン・カトリーナの際には、多くの略奪や暴動が発生した経験もあり、アメリカのメディアはその対照的な日本人の「ガマン」強さ、「シカタガナイ」と運命を受け入れる強靭な精神性、自分を差し置いてでも他人を思いやるやさしさ、集団として助け合おうとする連帯感、秩序を乱さないようにする公共意識等に称賛の声を送っている。しかし、そうした日本人の特性を称賛する背景には、日本政府の原発事故に対する不手際や復旧・復興政策におけるリーダーシップの欠如に対する強い不信感がある。「この地震は政府と国民を二分した。日本政府は哀れであったが、日本人は素晴らしく、尊厳と礼儀をもって、信じられないような苦難を耐えようとしている」(「ニューヨーク・タイムズ」2011年3月19日付)。

中国においても震災の報道は駆け巡った。女川町の水産加工会社専務が中国人研修生を率先して避難させたものの、自身は津波に飲み込まれて犠牲になったニュースは国営新華社通信をはじめ中国全土のメディアで報じられている。ほかにも、震災発生当日に被災地を旅行していた香港から訪れた夫妻が、言葉が通じないなかで被災地の家族宅に身を寄せ、帰国までお世話になったニュースも現地主要紙「明報」に記載されている。ただし、中国では、東日本大震災に関心をもちつつも日本に対する根深い反日感情もあり、同情と反感が交錯した報道も多くなっている。そのなかでも、アメリカメディアと同様に、自国で発生した四川大地震での経験を踏まえ、日本人の秩序観や高い公共意識、物資不足でも便乗値上げを行なわない職業倫理観等への注目が高まっている。

台湾、韓国では、同様に震災被害以上に日本人の対応に注目が集まっているが、ともに日本に近く、原発を保有しているため、汚染水の放出を含め、東京電力や日本政府の対応への強い不信感も報道されている。

イギリスでも国民性に注目する報道が多いものの、『ザ・エコノミスト』（２０１１年4月23日号）は世界中が称賛する日本人の冷静さと「ガマン」が、かえって被災者の思いとは離れた復興政策、原発事故対応を助長させているのではないかと疑問を唱え、「デイリー・テレグラフ」（２０１１年3月15日付）でも、「ガマン」は大きな損害にも耐える精神性を発揮させるポジティブな面がある一方、無能な政府に直面しても無抵抗に従わせるネガティブな面もあると指摘している。

ほかにも、オランダやイタリア、ギリシャ、スペイン、フランス等でも地震、津波、原発事故、日本人の対応と注目する点は各国で異なりつつも、自国の状況と対照させつつ東日本大震災を大きく取り上げている。

もちろん、大きな被害が発生しているため、海外メディアの情報には、多少の配慮が含まれているものの、総じて震災に対する日本人の特性と政府対応の不手際に強い関心を抱いている。実際には

「美談」におさまらないような事態も発生しているが、地震・津波、原発事故のみならず、日本人の「尊厳ある冷静さ」(アメリカ『タイム』2011年3月20日号)は世界各国が東日本大震災を特異な災害として位置づける要因になっているのであろう。

(2) 被災地支援をめぐる各国の動因

東日本大震災の発生後、メディアを通じて報道が世界各国へ配信されるだけでなく、逆に世界各国から多数の支援の申し出が寄せられている。2011年5月2日時点で合計254の国・地域・国際機関から日本に対するお見舞いが届いているが、そのなかでもアジア、太平洋、北米、中南米、欧州、中東、アフリカの163カ国・地域、さらには43国際機関が支援を表明している(2011年9月15日時点)。実際に、緊急援助隊等の派遣、医療チームの派遣、緊急物資や資金の支援、さらには被災地児童の受入れ等が行なわれている。緊急援助に携わった24カ国・地域や5国際機関は被災地各地で献身的な活動を展開している。また、在外公館等を通じて受け取った海外からの義捐金は総額87億円(2011年12月31日時点:出納官吏レート換算)であり、また各国赤十字・赤新月社等を通じて各国・地域のNGOや企業、個人等から受けた寄付は総額175億円以上(2011年10月17日時点)も寄せられている。それだけ、世界から被災地、日本に対して支援の目が向けられている。

震災被害の深刻さゆえに世界各国からの多大な支援が提供されているが、それは各国が単純に人道的な視点から支援を進めたというだけではなく、多くの国々がこれまで日本から被災時の緊急援助隊派遣や防災・復興支援を受けてきたがゆえに、さらにはＯＤＡ等を通じて開発援助を受けてきたがゆえに、その返礼として率先して支援に取り組んだという特徴がある。そのため、途上国のなかでもとくに深刻な貧困に直面している後発開発途上国からも日本への支援が送られている。このような国際社会の反応は人間としての連帯を感じさせ心が温まるものの、個人や団体等による支援はともかく、主権国家による支援は日本に対する国際協力の一方で、自国の私益（国益）の追求も同時に視野に入れて行なわれている。

大規模災害に対して、一方では「国際協力」や「人類の連帯」といった〝理念〟を持って、各国は人道的な支援を行ないつつも、他方では「ビジネスチャンスの拡大」、「輸出振興・市場開拓の追求」、「安全保障の強化」、「政治的影響力の行使」、「友好関係の強調」といった多様な〝動機〟にも支えられ、支援のための費用や人員を捻出している。この〝理念〟は国際公益を志向し、〝動機〟は国益を志向しているともいえるが、経済的な相互浸透が国際的な友好関係を築くなど、現実には〝理念〟と〝動機〟が必ずしも相反するわけではなく、むしろ両者は同一の〝動因〟の異なる諸相を示しつつ一体化して作用している。下村（２０１１年）は開発援助政策における援助供与国の利害を解明するためにこの視角を提示したが、自然災害に対する国際支援についても適用可能と考えられる。実際に、領土問題による摩擦を抱えている中国、韓国、ロシアは関係改善を、原発産業を抱えるフランスは安全性の誇示や処理ビジネスへの参入を、対外直接投資の受入れを進めている台湾、韓国は日系企業の誘致を、ＬＮＧを供給できるロシア、インドネシア、マレーシア、中東諸国等は取引の拡大を等、それぞれ多岐にわたる政治経済的利害として抱えている。

同様にアメリカもアメリカ合衆国国際開発庁（ＵＳＡＩＤ）の資金援助に基づいた都市捜索・救援活動（約76億円）や「トモダチ作戦」と称される原発対応を含めた米軍支援（約67億円）として、大規模な救援・支援活動を行なっている。しかし、同盟関係にあるがゆえに多大な支援を実施したというよりも、経済的にも軍事的にも伸長著しい中国の台頭を背景とした日米安保の再編強化による中国への牽制（有事を想定した実戦訓練としての「トモダチ作戦」）、さらには沖縄米軍基地問題等を通じて悪化した国民感情の改善、国防費の大幅削減のなかで在日米軍の必要性の強調等を企図しているとも指摘される。

このように、被災地支援の〝動因〟には、純粋な人道的側面も否定できないが、政治経済的利害が付随しており、そうした視点からも震災における国際的動向を把握すれば、さらに新たな構図が浮かび上がってくる。災害資本主義である。

（3）災害資本主義と復興のための官民パートナーシップ

災害資本主義は危機的状況を利用して自由市場改革を推進する政策的志向であり、災害処理をビジネスチャンスと捉え、復興事業に市場原理を導入し、規制緩和や民営化等を追求する（クライン、２０１１年）。

ハリケーン・カトリーナの際には、危機管理計画立案を民間企業に委託し、高額な費用が発生したがゆえに、計画を実施するための資金が不足して防災機能が発揮されなかった事態や、公営住宅計画の代わりに非課税の自由企業区（Gulf Opportunity Zone）が創出され復興事業に企業参入が相次ぐ一方、その支払い負担によって低所得者用の医療保険や食料配給が削減される事態が生じている。こうした事態はアメリカ政府自らが公的な領域に対して経済的論理の優先を図った結果である点に、災害資本主義の本質が表われている。

また、スマトラ沖大地震の際には、津波被害にあった漁村民が〝囲い込み〟によって住まい・生活の場を奪われ、多国籍企業による高級リゾート開発計画が進められた事態やそうした住民軽視と企業利益重視の復興事業がＵＳＡＩＤ、世銀、ＩＭＦ等の国際機関との「官民パートナーシップ」によって具体化された事態が生じている。

被災地支援とは大きく異なる開発援助の実態に対して、国際ＮＧＯ等は住居、土地、家産、ジェンダーに配慮した人権アプローチによって、被災地支援・復興事業を進める必要があると強く提起している（ActionAid International 2006）。

上記の事例では、災害資本主義を通じて、アメリカ、国際開発金融機関、多国籍企業の利害が復興計画・復興事業に強く反映されているが、東日本大震災でも同様の傾向が生じている。震災後、経済同友会や日本経団連をはじめ財界から提言が出され、最終的には東日本大震災復興構想会議による提言、東日本大震災復興対策本部による基本方針として復興構想が策定されている。本書でもよく指摘されているように、政財界が策定した提言・基本方針では、復旧ではなく、日本経済の再生・創生に結びついた「創造的復興」が追求され、そのために構造改革や税制改革、TPPの推進が必要とされている。

しかし、この復興構想の策定過程には、アメリカの保守系シンクタンクである戦略国際問題研究所（CSIS）が関与しており、アメリカの意向も反映されている。CSISによる復興構想の具体的内容については平野（2012年）によって詳細に論じられているが、CSIS（2011年）からは法人税減税と消費税増税、貿易自由化の促進とTPPへの参加、経済特別特区の創設を中心にしたアメリカ系多国籍企業による参入機会の拡大や、原発がエネルギー政策のみならず安全保障にも深く関わるとして、アメリカ企業による原発事故の検証と事後対応への参入機会の創出等がその意向として読み取れる。

震災前からの傾向として、2011年1月6日の前原外相（当時）講演でもアジア太平洋地域情勢を鑑み、日米同盟の深化が必要であると提起され、とくにTPPは経済的側面のみならず、政治的な意義が大きく、日米間の安全保障強化の一環として位置づけられている。この外相講演の会場がCSISであった点からも日本の政策に対するCSISの関与が浮かび上がる。また、2008年まで継続されていた「対日年次改革要望書」が政権交代を契機に廃止されていたものの、再び2011年2月に「日米経済調和対話」として公表され、情報通信、知的財産権、郵政、保険、運輸・流通、農業、医療、競争政策、ビジネス法制環境等の分野に対して、アメリカは改善を要望している。この要望事項はTPPの交渉分野と共通している部分も多い。

ただし、震災によって、アメリカはこれらの要望やＴＰＰに対して、一時的に控えめな態度に転じ、その代替戦略として復興事業への参入機会を模索しだしたのである。その結果、２０１１年4月17日に「復興に関する日米官民パートナーシップ（Public Private Partnership for Construction: PPP)」の推進が日米外相会談において合意され、復興構想を念頭に、日米民間企業が進めている計画・アイディアを日米両政府が側面支援していく点が確認されている。このＰＰＰもＣＳＩＳの提案に基づいており、被災地の復興事業に対する外資参入の要求を主眼としている。ＰＰＰの一環として行なわれた全米商工会議所や在米企業幹部と日本政府との意見交換では、物流、クレジットカード、生命保険、ソフトウェア、穀物商社等の企業による復興事業への参入や市場開放が要求されている（外務省、２０１１年）。

まさに、日米経済調和対話、ＴＰＰ、さらには復興に関するＰＰＰは、軌を一にしながら展開されてきているといえる。日本の復興構想には、ＣＳＩＳを通じて日米財界の意向が大いに反映されている点についてはは先述したが、特区制度や規制緩和（カトリーナ）、多国籍企業による復興事業参入や構造改革を進める官民パートナーシップ（スマトラ沖大地震）等、これまでの災害時に見られた災害資本主義の様相が鮮明に示されている。

6 自然災害を社会災害に転化・増幅する日本社会の特異性—まとめに代えて

本章は震災をめぐる国際的動向の分析を直接的な課題としつつ、同時に、その分析を通じて日本社会の特異性と脆弱性を析出しようと試みてきた。世界的にみても2001年以降の地震・津波被害は極めて甚大であるが、東日本大震災は先進国災害の特異なケースであった。直接的な震災被害は国内に限定されるものの、被災地域で生産されていた部材供給の途絶や原発事故に起因する放射能汚染の拡散等は世界各国にも多大な影響を与えた。しかし、この震災被害の国際性は、単に震災被害が国境を越えて広範に波及している状態を示しているだけではなく、むしろ、この国際的な反応を通じて、日本における地域間分業構造の問題や海外からの農産物輸入が抱える問題、さらには復興政策を進める政治の問題等を明らかにしたといえる。

震災後の国際的な貿易動向からは、自動車産業や電子機器産業をはじめとしたグローバル・サプライチェーンへの懸念の背景に、東北と関東における強固な垂直的分業構造が構築されている点が明らかにされた。東北に限らず、このような地域間分業構造は資本活動の東京一極集中を軸に全国的に展開しており、日本経済の特異性ともいえる。しかし、この特異性が震災からの復旧・復興において重視されるべき被災地に根差した地域産業への政策的支援を鈍らせているといえ、特異性は脆弱性へと転じている。

食料品の貿易動向からは、世界各国による日本産食品に対する輸入規制措置の影響が確認されたが、各国は放射能汚染を警戒し、自国の安全を優先させている。日本はこれまでもＷＴＯ協定に準拠して国際的な貿易を進めてきたが、国際貿易ルールといえども「建前」にすぎないのか、世界各国は「本音」を顕わに現実的対応に着手している。したがって、放射能汚染という特殊な事態であるとはいえ、貿易に関する国際ルールは食品の安全性ではなく、あくまでも貿易促進のための経済性を優先して形成されている点が図らずも明らかにされた。震災後は日本産食品の輸出に対して焦点が当てられたものの、もともと輸出割合は高くなく、日本は輸入大国である。日本の農産物・食品輸入は安全性よりも経済性を重視したルールに準拠して行なわれているといえ、世界最大の農産物純輸入国としての日本の特異性はまさに脆弱性と表裏一体である。

復興政策に対する日米政財界の動向からは、被災地の実情を踏まえた復興事業というよりも、資本蓄積を優先した災害資本主義の様相を呈している点が明らかにされた。深刻な被害を受けた被災地の復旧・復興が求められるにもかかわらず、実際の復興政策形成過程には、日米財界の意向が強く反映され、また震災対応というよりは従来から日米政財界が進めてきた構造改革や規制緩和等の措置が求められている。東日本大震災への復興過程までも、日米間の政治経済的関係の強化を目的としたＴＰＰやＰＰＰ導入の契機に利用され、被災地域や被災者の意向との乖離が進んでいる。巨大災害に便乗した資本蓄積の追求はこれまでも他国において生じてきており、日本特有の現象ではないが、そのような事態は復興政策における政治的脆弱性を露呈しているといえる。

同様に、本章で確認されてきた「貿易赤字の計上」や「各国による輸入規制」は原発被害の深刻さを、また「グローバル・サプライチェーンへの懸念」は被災地産業に対する復旧・復興の遅れを、それぞれ逆説的に示していたように、国際的な動向は国内における震災対応の問題点と直結している。被災地支援をめぐる各国の〝動因〟も、これまでの日本と各国との政治経済的利害関係を表出しながら、災害資本主義の実体を浮かび上がらせている。

こうした復興構想に浸透する災害資本主義的志向を直視し、震災被害の本質を捉えない限り、被災者・被災地にとって災害は終わることなく継続し、災害を引き起こした日本社会の脆弱性も改善されないままであろう。地震や津波といった自然現象は回避できないとしても、過去の災害から多数の教訓が残されており、それらに倣い、改善策を講じて可能な限り被害を抑制させる必要がある。東日本大震災後には、四川大地震の教訓を踏まえ、自治体同士による相互支援を制度化した「対口支援」の考えも取り入れられている。その一方で、被災者の人権を軽視した復興事業が露呈したスマトラ沖大地震の経験は十分に生かされていない。そうした意味では、阪神大震災の復興過程が市街地再開発やインフラ拡充に重点が置かれ、住民の住宅や生活再建が進まない「七割復興」となった経験や、中越沖地震でも部品メーカーの操業停止による国内外市場への影響や原発トラブルが発生していた経験があるにもかかわらず、それらは東日本大震災でも繰り返されている傾向にある。災害には共通して復旧・復興に関する問題を抱えており、それらを「鏡」、つまり教訓として、水面下で生じている様々な動向を析出しつつ、震災被害の本質を明らかにする必要があろう。

参考文献

岡田知弘「大震災の被害構造と地域社会再建の課題：地域内経済循環論の視点から」『歴史と経済』第２１５号、２０１２年、３〜15ページ。

外務省「復興に関する日米官民パートナーシップ：米国企業幹部との意見交換」２０１１年（www.mofa.go.jp/mofaj/area/usa/pdfs/fu_j_us_110525.pdf）。

北林寿信「放射能汚染と食の安全」『日本農業年報』第58号、農林統計協会、２０１２年、１４７〜１６１ページ。

警察庁「平成23年（２０１１年）東北地方太平洋沖地震の被害状況と警察措置（平成24年２月22日）」２０１２年。

ジェトロ『ジェトロ世界貿易投資報告』２０１１年。

下村恭民『開発援助政策』日本経済評論社、２０１１年。

首都直下地震帰宅困難者等対策協議会事務局「帰宅困難者対策の実態調査結果について〜３月11日の対応とその後の取組〜平成23年11月22日（火）」２０１１年。

世界銀行・国際連合共編『天災と人災：惨事を防ぐ効果的な予防策の経済学』一燈舎、２０１１年。

ナオミ・クライン『ショック・ドクトリン：惨事便乗型資本主義の正体を暴く』上・下、岩波書店、２０１１年。

日本学術会議会長談話「放射線防護の対策を正しく理解するために（平成23年６月17日）」日本学術会議、

２０１１年。
平野健「ＣＳＩＳと震災復興構想：日本版ショック・ドクトリンの構図」『現代思想』２０１２年３月号、１５２～１６２ページ。
別冊宝島編集部編『世界が驚嘆する日本人：海外メディアが報じた大震災後のニッポン』宝島社、２０１１年。
放射線審議会基本部会「国際放射線防護委員会（ＩＣＲＰ）２００７年勧告（Ｐｕｂ．１０３）の国内制度等への取入れ（現存被ばく状況関連）に係る論点整理：資料第40－２－１号（平成23年８月23日）」文部科学省、２０１１年。
ActionAid International, “Tsunami Response: A Human Rights Assessment”, 2006 (http://www.naomiklein.org/files/resources/pdfs/actionaid-tsunami-report.pdf).
CSIS, “Partnership for Recovery and a Stronger Future: Standing with Japan After 3-11, Report of a CSIS Task Force in Partnership with KEIDANREN”, 2011 (http://csis.org/files/publication/111026_Green_PartnershipforRecovery_Web.pdf).
FAO/WHO/IAEA, “Questions & Answers on the Nuclear Emergency in Japan and Food Safety Concerns”, 2011 (http://www-naweb.iaea.org/nafa/faqs-food-safety.html).
FAO/WHO, “FAO/WHO consolidated input Nuclear Emergency in Japan and Food Safety Concerns Frequently asked questions, Revised 8 April 2011”, 2011 (http://www.fao.org/crisis/japan/69718/en/).
Renee Johnson, “Japan's 2011 Earthquake and Tsunami: Food and Agriculture Implications”, CRS Report for Congress, 2011 (http://fpc.state.gov/documents/organization/161583.pdf).

あとがき

本書の成り立ちと残された課題について述べることで「あとがき」に代えたい。

本書の元になったのは、農業・農協問題研究所が全農協労連から委託を受けて行なった「農業を中心とした東日本大震災の復旧・復興について―被災農家など住民本意の復興のあり方を探る」に関する調査である。調査報告書は2012年2月に全農協労連に提出したが、報告を膨らませて公刊することについて事前に同労連の承諾をいただいていたので、並行して漁業について濱田武士氏にご協力をお願いし、また現地の方々の体験や思いをコラム的にお書きいただくこととした。こうしてできあがったのが本書である。編者としては関係各位のご理解とご協力に厚く感謝申し上げたい。

受託研究にあたって苦慮したのは調査の仕組み方である。本来であれば現地の研究者の方々を中心にチームを組んで協同であたるべきテーマである。しかしながら、現地研究者はすでに他の研究に組み込まれたりして超多忙であり、他方で地元外の者が確たる繋がりもなしに被災地域にノコノコ出かけていくのは遠慮すべきことと思われた。

そこで、大まかな分担と問題意識の共有のうえで、何回かの報告の機会をつくるなどして共著としての体裁を整えることに努めた。この間、研究所事務局としても、受託研究とは別に年が明けるのを待って現地ヒアリングをさせていただいた。その結果は第5章に報告している。

対象のあまりの巨大さに対して、立ち向かう側の非力を痛感するが、いずれ組織だった本格的な共同研究が仕組まれることを期待したい。

受託研究のテーマは「復興のあり方を探る」であるが、自らの非力を棚にあげて言えば、第一に、「復興」（本書では「再生」とした）は外部の人間が計画論を振り回すのではなく、あくまで被災者自らが描いていくものだろう。それに対して外部の人間ができることは、せいぜい、事実、論点、意向を整理するお手伝いをすることである。

それにしても第二に、1年足らずの間に「復旧・復興」を語るのは早すぎた。もちろん現地では政府をはじめ行政の対応のあまりの遅さと無策に憤りの声があがっている。そういうインフラ、ライフラインの確保の話は急を要する。また農作業から離れる期間が長くなるほど、農業者のモチベーションは下がる。

しかしながら農業再生に関しては、被災者はやっとやる気を取り戻し、それを相互に確認し、次世代にどんな形を残すのかをこれから考えようかというところである。そこに外部から早急にプランを持ち込んだり、資本の「援助」をちらつかせ、押しつけるのは誤りである。

いま必要なことは、ひたすら被災者の話を聴くこと、それを記録することではないか。そのうえで繰り返し繰り返し、志の追求、変容、ありうるかもしれない挫折、再設計の過程をトレースすることである。そういう思いを残して本書を閉じたい。

２０１２年7月

編著者を代表して　田代洋一

小山良太（こやま りょうた） 4章執筆

1974年、東京都生まれ。2002年、北海道大学大学院農学研究科博士課程修了。同年、博士（農学）学位取得。2005年より福島大学准教授。同大うつくしまふくしま未来支援センター復興計画支援部門・産業復興支援担当マネージャーを兼務。

＜主な研究・関心分野＞　農業経済学、地域政策論、協同組合学。

＜主な著作＞　単著：『競走馬産業の形成と協同組合』日本経済評論社、2004年。共著・編著：『放射能汚染から食と農の再生を』家の光協会、2012年、『東日本大震災復興に果たすJAの役割』家の光協会、2012年、『地域計画の射程』八朔社、2010年、『協同組合としての農協』筑波書房、2009年、『あすの地域論』八朔社、2008年。

濱田武士（はまだ たけし） 6章執筆

1969年、大阪府生まれ。1999年、北海道大学大学院水産学研究科博士後期課程修了。同年、博士（水産学）取得。

現在、東京海洋大学准教授。水産政策審議会特別委員、釜石市復興まちづくり委員会アドバイザー、日立市水産振興計画策定委員会委員長を担当。

＜主な研究・関心分野＞　水産政策、地域経済論、協同組合論。

＜主な著作＞　『伝統的和船の経済―地域漁業を支えた「技」と「商」の歴史的考察』農林統計出版、2010年、『弁甲材の経済と産業システム～国内唯一のブランド造船材の盛衰、昭和40年代の姿』日南地区木材協会、2009年、「激動の中での再編―沖合・遠洋漁業」『我が国水産業の再編と新たな役割―2003年（第11次）漁業センサス分析―』農林統計協会、2006年。

池島祥文（いけじま よしふみ） 7章執筆

1982年、京都府生まれ。2011年、京都大学大学院経済学研究科博士後期課程単位取得満期退学。現在、横浜国立大学経済学部准教授。

＜主な研究・関心分野＞　国際開発政策論、地域経済論、都市農村関係分析。

＜主な論文＞「途上国農業開発における国連機関と多国籍アグリビジネスの協同モデル：FAO産業協同プログラム（ICP）を事例に」『歴史と経済』51（4)、2009年、「生活環境不利地域におけるまちづくりの展開と地域形成―京都市近郊農業地域を対象として」『地域経済学研究』21（三輪仁氏と共同執筆)、2010年、「国際機関の財政的「自律性」と開発援助政策」『立命館経済学』59（6)、2011年。

編著者と執筆分担（執筆順）

［編著者］

田代洋一（たしろ よういち） まえがき、5章、あとがき執筆

1943年千葉県生まれ。1966年、東京教育大学文学部卒、農水省入省、横浜国立大学経済学部等を経て2008年度より大妻女子大学社会情報学部教授。博士（経済学）。

＜主な研究・関心分野＞　農業政策、地域経済論、生活経済論。

＜主な著作＞『地域農業の担い手群像』農山漁村文化協会、2011年、『TPP問題の新局面』（編著）大月書店、2012年、『農業・食料問題入門』大月書店、2012年、など。

岡田知弘（おかだ ともひろ） 1章執筆

1954年富山県生まれ。1986年京都大学大学院経済学研究科博士後期課程退学。1986年岐阜経済大学専任講師、同助教授を経て、1990年より京都大学経済学部助教授、同大学院経済学研究科教授。現在、公共政策大学院教授を併任。経済学博士。

＜主な研究・関心分野＞　地域経済論、農業経済学、現代日本地域経済史。

＜主な著作＞『日本資本主義と農村開発』法律文化社、1989年、『地域づくりの経済学入門』自治体研究社、2005年、『グローバリゼーションと世界の農業』（共著）大月書店、2007年、『道州制で日本の未来はひらけるか』自治体研究社、2008年、『一人ひとりが輝く地域再生』新日本出版社、2009年、『TPP反対の大義』（共著）農山漁村文化協会、2010年、『脱原発の大義』（共著）農山漁村文化協会、2012年、『震災からの地域再生』新日本出版社、2012年、など。

［著　者］

横山英信（よこやま ひでのぶ） 2章執筆

1962年、宮崎県生まれ。1991年、東北大学大学院農学研究科博士後期課程単位取得退学。東北大学農学部助手、岩手大学人文社会科学部講師・助教授を経て、2004年より岩手大学人文社会科学部教授。博士（農学）。

＜主な研究・関心分野＞　農政学、食糧政策論、地域農業論。

＜主な著作＞『日本麦需給政策史論』八朔社、2002年、『日本農業年報50　米政策の大転換』（共著、以下同）農林統計協会、2004年、『グローバル資本主義と農業』筑波書房、2008年、『グローバル下の北東北地域』弘前大学出版会、2010年、『キーワードで読みとく現代農業と食料・環境』昭和堂、2011年、『復興の大義—被災者の尊厳を踏みにじる新自由主義的復興論批判—』農山漁村文化協会、2011年、など。

冬木勝仁（ふゆき かつひと） 3章執筆

1962年京都府生まれ。1989年京都大学大学院経済学研究科博士前期課程修了。1990年東北大学農学部助手。同講師、助教授等を経て、2007年度より東北大学大学院農学研究科准教授。博士（農学）。

＜主な研究・関心分野＞　農業市場学、アグリビジネス論、農業政策学、地域農業論。

＜主な著作＞『グローバリゼーション下のコメ・ビジネス—流通の再編方向を探る—』日本経済評論社、2003年、『農業経営安定の基盤を問う』（共著、以下同）農林統計協会、2003年、『現代の食とアグリビジネス』有斐閣、2004年、『食料・農産物の流通と市場　II』筑波書房、2008年、『与件大変動期における農業経営』農林統計協会、2008年、など。

シリーズ　地域の再生 8

復興の息吹き

人間の復興・農林漁業の再生

2012 年 9 月 30 日　第 1 刷発行

編著者　田代洋一　岡田知弘

著　者　横山英信　冬木勝仁　小山良太
濱田武士　池島祥文

発行所　社団法人　農 山 漁 村 文 化 協 会
〒 107-8668　東京都港区赤坂 7 丁目 6－1
電話　03（3585）1141（営業）　03（3585）1145（編集）
FAX 03（3585）3668　振替　00120-3-144478
URL　http://www.ruralnet.or.jp/

ISBN978-4-540-12166-1　DTP 制作／ふきの編集事務所
〈検印廃止〉　印刷・製本／凸版印刷㈱

シリーズ　名著に学ぶ地域の個性（全5冊）

リーマンショック、ユーロ危機、世界同時不況……、グローバリゼーションの次は〝地域〟であることが誰の目にも明らかになってきた。大震災後、地域の絆の強さが注目され、その重要性が改めて再認識されている。

本シリーズは、明治大正期の、いわば日本の第一次国際化の時代に苦闘した先人たちの名著から、「地域」のもつ意味と地域再生の基本視角を探る。

1〈農村と国民〉柳田國男の国民農業論

牛島史彦 著　　四六判上製、240ページ、2700円＋税

「柳田農政論」の分析をとおして、地方間・産業間格差が一層顕在化した現代の農業問題を捉え直し、農の多面的機能への現実的な検証と活用策をさぐり、消費者を巻き込んだより国民的な農業観・農村観の確立を展望する。

1章「歴史」と「国家」の時代／2章　小農経営と農業政策／3章　農業経営と経済環境／4章　格差社会と農村の自立

2〈市場と農民〉「生活」「経営」「地域」の主体形成

野本京子 著　　四六判上製、224ページ、2600円＋税

「現代社会への転形期」と評される両大戦間期（1920〜30年代）、農業・農村・農民は肥大化する市場や国家（農業政策）、社会の変化への適応能力をどのように獲得しようとしたか。人々に指針を示した農業・農村論や諸運動、むらにおける協調・協力の諸相と併せ浮き彫りにする。

1章「土地と自由」―「農地」に関する理念と提唱／2章　小農経営「合理化」の提唱／3章「農村文化」の提唱―生活への視点／4章　地域での「主体」形成の試み

3〈家と村〉日本伝統社会と経済発展

板根嘉弘 著　　四六判上製、292ページ、2900円＋税

戦後六十余年、「家」や「村」は、イデオロギー批判にさらされ、近代日本経済発展との関連については、一部を除きその重要性が正当に俎上に載せられないままできた。本書では、家や村が如何に日本経済発展に大きな役割をはたしたのかを論証する。
序章　批判にさらされた日本伝統社会―本書の立場／1章「家」とアジア社会―日本的「家」制度の特質／2章　動かない日本農家―日本的「家」と経済発展／3章　信頼と地主小作関係―日本的「村」と経済発展（1）／4章　協調と中間団体―日本的「村」と経済発展（2）

5〈歴史と社会〉日本農業の発展論理

野田公夫 著　　四六判上製、296ページ、2900円＋税

構造政策の未達を市場原理不足のせいとする思考停止を根底から批判。日本農業の長い歴史過程の中からその個性を採り出し、それを日本の特殊性としてではなく、多様な世界を構成する一部と把握し、日本農業・農村の発展論理を抽出する。国籍不明の学問を排し、事物を類型論的に把握することの現代的意義を解明。
序章　歴史と現在をつなぐために／1章　現代農業革命と世界農業類型／2章　日本農業の農法的個性／3章　社会の規定性／4章　農地改革の歴史的意味／5章　歴史的ポジションの規定性／補章　E・トッドの世界類型論から農業問題を考える／終章　日本農業の発展論理

4〈経営と経済〉柳田・東畑の農業発展論（12年12月刊予）

足立泰紀 著　　わが国農政学二大巨頭の思想と理論の軌跡。

地域を生き地域を実践する人びとから
新しい視点と論理を組み立てる

シリーズ地域の再生（全21巻）

既刊本（2012年9月現在。いずれも2600円＋税）

1 地元学からの出発
結城登美雄 著

2 共同体の基礎理論
内山 節 著

4 食料主権のグランドデザイン
村田 武 編著

5 地域農業の担い手群像
田代洋一 著

7 進化する集落営農
楠本雅弘 著

9 地域農業の再生と農地制度
原田純孝 編著

12 場の教育
岩崎正弥・高野孝子 著

16 水田活用新時代
谷口信和・梅本雅・千田雅之・李侖美 著

17 里山・遊休農地を生かす
野田公夫・守山弘・高橋佳孝・九鬼康彰 著

21 百姓学宣言
宇根 豊 著

地域を楽しく暮らす人びとの目には、資源は限りなく豊かに広がる。「ないものねだり」ではなく「あるもの探し」の地域づくり実践。

市民社会へのゆきづまり感が強まるなかで、新しい未来社会を展望するよりどころとして、むら社会の古層から共同体をとらえ直す。

貿易における強者の論理を排し、忍び寄る世界食料危機と食料安保問題を解決するための多角的処方箋。ＴＰＰの問題点も解明。

むら的、農家的共同としての構造変革＝集落営農と個別規模拡大経営＆両者の連携の諸相。世代交代、新規就農支援策のあり方なども。

農業と暮しを支え地域を再生する新しい社会的協同経営体。歴史、政策、地域ごとに特色ある多様な展開と農協の新たな関わりまで。

農地制度・利用の変遷と現状を押さえ、各地の地域農業再生への多様な取組みを紹介。今後の制度・利用、管理のあり方を展望。

土の教育、郷土教育、農村福音学校など明治以降の「土地に根ざす学び」の水脈を掘り起こし、現代の地域再生の学びとつなぐ。

飼料イネ、飼料米利用の意味・活用法から、米粉、ダイズなどを活用した集落営農によるコミュニティ・ビジネスまで。

里山、草原と人間の関わりを歴史的に捉え直し、耕作放棄地を含めて都市民を巻き込んだ新しい共同による再生の道を提案。

農業「技術」にはない百姓「仕事」のもつ意味を明らかにし、五千種以上の生き物を育てる「田んぼ」を引き継ぐ道を指し示す。